载人航天译丛

航天心理学与精神病学

SPACE PSYCHOLOGY AND PSYCHIATRY

[美]尼克·卡纳斯
[德]迪特里希·曼蔡 著
白延强 王爱华 译

中国宇航出版社
·北京·

Translation from the English language edition:
Space Psychology and Psychiatry.
Edited by Nick Kanas, M. D. and Dietrich Manzey, Ph. D.

图书在版编目(CIP)数据

航天心理学与精神病学/(美)卡纳斯，(德)曼蔡著；白延强，王爱华译. —北京：中国宇航出版社，2009. 10

ISBN 978－7－80218－639－2

Ⅰ.航…　Ⅱ.①卡…②曼…③白…④王…　Ⅲ.①航天心理学 ②航空航天医学－精神病学　Ⅳ.B845.66　R856.74

中国版本图书馆 CIP 数据核字(2009)第 186659 号

责任编辑　张艳艳　**责任校对**　祝延萍　**封面设计**　03 工舍

出版 发行　中国宇航出版社

社　址　北京市阜成路 8 号　**邮　编**　100830
(010)68768548

网　址　www.caphbook.com/www.caphbook.com.cn

经　销　新华书店

发行部　(010)68371900　(010)88530478(传真)
(010)68768541　(010)68767294(传真)

零售店　读者服务部　北京宇航文苑
(010)68371105　(010)62529336

承　印　北京画中画印刷有限公司

版　次　2009 年 12 月第 1 版　2009 年 12 月第 1 次印刷

规　格　880×1230　**开　本**　1/32

印　张　9.875　**字　数**　282 千字

书　号　ISBN 978－7－80218－639－2

定　价　45.00 元

本书如有印装质量问题，可与发行部联系调换

《航天心理学与精神病学》

译 者 名 单

主　　译　白延强　王爱华

翻译人员（按姓氏笔画排序）

马永生　左晓宇　周　鹏

郑宓非　强　静　管春磊

国际空间站是迄今为止最复杂的空间站建设计划，未来几十年它将保障人类常驻空间

图为2002年10月16日美国中部夏令时上午8:13，亚特兰蒂斯号航天飞机与国际空间站分离后，航天飞机上的一名乘员所拍摄的在黑色空间背景衬托下的国际空间站全景照片

（照片及引用的图题由美国航空航天局提供）

1版序

随着国际空间站的建设，以及载人火星飞行任务和更远的载人航天飞行任务被列入议事日程，人们必须开始客观地考虑心理和精神疾病问题对长期航天飞行任务的影响。在以往的航天飞行中，一直存在着由于空间生活和工作的心理应激造成的困扰，这些困扰给乘员的工作效能及他们与飞行任务控制人员的和谐相处带来负面影响。科学地研究这些社会心理问题从而找出迅速、有效地解决这些问题的对策是十分重要的。

到目前为止，阐述有关航天飞行的心理和精神病因素的专著所参考的都是轶事报告或来自在南极、潜艇和封闭舱室等地面模拟的空间环境下的研究。然而，近来的证据表明，任何模拟环境都不能完全展现与载人航天飞行任务有关的心理问题。因此，本书着重阐述在实际航天飞行任务期间进行的心理和人际关系研究的成果。我们两人在过去的10年中一直致力于此类研究，但我们的研究成果发布一直限于学术会议录和期刊。在本书中，我们将以一种通俗易懂的、非专业的方式把我们的研究成果呈献给广大非专业读者。我们将把这些研究结果与以航天心理学和精神病学领域的主题为中心的其他研究相结合，包括个体适应和绩效、人的交互作用、精神病问题、选拔和训练，以及监测和保障。我们希望这本书能作为学生教科书，以及从事心理学的专业人士和那些希望了解更多有关人如何在空间这种异乎寻常环境中发挥作用的普通读者的参考读物。

大专院校心理学和社会科学专业的师生，精神病学和航空航天医学专业的医科学生及住院医师，航天和航空专业中从事人的因素研究的人员，身处南极和潜艇等与地面隔离或封闭受限环境中的人，以及对执行长期航天飞行任务的人员感兴趣的一般人士，尤能发现本书所具有的价值。由于本书是由参与过有关的学术活动和航天活动的美国人和德国人合著的，我们希望这本书将在这两个国家和国际空间站计划的积极参与者（如欧洲航天局成员国、俄罗斯、日本、美国和加拿大）中拥有广泛的读者群。

本书的编写体系为，第 1 章向读者介绍作为其他章节阐述基础的论点和基本假说；第 2 章阐述人在航天飞行任务中必须要适应的重要问题；第 3 章论述人的工作效能及其如何受空间环境的影响；第 4 章阐述乘员及他们相互之间和与地面人员之间的关系方面的群体心理社会问题；第 5 章论述长期航天飞行任务期间可能发生的精神病问题；第 6 章深入思考在飞行任务之前、期间和之后应对心理和精神病问题的对策；最后是第 7 章，论述地球轨道以外的航天飞行任务对人类所提出的挑战。

如前所述，本书的特点是强调在实际空间环境下进行的有关心理和精神病问题的研究。对于已经在这种异乎寻常的环境下进行的研究将在以“空间实验发现：……”为标题的专门章节里予以叙述。在目录中，这些章节的标题均标有下划线，以方便那些对此类研究感兴趣的读者查阅。许多这方面的信息以前从未以专著的形式发表过，它代表了在空间进行的航天心理学和精神病学领域最前沿的研究。

本书各章首页均以美俄航天员的照片来揭示本章的主题。所有这些照片均来自和平号空间站和国际空间站飞行任务。应当注意的是，照片上的人可能参与也可能没有参与我们的研究，他们参加的活动与我们的研究可能有关也可能无关。本书使用的所有涉及航天活动的照片均由美国航空航天局提供。此外，有两章的图片是从古文物收藏者收藏的星图上复制下来的。这两幅图片不仅是精美的艺术品，还是对其后章节所阐述的重要主题的例证，它们取自尼克（Nick）和卡罗琳·卡纳斯（Carolynn Kanas）所收藏的古代天体手册和拓印本。

如果没有许多热心人士的帮助和支持，我们是无法写成本书的。克吕韦尔（Kluwer）出版社的高级出版编辑哈里·布洛姆（Harry

Blom）博士和他的高级助理松娅·亚彭哈（Sonja Japenga）女士在出版的过程中自始至终给予我们帮助和指导；加拿大航天局的莱纳·托米（Leena Tomi）女士和欧洲航天局的奥利弗·安格雷尔（Oliver Angerer）博士对本书初稿提出了建设性的意见；以下人员也给了我们很多帮助。

卡纳斯（Kanas）博士要特别感谢比尔·费德森（Bill Feddersen）博士、格赖格·范迪克（Graig Van Dyke）博士和艾伦·凯利（Alan Kelly）先生帮助他获得机会参加与航天有关的活动。他还要感谢那些来自加利福尼亚大学和旧金山退伍军人事务部医学中心的参与了航天飞机/和平号空间站飞行任务和国际空间站飞行任务研究的同事们，他们是：查尔斯·马尔马尔（Charles Marmar）博士、丹尼尔·韦斯（Daniel Weiss）博士、詹妮弗·里特谢尔（Jennifer Ritsher）博士、艾伦·博斯特伦（Alan Bostrom）博士、菲利普·佩蒂特（Philip Petit）先生和埃伦·格伦德（Ellen Grund）女士；同时感谢来自莫斯科生物医学问题研究所的同事们，他们是：维亚切斯拉夫·萨尔尼茨基（Vyacheslav Salnitskiy）博士、瓦季姆·古申（Vadim Gushin）博士、奥尔加·科泽连科（Olga Kozerenko）博士和亚历山大·斯列季（Alexander Sled）博士。曾支持卡纳斯博士在退伍军人事务部医学中心的研究工作的重要人物是迪南·尼科尔（Diana Nicoll）博士和希拉·卡伦（Sheila Cullen）主任。曾帮助他得到北加利福尼亚研究和教育研究所提供的专用拨款的是帕梅拉·雷德梅因（Pamela Redmayne）女士、斯图尔特·戈德堡（Stewart Goldberg）先生和杰克·纳甘（Jack Nagan，J. D.）先生。米利耶·休斯—富尔福德（Millie Hughes—Fulford）博士和鲁道夫·莫斯（Rudolf Moos）博士提供了重要的咨询意见。支持他在美国航空航天局总部的研究的重要人物是琼·韦尔尼科斯（Joan Vernikos）博士、玛丽·安·弗雷（Mary Ann Frey）博士、马克·谢帕内克（Marc Shepanek）博士、维克托·施奈德（Victor Schneider）博士、达维德·托姆科（David Tomko）博士和盖伊·福格尔曼（Guy Fogleman）博士。支持他在约翰逊航天中心的研究的关键人物是辛迪·黑文（Cindy Haven）女士、迪娅·泰勒（Dea Taylor）女士、莉萨·卢宾（Lisa Lubin）女士、蒂姆·斯奈德（Tim Snyder）先生、克里斯蒂安·门德尔（Christian Maender）先生和玛格丽特·克莱（Margaret Klee）女士。还有约翰逊航天中心的约翰·尤里（John Uri）博士、查尔斯·萨温（Charles Sawin）博士、克里斯托弗·弗林（Christopher Flynn）博士、埃伦·贝克（Ellen Baker）博士、斯科特·史密斯（Scott Smith）博士、拉克·布特克（Lak Putcha）博士、迈克·格里尼森（Mike Greenisen）博士、维克·库利（Vic Cooley）博士、约翰·查尔斯（John Charles）博士和帕特里克·麦金尼斯（Patrick McGinnis）博士，他们都给予了极大支持。在马歇尔航天中心，巴巴拉·泰珀（Barbara Tepper）女士曾是一位重要而热情的联络员。卡纳斯博士还要感谢通情达理而自愿作为受试者参加研究工作的美国约翰逊航天中心、马歇尔航天中心和莫斯科飞控中心（TsUP）的美俄航天员和飞行任务控制人员。最后，他同样要感谢他的妻子卡罗琳（Carolynn）以及他们的儿子安德鲁（Andrew）和彼得（Peter），在他撰写研究原稿、准备书稿和到处出席各种会议的数年间对他的宽容和支持。

曼蔡（Manzey）博士要特别感谢在航天飞行心理问题上与他有共同兴趣并为与本书的写作有关的研究工作做出贡献的贝恩德·洛伦茨（Bernd Lorenz）博士、阿尔布雷希特·席韦（Albrecht Schiewe）、克里斯托夫·法斯本德（Christoph Fassbender）博士和格奥尔格·菲内尔（Georg Finell）。尤其是贝恩德的创造性、能力和支持得到大家的一致肯定。从操作角度讲，需要很多人支持航天飞行任务期间的研究。还要感谢洛雷达纳·贝索内（Loredana Bessone）、汉斯·博朗代（Hans Bolender）、西格蒙德·雅恩（Sigmund Jähn）和安德烈亚斯·斯雄（Andreas Schön）（欧洲航天局），贝亚特·菲舍尔（Beate Fischer）、彼得拉·米特勒（Petra Mittler）、贝特霍尔德·席韦（Berthold Schiewe）和多丽丝·维尔克（Doris Wilke）（德国航空航天中心），以及弗拉基米尔·纳利希季（Vladimir Nalishiti）和尤里·什帕坚科（Yuri Shpatenko）（俄罗斯航天员训练中心)，他们以不同的职责，为曼蔡博士在几次和平号空间站飞行任务期间进行的研究提供了卓有成效的支持。亚历山大·贡德尔（Alexander Gundel）和于尔根·德雷舍尔（Jürgen Drescher）为这些研究项目提供了重要的咨询意见，对他们的贡献表示衷心的感谢。如果没有人类受试者的参与，在心理学上又能研究什么呢？曼蔡博士感谢所有参与了他的研究工作的美俄航天员，不论是在空间的飞行乘员还是在地面的后备乘员，没有他们的合作精神和对心理学的开放和坦率态度，他就不可能进行他的研究。最后，同时也是最重要的，曼蔡博士感谢他的妻子贝蒂娜（Bettina)，他们的儿子马克斯(Max)、保尔（Paul）和卡尔（Carl)，以及他的父母，不仅为了在他著书期间他们对他的宽容、不断的鼓励和深情的支持，而且为了他们对他在这个与航天飞行同样困难的领域进行研究中的无数个“成功与失败”的深刻理解。

2 版序

《航天心理学与精神病学》第 1 版问世已经 5 年了。这本书拥有相当广泛的读者，包括美俄航天员、航天机构官员、科学界人士、大学生和研究生以及普通公众。这段时间里，航天心理学与精神病学研究领域发生了很大的变化，在空间进行心理学研究有了长足的发展。为了将这些新的发展介绍给大家，推出本书的新版似乎是适时的。

《航天心理学与精神病学》第 2 版正文新增 45 页，比第 1 版增加了 23%。由于本书第 1 版的出版社——克吕韦尔学术出版社与斯普林格（Springer）出版集团合并，本书第 2 版改由合并后的新出版社出版。成为斯普林格集团的一员，对于我们和克吕韦尔出版社的有关人士来说是件高兴的事。再版后，本书的基本结构和章节定位没有改变，但对每章的正文都进行了重审和更新，以反映现实状况。特别是对第 2 章和第 6 章进行了较大的修改和扩充。新增的几节描述了对美俄航天员进行的新的研究，包括：影响初、高级飞行任务控制人员的操作上的挑战；包括国际空间站乘员和飞行任务控制人员在内的人的交互作用（将国际空间站的结果与第 1 版中航天飞机/和平号空间站计划的结果进行了对比）；涉及航天飞行任务的积极心理方面的论点；报告有关国际乘组的文化挑战和俄罗斯航天员有关火星探险的观点；以及有关在空间的生理、睡眠/生理节奏和绩效问题。此外，新增一节有关空间旅游的描述，这是一个正在成长和令人兴奋的新兴产业。我们在尽量保持第 1 版的主题和结构的同时增添新的素材，使得本书的内容得到更新。

我们希望这些修改将使第 1 版读者的知识更加丰富，并吸引更多的读者阅读本书。我们十分享受写作第 2 版和成为人类空间探险的一个组成部分的过程。

尼克·卡纳斯（Nick Kanas），医学博士

迪特里希·曼蔡（Dietrich Manzey），哲学博士

2008 年 1 月

目　录

（标有下划线部分强调实验研究工作是在空间进行的）

空间真的存在危险。注意一下就能看到，在 1997 年 6 月 25 日的对接中，和平号空间站与进步号补给飞船发生碰撞后，空间站及其太阳电池帆板（右侧）遭到损坏

图为美国航空航天局的航天飞机最后一次拜访和平号空间站后离去时，从一个适中的距离所拍摄的，在蓝白相间的地球衬映下的俄罗斯和平号空间站的照片……

（照片及引用的图题由美国航空航天局提供）

第 1 章　绪　论

1.1　人在空间

随着国际空间站的建设，人类正全力以赴地不断投身于空间的探索。这是继以往的礼炮号空间站、天空实验室及和平号空间站项目之后的又一空间站项目。但国际空间站体现了一种变革。国际空间站是由多个国家和航天机构提供的独立的舱段组合构建而成的，站上的乘组将由不同国籍的乘员组成。此外，每次飞行任务将持续数月，使人们有机会进行改善人类生存条件的科学研究及其他重要活动。最终，国际空间站将被用作远征月球、行星甚至更远的宇宙空间的训练基地和搭乘飞船的一个启程点。为了能适应这样的航天活动，让参与这种活动的人了解在空间居住地生活和工作所产生的应激是很重要的。尤其应该了解复杂、长期的航天飞行任务可能会对乘员的心理和精神产生怎样的影响。这些问题标示出成功任务与不成功任务之间的不同，成功的飞行任务不但能够实现既定的任务目标，而且能够使参与任务的人员获得有用的经验；而不成功的飞行任务则使乘员和为他们的飞行任务提供保障的地面控制人员士气低落，出现精神病问题，发生悲剧后果，甚至在他们返回地面后影响到他们的家人和朋友。

1.2　空间中的应激因素与应激

首先要明确应激因素和应激这两个与航天飞行任务有关的概念。应激因素是指环境中影响人的刺激因素或要素，通常指以负面、唤醒的方式施加影响。在空间有 4 种应激因素：物理的、适居的、心理的和人际的。每种应激因素均在表 1.1 中举例说明。这些因素中有些是与其他因素相关联的。例如，微重力和辐射对居住环境产生制约，而这些制约又会产生振动，增加环境噪声。同样，居住特性造成的物理环境影响到人对狭小封闭空间和危险的体验，并限制居住其中的乘组的人数。

许多物理和适居应激因素是工程上特定的，这类问题不在本书论述范围内。其他方面将在第 6 章论述。心理和人际应激因素与本书论述的主题有直接的关系，因为这些因素可以在发射前的选拔和训练期间、飞行中的监测和保障期间、飞行后的地面环境再适应期间等几个阶段，通过采取心理和人际干预的方法来予以改变。例如，可以通过发射前精心安排的作息时间表使单调和工作负荷的应激因素减至最弱，还可以通过严格的乘员选拔和训练使性别和文化差异造成的人际关系的应激因素减至最弱。

表 1.1　载人航天飞行任务中遇到的应激因素示例

物理的	适居的	心理的	人际的
加速度	振动	隔离	性别问题
微重力	环境噪声	限制	文化效应
电离辐射	温度	危险	个性冲突
宇宙尘埃碰撞	照明	单调	乘组人数
昼夜周期	空气质量	工作负荷	领导问题

应激是指人在受到一个或多个应激因素的影响后所产生的反应。在空间影响人类的应激有 4 种：生理的、绩效的、人际的和精神病的，见表 1.2 示例。

表 1.2　载人航天飞行任务中遇到的应激示例

生理的	绩效的	人际的	精神病的
空间运动病	定向障碍	关系紧张	适应障碍
前庭问题	视错觉	退缩/领地行为	身体症状性疾患
睡眠障碍	注意缺乏	缺乏私密性	抑郁
体液转移	易出错	迁怒	自杀倾向
骨丢失和血钙过多	心理运动问题	情感移置	衰弱

生理的、绩效的和人际的应激有助于乘员作出适应地球以外环境条件的正常化努力。相反，精神病的应激则往往是对这些条件的异常反应，虽然在某些案例中存在中间类型。例如，某些长期空间旅行者体验过抑郁或轻度衰弱反应的感觉，这可通过让他们借助视听装置增强与地面家人和朋友的联系来解决，决不会发展成完全的精神病。鉴于这些应激会危害乘员的健康和安宁，干扰他们彼此之间以及他们与飞行控制人员之间的关系，从而引发危险局势乃至阻碍飞行任务目标的完成，了解并解决这些应激带来的影响是很重要的。有关这 4 种应激问题将在第 2 章至第 5 章中作详细阐述。

1.3　资料来源

在研究空间的心理和精神病问题时，我们可以从三个渠道来获取与关键问题有关的信息，即：轶事报道、在地面的空间相似或模拟环境中进行的研究以及实际航天飞行任务中进行的研究。

1.3.1　轶事报道

来自于轶事报道的资料有几种类型，表 1.3 列出了这些资料类型及其参考文献。

表 1.3 与航天心理和精神病问题有关的轶事类资料的种类

航天机构文件（Belew，1977；Connors et al.，1985；Kanas and Feddersen，1971；Morgan，2001）
对执行航天飞行任务人员的调查（Kelly and Kanas，1992，1993，1994；Santy et al.，1993）
公开出版的空间旅行者的日记（Chaikin，1985；Lebedev，1988）
报纸和杂志上的文章（Associated Press，1995；Benson，1996；Carpenter，1997）
空间旅行者所著书籍（Aldrin，1973；Linenger，2000；Pogue，1985）
从未去过空间的人士所著书籍（Burrough，1989；Cooper，1976；Freeman，2000；Harland，1997；Harris，1996；Harrison，2001；Oberg，1981；Santy，1994；Stuster，1996）

由于是轶事类资料，这些资料有时会包含有主观性的，甚至是戏剧性的成分，但这类资料常常反映出空间旅行者的情感和思想，生动地描绘了他们在空间生活和工作的情景。因此，要为进行更多的正规研究开拓思路和提出假说，轶事报道其实是一个良好的切入点。

1.3.2 在空间相似和模拟环境中的研究

1.3.2.1 环境

第二个资料来源是由在地面的空间相似和模拟环境中进行的研究获得的。这些环境具有很多与空间环境相近的特征。在相似环境中的研究更顺从自然，对变量的控制不强；而在模拟环境中的研究则是设法改变环境，以使其尽可能与研究的主题相关联。对各种空间相似环境和模拟环境的举例列于表 1.4。

表 1.4　与载人航天飞行有关的地面相似和模拟环境举例

南、北极探险
登山探险
出海潜艇、舰船
偏远的海上石油钻井平台
水下模拟器（如海底实验室）
陆上模拟器（如高压舱）
飞机座舱模拟器
机能减弱（卧床）实验环境

1.3.2.2　与实际航天飞行任务的关联

在地面环境中进行的涉及空间的研究已经有 100 余项，这些都已被详细记入已发表的一些综述文章（Baranov，2001；Connors et al.，1985；Harrison et al.，1991；Kanas，1985，1987，1990，1991；Kanas and Feddersen，1971；Lugg，2005；Palinkas et al.，2000；Sandal，2000；Sandal et al.，1996；Santy，1983；Stuster，1996，2005；Vaernes，1993）。然而，没有任何相似环境或模拟环境可以完全再现空间环境。例如，微重力所独具的特征群、居住舱外没有大气、真正的危险、无法实施快速救援等，这些都无法在地面上复制出来。

塞尔斯（Sells，1966）评价了 11 种他认为适宜用来与长期航天飞行任务做类比的社会体系。他先找出长期航天飞行任务的 56 个特征，再对照每个特征评价了这些社会体系，得出的结论是潜艇和极地探险任务环境与实际的航天飞行任务环境最为接近。然而，他的研究没有对新近出现的陆地相似环境或非潜艇水下环境作出评价。不过，他的研究仍提示我们，空间相似环境在逼真于实际航天飞行任务环境上会有偏离。

聚德费尔德（Suedfeld，1991）指出，重要的是并非物理环境本身，而是空间相似或模拟环境对于参与其中的人员的心理影响。桑达尔等人（Sandal et al.，1996）在他们所写的一篇综述中表示支持这个观点，他们认为，在陆地高压舱内所作的研究与在极地环境中所作的研究不同，在陆地高压舱内没有真正的危险，在紧急医疗救治中可以很容易地将病人撤离，而这两种环境特点均不存在于极地环境。在高压舱内工作的人体验到的总焦虑水平低，且随时间稳步下降；而极地探险人员则表现出较高水平的焦虑，特别是在探险任务的第一季和第三季阶段。在相似和模拟环境中进行心理和精神病问题研究时，这种环境的局限性尤为明显，特别是在涉及多文化背景乘组的长期航天飞行任务时。这些评论启示我们，研究人在空间发生的事情的理想方式是在空间对人进行实地研究！尽管如此，仍然需要在地面进行空间相似和模拟环境下的研究。因为航天飞行任务是耗资大、风险高和需要大量人员参与的复杂计划，某些研究领域尚处于发展的初期阶段，在地面进行试验性研究是检验新思维的更经济、更安全的途径。而且，与空间环境相比，模拟器中的可控变量更多，在模拟器中通常可先于研究而考虑与飞行任务相关的操作事项。许多研究依赖大样本以便进行研究结果的统计检验，在地面环境中这些更容易做到。卡纳斯（Kanas，1997）曾论述过利用相似和模拟环境来研究诸多社会心理问题的方法，涉及社会和文化因素，职业动机，单一活动及活动减少，领导能力和威信以及飞行乘员和地面人员之间的关系等方面。

1.3.3 空间中的研究

有关重要的心理和精神病问题资料的最后一个来源来自于实际航天飞行任务中进行的研究。尽管已进行过很多与人有关的其他方面的空间中的研究（如微重力对心血管状态和骨丢失的影响），但在心理学和精神病学领域的研究几乎无所作为的状况一直持续到最近，其中部分原因是许多航天飞行任务的短期性质，与长期飞行任务相比，社会心理因素在短期飞行任务中并不太容易构成问题。然而随着国际空间站的建成，执行飞行任务的乘组是由具有不同文化背景的不同国家的航天员组成，执行一次飞行任务他们要一起生活和工作数月，这种飞行任务中复杂的多文化问题成为航天当局面对的焦点问题，使得他们又重新开始关注心理和精神病问题的研究。此外，在为远征火星甚至更远的空间的探险性飞行任务所作的规划中将飞行持续时间延长至数年，这样一来，随着航天器飞离地球越来越远，从地球提供保障的可能性也变得越来越小。在某种意义上，国际空间站可为研究心理和精神病问题给空间生活和工作带来的影响提供一种绝佳的途径。国际空间站在进行这类研究上具有的优势参见表 1.5。

表 1.5 国际空间站在心理和精神病问题研究上的优势

国际空间站上有最新技术发展水平的研究设施
国际空间站上的乘员执行一次飞行任务要在空间站上共同相处数月，提供了研究长期飞行效应的可能性
航天飞机和联盟号飞船将飞往国际空间站，可以借此机会研究短期飞行效应
由于国际空间站是在近地轨道运行，可以很容易地往来运送研究用物资
国际空间站乘组要与飞行任务控制人员相互配合和交往，可以研究这两组人员之间的关系
国际空间站可作为一个实验平台，来检验为火星飞行这类探险飞行任务所考虑的问题和对抗措施

1.4 基本假设

有关未来航天飞行任务有许多基本假设，这构成了本书所涉领域的基础。尽管本书将在后面的各章节中要对这些假设进行更详细的论述，我们仍然认为有必要在此对这些假设一一简述，以作为读者阅读本书的导引。

1.4.1 人的绩效

第一个假设是，保持航天员在空间飞行期间对工作的胜任能力是长期航天飞行任务中一个重要的心理挑战。在航天飞行发展的初期，主要的焦点是证明人类完全可以在空间这个异乎寻常的环境中生存。因此，精力都放在研究微重力对人体机能的影响上。如今，空间已成为人类重要的工作场所，航天员要在那里完成对认知功能和心理运动技能有很高要求的复杂的科研和操作任务（Morphew et al.，2001）。因而，越来越受到关注的是在空间影响人的绩效的因素，这在未来航天员的任务和工作设备变得更加复杂时尤为重要。

此外，在空间人的绩效下降可成为一个严重影响长期航天飞行任务的安全问题。在对过去发生在和平号空间站上的严重事故的调查研究中已强调了这个问题，当时一艘即将到达的进步号飞船在进行手动对接时撞坏了空间站上的一个实验舱。对这次事故的分析显示，因疲劳导致的技能维持和操作绩效下降等问题是造成这次事故的原因之一（Ellis，2000）。

为了更好地评估将来的航天飞行任务中可能的绩效降低所带来的危险，需要知道空间中极端工作和生活条件对人的能力的影响。这就不仅要了解微重力对认知和心理运动过程的可能的影响，还要了解航天飞行任务中存在的其他应激因素如工作负荷、单调乏味、隔离和限制等对人的绩效的影响。

1.4.2 异质乘组

第二个假设是，未来执行载人航天飞行任务的将是由不同的性别、职业动机和经历以及不同个性的人员组成的异质性乘组。早期航天飞行的乘组更具同质性：通常是有着相似个性和受过驾驶航天器训练的来自同一国家的男性白人（Wolfe，1979）。但这样的时代已一去不复返，未来航天飞行任务的复杂性和政治意义将导致乘组构成更加多样性。

异质性有点像双刃剑。从短期看，它可以使乘员之间的相互作用变得复杂化，使得人们需要时间相互适应。这就导致人际应激的产生，进而会对工作绩效和任务目标的实现产生负面作用。然而，如果乘员能随着时间的推移接受彼此的差异，异质性可能会丰富人际环境，这有助于阻遏厌倦和单调。这在很大程度上取决于乘组成员如何看待多样性：是把它看做对飞行任务的一个负性刺激，还是能增添情趣的一个正性特色。

1.4.3 文化差异

第三个假设是，未来的乘组将由来自不同文化背景的人员组成。如同黑尔姆赖希（Helmreich，2000）曾就航空界和医学界类比航天飞行任务所论述的那样，文化可包括三个方面：国家，组织和职业。就第一个方面来说，航天乘员将具有不同的种族出身、国籍和母语。这可能会导致行为上的差异，这些差异有的显著，有的很细微（如用身体姿势来强调某种观点）。文化差异可能被误解为是对他人的某种侮辱、冷淡或者仅仅是厌烦，这可能会导致人际或群体之间的紧张局势。

文化的第二个方面与个体所在的就业机构的组织特征有关。例如，就有文章提到，每个参与国际空间站项目的大型航天机构都具有影响其成员做事方式的不同“宏观文化”（Committee on Space Biology and Medicine，1998）。再如，美国航空航天局往往在飞行任务准备阶段就开始广泛训练他们的航天员应对各种可能发生的意外情况，而俄罗斯航天局则往往针对重大问题并依赖专家解决出现的问题。另外，美国航天员领取的是与他们的职责相应的固定薪金，而俄罗斯航天员则是根据他们在航天任务中的表现获得奖金或是减扣薪金。这种组织原则上的差异会影响来自不同航天机构的乘员在工作上和相互作用时的行为表现。

最后一种文化影响与一个人的职业、教养或职业动机有关。执行航天飞行任务的人可能会有极为不同的背景和职责。例如，有些空间旅行者是飞行员或工程师出身，他们在飞行中的任务与航天器的驾驶和维护有关。另一些是科研人员出身，他们的任务是做实验和履行非操作性的职责。来自这两个群体的人可能在飞行任务之前就形成了不同的职业准则、价值观和传统，重要的是要了解这些并把它们结合成一个整体，使乘组在航天任务中团结一致，共同努力实现飞行任务的目标。但实际情况未必如此，本书将在第 4 章中对此进行论述。

1.4.4 时间效应

第四个假设是，时间是研究航天心理和精神病问题的一个重要因素。时间的一个方面涉及飞行持续时间。例如，由航天飞机执行的任务一般持续 1～2 星期，在这种短期航天飞行任务中心理和精神障碍可能不会造成问题，因为绝大多数人能够在这样长的时间内耐受空间的应激因素。然而在长达 6 星期甚至持续时间更久的长期航天飞行任务中问题就会出现，这不仅是因为乘员的适应能力被过度消耗掉，而且还因为有另外的应激因素产生（如对空间环境的新鲜感一旦淡去就会产生单调感，人际关系的细小刺激因素就会被放大而导致个性冲突）。

另外，有证据表明，在隔离和限制环境中生活和工作的一些群体所历经的各个阶段是随时间而定的。有些人认为人的社会心理变化发生在一次飞行任务过半之后，特别是在第三季（Bechtel and Berning，1991；Gushin et al.，1993，1997；Palinkas et al.，2000；Sandal，2000；Sandal et al.，1995；Stuster et al.，2000），此时人们意识到他们还有一半任务要完成后才能返航。还有一些人认为变化是按照飞行任务的三个顺序阶段发生的，即：初期的焦虑，中期的厌倦，末期的兴奋（Chaikin，1985；Grigoriev et al.，1987；Rohrer，1961）。然而，不是所有空间类比研究都发现了这样的发展进程（Kanas et al.，1996；Steel and Suedfeld，1991；Wood et al.，1999，2005），我们将在第 2 章和第 4 章看到，来自空间的实践经验结果对这种在轨飞行期间的阶段划分提出了质疑。

1.4.5 乘组与地面人员的关系

第五个假设是，飞行乘组和地面飞行控制人员之间的关系对于乘组的绩效和士气非常重要。在诸如国际空间站这样的轨道飞行任务中很容易看到这种关系。乘员要依靠地面飞行控制人员进行日程安排，得到支持，获取信息和查找故障。这两个群体之间的信息传递和人际互动对飞行任务的成功关系重大。另外，乘员与家人和朋友间私密而经常的互动可提高他们的士气，并使他们与其在地面的爱人保持必要的联络。最后一点，许多航天员都非常渴望知道他们的地球家园正在发生的事件，他们喜欢定期收看地面发送给他们的新闻（Kelly and Kanas，1994）。

在飞往火星这样的远征类飞行任务中，要飞行的距离将意味着视听通信要花费数分钟甚至数小时的时间。这意味着乘员和地面人员将不得不制定把这些延迟都考虑进去的策略。这还意味着乘员在他们的行动中要更加独立自主，因为有关问题和难题的咨询和磋商将不再是实时的，人员和物资的重新补给也将是不可能的。紧急医疗和精神病救助将不得不在轨实施，乘员将需要被训练成能解决各类问题的人。最后一点，从未有人把他或她的地球家园作为空中的一颗遥远的“星星”来观看的经历。当你所拥有的至亲至爱的一切都远去和变得没有意义时，这种体验所产生的心理冲击力的作用到底如何。现在人们对此还不得而知，而乘员需要为这种体验作好准备。

1.4.6 心理对抗措施

最后一个假设是，航天员遭受长期航天飞行任务中的应激因素的不利影响可以通过适当的心理对抗措施来减轻甚至消除。有一套对抗措施主要是使航天飞行任务期间工作和生活条件满足人的心理能力和需求。这套措施包括适居和工效学的各个方面，以及涉及工作设计和适当的作息时间安排的组织因素。还有一套对抗措施针对的是使个人能对自己的心理作适当调整以适应航天飞行任务的要求。

这套措施可以通过选拔性格最能满足航天飞行任务要求的航天员；组建由彼此能和谐共处的人员组成的航天飞行乘组；在航天员为空间的工作和生活做准备的飞行前训练中为其提供相应的心理和人际关系训练；乘组在轨飞行时为航天员个人和整个乘组提供心理保障等来实现（Manzey et al.，1995）。这样的一些活动能促进和保障载人航天飞行任务的成功和安全。这些措施在俄罗斯（苏联）的航天项目中早已得到公认，心理对抗措施从长期航天飞行开始以来就一直是其航天计划中的一个重要组成部分（Garshnek，1989；Kanas，1991）。目前在国际空间站的运行中也正在采用类似的对抗措施，它们将是未来超越地球轨道的空间远征飞行任务中不可缺少的因素。

1.5　本章要点

1）载人航天飞行任务中已遇到的4种应激因素：物理的、适居的、心理的和人际的。

2）载人航天飞行任务中已遇到的4种应激：生理的、绩效的、人际的和精神病的。

3）我们可以从三个渠道来获取与关键问题有关的信息，即：轶事报道、在地面的空间相似或模拟环境中进行的研究以及实际航天飞行任务中进行的研究。

4）虽然轶事报道和在空间相似和模拟环境中进行的研究有一定的优势，但要研究人在空间发生的事情的最理想途径是在空间直接研究人！

5）国际空间站是进行有关人在空间的心理和精神病问题研究的一个最佳实验室。

6）维持人在空间，特别是在长期航天飞行任务中的绩效将是一个挑战。

7）在持续时间长和由不同文化背景的人员组成的异质性乘组的航天飞行任务中，心理和精神病问题成为最具有实质性的问题。

8）乘员和地面人员之间的关系对于维持乘组的工作绩效和士

气，及促进飞行任务的成功非常重要。

9）需要制定和实施能有助于航天员应对载人航天飞行任务中遇到的应激因素的对抗措施。

参 考 文 献

Aldrin, E. E. 1973, *Return to Earth*. New York: Random House.

Associated Press. 1995. Astronaut tells of stresses in space. *Marin Independent Journal*, July 3, p. A6.

Baranov, V. M. 2001. *Simulation of Extended Isolation: Advances and Problems*. Moscow: Firm Slovo.

Bechtel, R. B. and Berning, A. 1991. The third-quarter phenomenon: do people experience discomfort after stress has passed? In: A. A. Harrison, Y. A. Clearwater, and C. P. McKay, eds. *From Antarctica to Outer Space*. New York: Springer-Verlag.

Belew, L. F. 1977. *Skylab, Our First Space Station*. NASA SP-400. Washington, D. C.: NASA.

Benson, J. 1996. Conversations with Norman Thagard. *Aerospace America*. January: 12-14.

Burrough, B. 1989. *Dragonfly: NASA and the Crisis Aboard Mir*. New York: Harper Collins.

Carpenter, D. 1997. Are blunders on Mir signs the stress is too great? *San Francisco Examiner*, July 18, p. A1.

Chaikin, A. 1985. The loneliness of the long-distance astronaut. *Discover 1985*. February: 20-31.

Committee on Space Biology and Medicine. Space Studies Board. Commission On Physical Sciences, Mathematics, and Application. National Research Council. 1998. *A Strategy for Research in Space Biology and Medicine in the New Century*. Washington, D. C.: National Academy Press.

Connors, M. M., Harrison, A. A., and Atkins, F. R. 1985. *Living Aloft: Human Requirements for Extended Spaceflight*. NASA SP-483. Washington DC: NASA.

Cooper, H. S. F., Jr. 1976. *A House in Space*. New York: Holt, Rhinehart & Winston.

Ellis, S. R. 2000. Collision in space. *Ergonomics in Design*. 8:4-9.

Freeman, M. 2000. *Challenges of Human Space Exploration*. Chichester, UK: Springer-Praxis.

Garshnek, V. 1989. Soviet space flight: the human element. *Aviation, Space, and Environmental Medicine*. 60:695-705.

Grigoriev, A. I., Kozerenko, O. P., and Myasnikov, V. I. 1987. Selected problems of psychological support of prolonged space flights. Paper presented at the *38th Congress of the International Astronautical Federation*, Stockholm, Sweden.

Gushin, V. I., Kholin, S. F., and Ivanovsky, Y. R. 1993. Soviet psychophysiological investigations of simulated isolation: some results and prospects. In: S. L. Bouting, ed. *Advances in Space Biology and Medicine, vol. 3*. London: JAI Press.

Gushin, V. I., Zaprisa, N. S., Kolinitchenko, T. B., Efimov, V. A., Smirnova, T. M., Vinokhodova, A. G., and Kanas, N. 1997. Content analysis of the crew communication under prolonged isolation. *Aviation, Space, and Environmental Medicine*. 68:1093-1098.

Harland, D. M. 1997. *The Mir Space Station: A Precursor to Space Colonization*. Chichester, UK: John Wiley & Sons.

Harris, P. R. 1996. *Living and Working in Space: Human Behavior, Culture and Organization, 2nd ed*. Chichester, UK: John Wiley & Sons.

Harrison, A. A. 2001. *Spacefaring: The Human Dimension*. Berkeley, CA: University of California Press.

Harrison, A. A., Clearwater, Y. A., and McKay, C. P., eds. 1991. *From Antarctica to Outer Space*. New York: Springer-Verlag.

Helmreich, R. L. 2000. Culture and error in space: implications from analog environments. *Aviation, Space, and Environmental Medicine*. 71(9, Suppl.): A133-A139.

Kanas, N. 1985. Psychological factors affecting simulated and actual space missions. *Aviation, Space, and Environmental Medicine*. 56:806-811.

Kanas, N. 1987. Psychological and interpersonal issues in space. *American Journal of Psychiatry*. 144:703-709.

Kanas, N. 1990. Psychological, psychiatric, and interpersonal aspects of long-duration space missions. *Journal of Spacecraft and Rockets* (AIAA). 27:457-463.

Kanas, N. 1991. Psychological support for cosmonauts. *Aviation, Space, and Environmental Medicine*. 62:353-355.

Kanas, N. 1997. Psychosocial value of space simulation for extended spaceflight In: S. L. Bonting, ed. *Advances in Space Biology and Medicine, vol. 6*. London: JAI Press.

Kanas, N. and Feddersen, W. E. 1971. *Behavioral, Psychiatric, and Sociological Problems of Long-duration Space Missions*. NASA TM X-58067. Houston, IX: JSC/NASA.

Kanas, N., Weiss, D. S., and Marmar, C. R. 1996. Crew member interactions during a Mir space station simulation. *Aviation, Space, and Environmental Medicine*. 67:969-975.

Kelly, A. D. and Kanas, N. 1992. Crewmember communication in space: a survey of astronauts and cosmonauts. *Aviation, Space, and Environmental Medicine*. 63:721-726.

Kelly, A. D. and Kanas, N. 1993. Communication between space crews and ground personnel: a survey of astronauts and cosmonauts. *Aviation, Space, and Environmental Medicine*. 64:795-800.

Kelly, A. D. and Kanas, N. 1994. Leisure time activities in space: a survey of astronauts and cosmonauts. *Acta Astronautica*. 32:451-457.

Lebedev, V. 1988. *Diary of a Cosmonaut: 211 Days in Space*. College Station, TX: Phytoresource Research Information Service.

Linenger, J. M. 2000. *Off the Planet: Surviving Five Perilous Months Aboard the Space Station Mir*. New York: McGraw-Hill.

Lugg, D. J. 2005. Behavioral health in Antarctica: implications for long-duration space missions. *Aviation, Space, and Environmental Medicine*. 76(6, Suppl.): B74-77.

Manzey, D., Schiewe, A., and Fassbender, C. 1995. Psychological countermeasures for extended manned space flights. *Acta Astronautica*. 35:339-361.

Morgan, C. 2001. *Shuttle-Mir: The United States and Russia Share History's*

Highest Stage, NASA SP-2001-4225. Houston, TX: JSC/NASA.

Morphew, E., Balmer, D. V., and Khoury, G. J. 2001. Human performance in space. *Ergonomics in Design*. 9: 6-11.

Oberg, J. E. 1981. *Red Star in Orbit*. New York: Random House.

Palinkas, L. A., Gunderson, E. K. E., Johnson, J. C., and Holland, A. W. 2000. Behavior and performance on long-duration spaceflights: evidence from analogue environments. *Aviation, Space, and Environmental Medicine*. 71(9, Suppl.): A29-A36.

Pogue, W. R. 1985. *How Do You Go to the Bathroom in Space*? New York: Tom Doherty Associates.

Rohrer, J. H. 1961. Interpersonal relationships in isolated small groups. In: B. E. Flaherty, ed. *Symposium on Psychophysiological Aspects of Space Flight*. New York: Columbia University Press.

Sandal, G. M. 2000. Coping in Antarctica: is it possible to generalize results across settings? *Aviation, Space, and Environmental Medicine*. 71 (9, Suppl.); A37-A43.

Sandal, G. M., Vaernes, R., and Ursin, H. 1995. Interpersonal relations during simulated space missions. *Aviation, Space, and Environmental Medicine*. 66: 617-624.

Sandal, G. M., Vaernes, R., Bergan, T., Warncke, M., and Ursin, H. 1996. Psychological reactions during polar expeditions and isolation in hyperbaric chambers. *Aviation, Space, and Environmental Medicine*. 67: 227-234.

Santy, P. A. 1983. The journey out and in: psychiatry and space exploration. *American Journal of Psychiatry*. 140: 519-527.

Santy, P. A. 1994. *Choosing the Right Stuff: The Psychological Selection of Astronauts and Cosmonauts*. Westport, CT: Praeger Scientific.

Santy, P. A., Holland, A. W., Looper, L., and Marcondes-North, R. 1993. Multicultural factors in the space environment: results of an international shuttle crew debrief. *Aviation, Space and Environmental Medicine*, 64: 196-200.

Sells, S. B. 1966. A model for the social system for the multiman extended duration space ship. *Aerospace Medicine*. 37: 1130-1135.

Steel, G. D. and Suedfeld, P. 1991. Temporal patterns of affect in an isolated group. *Environment and Behavior*. 23: 749-765.

Stuster, J. 1996. *Bold Endeavors: Lessons from Polar and Space Exploration*. Annapolis, MD: Naval Institute Press.

Stuster, J. 2005. Analogue prototypes for lunar and Mars exploration. *Aviation, Space, and Environmental Medicine*. 76(6, Suppl.): B78-B83.

Stuster, J., Bachelard, C., and Suedfeld, P. 2000. The relative importance of behavioral issues during long-duration ICE missions. *Aviation. Space and Environmental Medicine*. 71(9, Suppl.): A17-A25.

Suedfeld, P. 1991. Groups in isolation and confinement: environments and experiences. In: A. A. Harrison, Y. A. Clearwater, and C. P. McKay, eds. *From Antarctica to Outer Space*. New York: Springer-Verlag.

Vaernes, R. J. 1993. *EXEMSI'92 Executive Summary*. NUTEC Report 16-03. Paris: European Space Agency Long Term Programme Office.

Wolfe, T. 1979. *The Right Stuff*. New York: Farrar, Straus, Giroux.

Wood, J., Lugg, D. J., Hysong, S. J., and Harm, D. L. 1999. Psychological changes in hundred-day remote Antarctic field. *Environment and Behavior*. 31: 299-337.

Wood, J., Schmidt, L., Lugg, D., Ayton, J., Phillips, T., and Shepanek, M. 2005. Life, survival, and behavioral health in small closed communities: 10 years of studying isolated Antarctic groups. *Aviation, Space, and Environmental Medicine*. 76(6, Suppl.): B89-B93.

完成每次航天飞行任务都需要使用复杂的设备。适应微重力和学会适应太空环境是成功执行飞行任务所需的基本要素

图为执行 STS－111 飞行任务的航天员、任务专家菲利普·帕里内（Philippe Perrin）在国际空间站命运号实验舱内的微重力科研手套箱（MSG）旁边。帕里内来自法国航天局（CNES）

（照片及引用的图题由美国航空航天局提供）

第 2 章　人类适应航天飞行的基本问题

2.1　空间是极端环境

人类不能天生适应而需要经过复杂的生理和心理的适应过程才能生存的任何环境都可被视为“极端”环境。地球上的这类极端环境有极地、高山区或海底居住舱。自 1961 年 4 月 12 日加加林首次航天飞行以来，地球轨道和外层空间也成为人类生活和工作的极端环境。有两类因素使空间成为极端环境。第一类与航天飞行独有的物理特性有关（Nicogossian and Robbins，1994），这些特性中最突出的是几乎完全没有作用于人体的重力。从专业上说，这种“微重力”是由于作用于绕轨道飞行航天器的离心力对重力因子的抵消造成的。由于在微重力下无论是静止还是运动时都感觉像是没有重量，将这种主观感觉描述为“失重”更为合适。正如将要说明的，空间与地球相比的这种根本改变对几乎所有的生理系统产生了显著的影响，而且也能影响特定的认知和心理运动功能。航天飞行不同于地球上的生活的第二个物理特性是自然界昼夜周期的改变。地球轨道飞船以约 28 000 千米/小时的速度围绕地球飞行时，日出的间隔时间减至大约 90 分钟。这与我们习惯的地球 24 小时昼夜循环周期有着显著的不同，并与人的生理节奏系统发生冲突。最后，使空间成为对人类极端危险的环境的第三个物理特性是宇宙辐射，尤其是致电离辐射（即能直接造成生物细胞的破坏、转化或变异的银河宇宙射线、捕获带辐射和太阳粒子事件引起的辐射）。缺少了平时由地球大气层提供的屏蔽保护，这种辐射可能导致对人体健康的急性和延迟损害（Nicogossian and Robbins，1994）。

从生理学和心理学角度来看，空间的微重力和昼夜循环周期的改变因其要求人的复杂适应过程而成为最值得关注的航天飞行的物理特性。与之相关的事实是，这些独特的特性与人类在地球上进化期间塑造了人体组织的两个最重要的自然常量直接冲突，这两个自然常量分别是由地球的质量引起的重力和地球的自转引起的昼夜自然交替。

致使空间成为人类极端环境的第二类因素涉及航天飞行期间存在的适居性、心理和人际关系方面的诸多应激因素。这些应激因素是由空间居住舱苛刻的生活条件、有限范围的环境暗示、强加给航天员的特定的工作负荷，以及常以没有独处空间、不得不与其他乘员的社会接触和脱离惯常的家人和朋友社交圈等为特征的社会心理情境造成的。这些因素多数并非航天飞行环境所独有，而是限制和隔离环境所普遍具有的特征（Suedfeld and Steel，2000）。然而，它们是空间极端的生活和工作环境的重要特征，在长期航天飞行中尤为突出。与空间环境独特的物理状态一样，它们是航天员维持高水平的个人及乘组效率而必须适应的应激因素。

航天飞行的极端条件对个人健康和绩效，以及对乘员相互作用的心理影响是本书阐述的中心问题。作为开篇，本章所阐述的是有关人适应航天飞行的一些更基本的问题，将特别提供以下方面的信息：①精选的人对空间的生理适应问题；②航天飞行中的睡眠和生理节奏问题；③人在长期航天飞行任务中对限制和隔离环境的适应问题。

2.2 生理适应问题

在空间，生理系统面临的主要挑战是失重。人类在地球上的进化过程中，所有生理系统均已为适应在地球重力下生存而被最优化。这种优化不仅在前庭系统中表现突出，而且在心血管系统、感觉运动系统（负责运动协调和控制）和骨骼肌肉系统中也是如此。实际上，人的生理系统中几乎没有未被地球上特有的重力环境塑造过的。因而，空间中的失重就促使人体组织内部发生需要复杂的适应过程的不同的生理改变（Clément，2005；Grigoriev and Egorov，1992；Nicogossian et al.，1994）。

在本节我们将回顾一下具有航天飞行任务特性的环境条件对人的心血管、前庭/感觉运动和肌肉骨骼这三个不同的生理系统的影响。在短期航天飞行或长期航天飞行的最初几天乃至最初几星期中，对上述前两个系统的影响可损害航天员个体的健康和适应性。处于微重力环境后的数分钟或数小时内，这两个系统就会出现反应。空间环境对肌肉骨骼系统的影响发生得相对较慢，该系统的强壮直接取决于在空间持续逗留的时间。所有这些生理反应最终导致在空间生理系统逐渐恶化，如果不采取对抗措施，可能妨碍航天员的健康返回。鉴于本书内容所限，不能全面回顾微重力对人的生理的影响，只能让读者从生理学观点对空间飞行造成的影响有最基本的了解。有关人对微重力的生理反应的更全面的阐述，包括空间环境对其他系统和功能（如内分泌系统、代谢功能）的影响，可参见由尼克戈申等主编的经典著作（Nicogossian et al.，1944），以及由巴凯（Buckey，2006）和克莱芒（Clément，2005）所著的更新的专著。

2.2.1　心血管系统

心血管系统的主要组成部分是心脏和血管（如动脉、静脉和毛细血管）。它的主要功能是维持连续不断的血液循环，为全身各部分输送氧气和营养，并去除二氧化碳和细胞代谢产生的其他废物。在地球上，这一系统适应重力赋予的制约条件。在人体内，沿身体纵轴产生一个流体静压梯度，动脉血压从头（约 70 毫米汞柱）至脚（约 200 毫米汞柱）升高。心脏和血管的运行都要克服重力的作用。这不仅需要心脏发挥一定程度的“泵作用”以便逆重力方向将充足的血液向上输送至脑部，而且需要开发下身静脉血管的高级机制，以保障血液向上返回心脏，并防止血液朝重力方向的任何“倒流”。此外，该系统能根据与重力相关的体位变化所引起的流体静压梯度的变化而进行快速的调整。例如，一个人从仰卧位改变为直立位时，就需要进行这种调整，反之亦然。如果一个人从卧姿到立姿改变得太快，主观上就会感觉到瞬间的头昏眼花。这种眩晕与头部和上身血压短期降低有关，可以通过所谓的压力感受器反射快速得到纠正。这种反射是心血管系统最重要的控制机制之一，包括根据来自动脉压力感受器（“压力感受器”）的信息而进行的心脏活动和血管外周阻抗的反射调节，这使得动脉血压保持在一个相对稳定的水平上。

进入空间环境后，重力突然降低。在地球上建立起来的应对重力的心血管机制最初保持不变，好像这种力仍然存在一样。这种情况导致人的体液向身体上部转移，在最初进入空间的6～12小时的时间里一直是这样。结果导致体液发生戏剧性的重新分布，与地球上的情况完全不同，见图2.1。在地球上，体液总量相等地分布于人体的上半身和下半身（图2.1（a）)，但进入空间几个小时和几天后，可以明显地看到体液聚积在人体的胸部和头部（图2.1（b））。这种转移的直接可见结果是航天员腿部体积的明显变化（即腿围可缩小10%～30%）（Moore and Thornton，1987），以及脸部眼睛周围组织的明显肿胀（“肿脸”）。从主观上讲，这种体液转移可能影响航天员对自身健康情况的主观感觉。例如，在失重数小时或数天后，航天员常常自述有鼻子不通气及头痛的感觉，这很可能就是体液头向转移的结果。此外，嗅觉和味觉也可能因鼻部体液的变化而改变（Clément，2005）。有趣的是，航天员的人际沟通似乎也受到这种体液转移结果的影响。在对54名执行过航天飞行任务的美俄航天员的问卷调查（Kelly and Kanas，1992）中，“肿脸”被看成是短期航天飞行中阻碍乘员之间互相交流的因素之一。可以假定这其中的理由之一是“肿脸”增加了正确观察和识别脸部表情的难度，而脸部表情通常是人们交流的重要的非语言线索（Cohen，2000）。

从生理学的层面看，体液在微重力下重新分配导致中心血量和颅内压的瞬时增加和升高，随后依次引发心血管、内分泌及血液各系统的复杂的适应效应（Charles et al.，1994）。这些适应效应的主要结果是消除胸部和头部多余的体液。这是通过增加肾输出而使血浆容量减少约22%来实现的（Clément，2005）。适应效应结束之后，上半身体液量成功地恢复到基本正常的水平。但在整个空间停留期

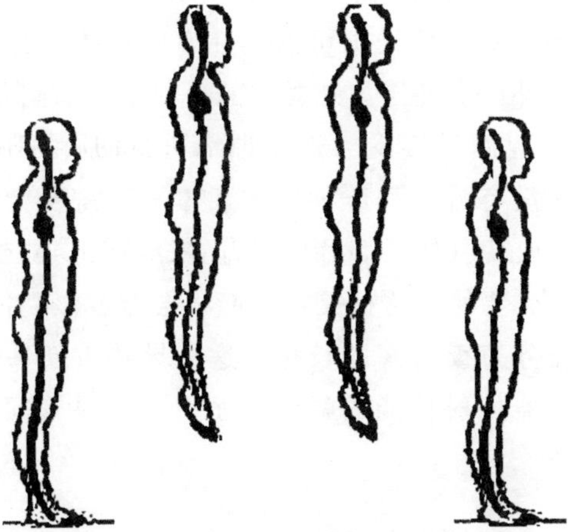

图 2.1　空间体液转移结果图解

图中所示是在任务的不同阶段，体液在人体不同部位的相对分布

（a）飞行前在地面时；（b）飞行中的初期；（c）飞行中初步适应后；

（d）从空间返回地面后的飞行后初期（Clément，2005；经许可再版）

间，人体上下身之间体液分配的差异往往仍不同于在地面时的情况。例如，躯干和腿部的体液较少（图 2.1（c））。心脏活动对空间环境的适应也与血量损失有关，人在空间停留一段时间后，心脏容量降低，这反映出人体对其泵作用要求的降低。

总而言之，心血管功能对微重力环境的有效适应，在航天飞行任务的最初几天就已经开始显现。例如，航天员的最大运动能力在空间似乎未受到显著影响，该能力是以航天员进行某一特定水平的工作期间的最大氧耗量水平来定义的。但是，这种适应的主要代价是与地球标准相比心血管功能的下降。如果没有有效的对抗措施，这种功能下降会导致航天员立位耐力的丧失，这将成为航天员返回地面后的一个严重问题（参见 2.2.4）。例如，在空间总血量降低可引起着陆后即刻直立位的航天员出现低血压症和心率反射性增加。同样，在地球重力条件下相当大量的血液重新转移到腿部，而总血量的降低会产生头部血压过低的状态（图 2.1（d））。根据航天飞行任务持续时间的长短，航天员可能会在着陆后不能以直立姿势离开飞船返回舱。另外，生理压力感受器的反射功能有可能在空间受损，因而需要在返回地面后接受“重新训练”。这是由于在微重力环境下，循环系统内没有流体静压梯度，人体不再需要为维持稳定的血压而补偿因体位改变（如从仰卧位到直立位的改变）带来的压力差。因而，在空间不需要使用这种反射功能将会造成该功能水平的下降。根据航天飞行任务持续时间的长短，这可导致重新适应地面环境期间生理压力感受器反射功能的降低，而引发心血管问题（Clément，2005）。

2.2.2 前庭与感觉运动系统

有效适应空间环境面对的更大挑战是与微重力相关的前庭系统和感觉运动系统内信号处理的改变。前庭系统由内耳的非听觉部分构成，包括 3 个半规管和耳石器（Howard，1986a），3 个半规管对头部的转动敏感（即它们表明头和身体的任何角加速度）。耳石器包括椭圆囊和球囊，对头部的直线加速度和与重力方向有关的体位的改变（在本文中最重要）敏感。在进化中，人类的前庭系统已被最佳化以支持两个重要功能：在地球上的直立定向和运动；头和眼运动的协调。这主要是通过前庭－脊髓反射和前庭－眼睛反射这两个皮层下机制实现的（Howard，1986b）。前者反射基于耳石与脊椎内的运动神经之间的神经传导，与肌肉正常伸缩性和姿势控制的调节有关。后者反射负责眼运动的协调，包括为维持对视觉目标的注视抵消或补偿头部运动。来自耳石器的依据重力的信号为这两个机制提供重要的输入。但在微重力条件下，从耳石器传入的信息因与重力相关的信号的消失而发生重大改变。换句话说，耳石器不再提供与垂直相关的头或身体方向的信息，但只保持对身体直线加速度的敏感。这种改变所产生的重要后果，需要复杂的适应过程，而且可能在航天员适应空间环境期间影响他们的安康和绩效。

第一个后果关系到身体姿势和运动的协调，这种协调是基于使躯干和四肢肌肉活动与从眼睛、前庭器官及踝关节、关节和肌肉中的本体感受器引入的（传入的）信号相互配合的复杂的感觉运动程序的一个自发过程。在地球上，人的前庭及感觉运动系统对于重力条件下的姿势控制和身体运动控制已被最佳化。在近乎没有重力的空间，这个系统所面临的巨大的挑战是如何改变惯用的工作模式以适应变化了的传入感觉信息。例如，这会直接影响前庭一脊髓反射以及其他姿势控制机制，因而航天飞行返回后人的该系统状态即刻与飞行前状态进行对比会有变化（Reschke et al.，1998）。缺乏重力不仅改变传入感觉信息，而且影响姿势控制和运动必须遵循的机械条件。航天员需要学会如何在一个摩擦力可以忽略不计的三维环境下不用腿进行移动。这需要他建立新的感觉运动协调策略并获得新的运动技能。正常情况下，这种学习过程进展得非常快，在空间的最初 4 星期内航天员就可学会在微重力条件下平稳移动所必需的技能。通过对比航天员飞行前和飞行后的运动模式可研究这种适应的效果。多数航天员在他们结束航天飞行任务返回后显示出某种姿势和步态上的不稳定，这表明他们在空间练就了不同于地面运动所需的用于控制运动的特殊的感觉一运动程序。

在空间人的前庭信号的改变所引发的更重要的后果包括由眼运动和凝视稳定性被扰乱显示出的前庭一眼反射的扭转（André-Deshays et al.，1993；Clarke et al.，2000；Clément，1998），以及丧失视觉、前庭和本体感觉信号之间通常的和谐。后者会引起导致空间定向障碍和一些视错觉的感觉冲突，这将在第 3 章中详述。然而，这些冲突的最严重后果可能是引发空间运动病（SMS）的产生，这会极大地损害航天员初入空间时的健康和适应性（Lackner and DiZio，2006；Reschke et al.，1994，1998）。

表 2.1 总结了空间运动病的主要特征。一般而言，空间运动病的症状与地面运动病的症状很相似，包括身体不适加剧、无食欲、缺乏主动、胃不适、短暂而突发呕吐、恶心及瞌睡。唯一显著的例外是空间运动病不出现通常的脸色苍白，这其中的原因很好解释，即体液转移效应引起的头部血量过多（Lackner and DiZio，2006）。

空间运动病的多数症状出现在处于微重力环境后的最初数小时内，患病航天员的症状可持续4天。有趣的是，在乘坐舱内移动空间非常有限的水星号和双子星号飞船飞行的美国首批航天员身上丝毫未发现这些症状。这就表明了空间运动病的另一个重要特征：头和身体的快速移动易引发空间运动病。来自美俄航天员的轶事报告及航天飞行期间对航天员生理系统的观察均表明这种运动诱发或加剧空间运动病的症状（Lackner and DiZio，2006）。

表2.1　空间运动病的主要特征

	空间运动病的主要特征
发作	最易感的受试者处于微重力环境后数分钟至1～2小时内；在空间偶尔观察到有延迟到24小时以后发作的
持续时间	通常1～3天，有时达到7天
症状	不适 无食欲 胃不适 短暂而突发性呕吐（经常无前驱恶心症状） 脸色潮红或苍白（不常见） 恶心 缺乏主动 注意力不集中 困倦
发病率	首次飞行的航天员为44％～67％ 训练不足的非职业航天员高达85％
诱发因素	头或身体的快速运动
对抗措施	飞行前训练航天员，使他们熟知因空间环境下前庭输入改变而引发的那种感觉冲突 飞行前进行生物反馈训练，提高个体对自主反应的控制并使用抗运动病药物，如普鲁米近（异丙嗪，抗胺荨）

（Davies et al.，1988；Lackner and DiZio，2006；Matsnev et al.，1983；Reschke et al.，1994，1998）

空间运动病的发病率相当高。俄罗斯和美国的资料显示，有44%～67%的空间旅行者出现某种程度的空间运动病，而对于参加飞行的科学家等非职业且训练较少的人员，这一发病率可提高到85%（Davis et al.，1988；Matsnev et al.，1983）。倘若发病率这样高，对航天员的总体健康状况影响大，就必须将空间运动病视为早期对空间失重环境进行生理适应的一个最重要的问题。再入大气层和着陆后还可能发生相应的问题，尤其是对于长期航天飞行后返回的航天员。然而，有关这种"登陆困难症"的报告很少，现仍缺乏系统的研究（Clément，2005；Lackner and DiZio，2006）。

目前已有一些理论来说明引发空间运动病的潜在因素，其中最为普遍接受的理论是"感觉冲突理论"（Lackner and DiZio，2006）。根据这一理论，如果来自不同感受器的感觉信号提供的有关身体正在进行的一个运动的信息不一致，或如果伴随一个运动的传入信号与期望的输入不符，就会发生某种运动病。在空间，这种冲突尤其发生在视觉和前庭输入之间，至少发生在航天员适应由微重力引起的耳石功能改变之前。另外，最初对失重条件下自主运动期间来自肌肉、踝和关节的本体感受输入模式的不熟悉可能促使在空间的最初几天发生感觉混乱。虽然还有很多生理机制的细节尚未被知晓，但发现头和身体运动是空间运动病症状的高促发因素的事实与这一解释相一致。换句话说，有人认为空间运动病的发生可能与 2.2.1 中所描述的体液头向转移引起的颅内和前庭的压力增高有密切关系。不过，对这种"体液转移假说"的经验或实验支持还很有限，也不是非常令人信服。

已发现在第一次飞行中易患空间运动病的航天员中有 77%的人在之后的飞行中还会患这种病（Davis et al.，1988），这一事实表明个人先天因素可能是造成这种易感性的原因。因此，已努力尝试确定航天员身上有哪些因素可预先告之其空间运动病的倾向性和适应微重力的能力。这些努力还包括对航天员个人性格特征的研究、对以特定的运动病调查问卷评估的个人运动病史的研究，以及对在地面特定的易感性测验中的表现的研究。至今，这些途径中尚未有一种能成功预测空间运动病发生的可能性（Lackner and DiZio，2006）。

目前已有不同的空间运动病对抗措施，包括发射前的和飞行任务中的。发射前的对抗措施包括训练航天员熟知各种复合的前庭刺激和预计可在空间发生的感觉冲突（Reschke et al.，1994）。例如，美国航空航天局的飞行前适应训练器，可使航天员体验到类似于航天飞行中的视觉和前庭刺激之间的感觉冲突。据克莱芒（Clément，2005）的研究，使用这种训练得到的早期经验有望降低空间运动病症状的严重程度。事实上，这种方法似乎比其他通常对航天员要求较高的前庭训练（如转椅）更有效。

飞行过程中空间运动病的对抗措施包括药物治疗，既可预防性地采用也可在第一次出现空间运动病症状后采用。所使用的抗运动病药物已有东莨菪碱和得克西得林的复合药物以及（更普通的）普鲁米近（Lackner and DiZio，2006）。这些药物的主要缺点是它们有会大大削弱航天员的认知和心理运动操作功能的副作用。替代药物治疗空间运动病的其他选择可能是生物反馈或自发反馈训练等行为学方法（Cowings and Tosacano，1982）。这种方法是通过训练航天员有效控制其对空间感觉冲突的自主反应从而降低有害作用。然而，相对于药物治疗，对这些行为学方法的有效性还存在争议（Cowings and Toscano，2000；Lackner and DiZio，2006），还需要做更多的工作来评价它们在空间飞行应用时的有效性。

2.2.3 肌肉—骨骼系统

在空间因失去重力而大受影响的第三个系统是涉及肌肉和骨骼的系统。在进化过程中，该系统已被塑造成用于支撑重力引起的人体重量，以及使人体克服重力的力学作用而直立和运动。事实上，人体所有的肌肉有一半以上参与应对重力的作用，腿部和下背部的多数骨骼肌更是这样。同样，腿部和下部脊椎的主承重骨也承受着重力引起的大部分重负。

航天飞行期间，微重力逐渐导致人体肌肉体积和力量的显著降低（即肌肉萎缩）及抗疲劳耐力的降低，特别是对抗重力必需的那些肌肉更是如此（Jaweed，1994）。此外，因受限于一个相当狭小的生活环境引起的活动过度也加剧了这些影响。进入空间几天后就能观察到肌肉萎缩，如果不采取适当的对抗措施（见 2.2.4），航天员在短期和长期航天飞行中可丧失高达 20％和 50％的肌肉质量。肌肉质量的这种显著减少是促成航天员通常在航天飞行任务中体重减轻的因素。此外，肌肉质量的减少还伴随着影响肌肉收缩力的结构发生改变。这种改变在那些支撑人体以克服重力作用的肌肉组织上表现得更明显。根据克莱芒（Clément，2005）的观点，空间微重力环境对肌肉体积和力量的综合影响类似于卧床患者或老年人肌肉组织所发生的变化。因而，返回地面的航天员要保持一个稳定的直立姿势或有力的移动会遇到严峻的困难，这取决于他们在空间停留时间的长短。

身体在空间所承受的机械载荷降低还影响到腿部和下部脊椎的承重骨。在这些骨骼中，骨脱矿质过程引起骨质量下降（Jaweed，1994）。这还反映在组成骨骼的主要矿物质——钙——从尿中的排泄增高。骨脱矿质的过程导致骨矿质密度逐渐降低，类似于在老年人或患骨质疏松症的人身上观察到的骨矿质密度降低。骨脱矿质带来的主要危害是骨折和因钙排泄增多而发生肾结石的风险增大。不过，如果采取适当的对抗措施，通常是锻炼（见 2.2.4）加营养饮食，这两种风险均可被降低。此外，预防性的药物治疗也可帮助降低风险（Clément，2005）。

空间微重力产生的骨脱矿质效应与老年化过程和骨质疏松症的相似性已成为生理学和医学研究中一个引人关注的课题。然而，并非所有这类研究都需要在实际航天飞行任务中进行，可利用“卧床实验”在地面研究这些效应。在卧床实验中，参试者维持平躺姿势数天或数星期，通常还结合使用头低位 6°倾斜台。这种状态可导致类似于微重力环境下的生理效应（如活动减退、作用于承重肌和承重骨的机械载荷降低、没有沿头一脚轴向的流体静压梯度）。因此，这种方法不仅已被用于空间环境对肌肉和骨骼影响的模拟研究，而且被用于对地球环境下的心血管系统的研究中。

2.2.4 生理失调与对抗措施

在空间，受到微重力环境急剧影响的多数生理功能会在最初的3～14天显示出对这种新环境的快速适应，多数生理系统在4～6星期内达到一个“正常”运行的新的稳定状态（Nicogossian et al.，1994）。这一段时间看来是人体物理特性完全适应空间环境所必要的阶段，唯一例外的是，如果不采用对抗措施，肌肉和骨骼的变化将持续贯穿于在空间的整个居留期（见下文）。

重要的是要明白上述影响反映的是对空间生活和工作环境条件的正常生理反应。当然不能把这些反应视为病态的，这些反应证明人类是适应性很强的生物。不过，这种适应要付出相当大的“代价”，这在航天员返回地面后就会变得很明显。在前面论述心血管和肌肉－骨骼系统时已描述过某些代价（如立位耐力丧失、肌肉萎缩和骨脱矿质）。

然而，在飞行中采取特定的对抗措施能大大降低这些系统的失调程度及带来的相关风险。其中最重要的对抗措施是定期运动健身（Nicogossian et al.，1994；Koztovskaya et al.，1995；Bogomolov et al.，2007）。为此，在航天飞机和轨道空间站（如礼炮号空间站、天空实验室、和平号空间站和国际空间站）上设有专门的健身运动器械。例如，国际空间站上可供俄美航天员使用的主要健身器械包括自行车功量计、跑台和有阻力运动装置。

自行车功量计（CVIS[①]）可用手或脚驱动，主要用于维持心血管功能和腿部肌肉的耐力。另外，专为舱外活动（EVA）做准备的手臂训练和预吸氧练习也是用这台器械进行的。该器械支持仰卧姿

① 该缩写代表“具振动、隔离和稳定特性的自行车功量计”。振动、隔离和稳定是指防止可能由正在锻炼身体的航天员造成的空间站振动的特殊生存环境。由于振动会令人烦燥以及可能扰乱正在进行中的科学实验，所以需要消除振动。

和坐姿的训练，可以手动或电子模式操纵，最大载荷为 350 瓦。可选用腰带和后背支撑来固定航天员在失重下的体位。

跑台可用于走步和跑步锻炼，以及深弯膝和阻力性锻炼（即抗感应力训练）。航天员腰部周围所系的安全带上装有两根带弹簧的绳索，可使航天员保持一个稳定的姿势。进行有阻力训练时，可在跑台上配上一个个人加载器（见下文）。该装置可使航天员身上的负载达到他身体重量的 100%，以在锻炼的同时模拟 1 g 重力的作用。跑台运动用作对抗心血管功能损伤、肌耐力下降和骨质流失的措施。此外，跑台运动还可用于训练航天员返回地面时在重力作用下行走需要的神经生理途径和反射。

多用途的有阻力运动装置（RED）是专为保持骨密度和肌力，特别是受微重力有害作用影响最大的下半身的骨密度和肌力的锻炼而设计的。它由一对曲柄箱构成，曲柄箱与航天员肩带连接，对航天员施加可选的负荷。使用这个装置进行的典型健身运动包括下蹲、提脚后跟或硬举。此外，这种有阻力运动装置也可与跑台结合进行有阻力训练。

用不同器械训练的持续时间取决于飞行任务的时间长短和航天员的个体素质。在典型的持续 2 星期的短期飞行任务中，航天员一般每日锻炼约 30 分钟。在长期飞行任务中，锻炼时间被大大延长。对于国际空间站乘组，航医一般建议每日健身时间约为 2～2.5 小时，为的是对抗去适应的有害效应。航天员在空间时通过定期进行特定的适合性检验对这些健身计划的结果进行评定。根据这些检验的结果调整和量身定制适合航天员个人需要的详细的健身计划。空间健身计划的一般特性对于美俄航天员基本上是一样的。但是，俄罗斯用于其航天员的对抗措施还包括穿所谓的“企鹅”载荷服，穿上这种服装运动时需要对抗某种反作用力（Bogomolov et al.，2007）。

除了一般的飞行中健身计划外，执行长期航天飞行任务的航天员在返回地面前还需要采取更特殊的对抗措施。这些对抗措施包括“下身负压”（LBNP）训练和通过摄入水－盐添加剂的体液补充。

LBNP 训练使用的是一种能够在下半身形成低于周围环境压力条件的装置。航天员穿上完全将腿和下腹部包裹起来的“裤子”样的装置，该装置可使航天员的下半身逐渐处于一个比周围环境压力低 60 毫米汞柱的压力环境。这使得航天员下半身的状况类似于一个在地面直立的人的状况。其直接后果是体液聚积于腿部，从而激发心血管系统为维持血液回流心脏而升高血压和提高腿部血管肌肉伸缩性。如果这种减压进行得太快，航天员可能发生眩晕或失去意识，因此需要在 LBNP 训练中对航天员的心率和血压进行密切监测。

在空间喝食盐水以补充体液，可在一定程度上补偿总体液的损失。这有助于进一步减少伴随低血压出现的问题，还可提高航天员在再入大气层和着陆后的心率。

根据前面所述我们应该清楚需要和投入多大努力才能抵消空间功能失调带来的问题。然而，即使这样的努力也不足以完全维持地面生存需要的人体的全部功能和身体适宜性。虽然航天员在长期航天飞行任务结束后返回地面时能独立短距离行走，但通常这种能力是有限的，一般要花几星期进行返回后的康复活动才能恢复到飞行前的最大运动能力。这对于执行几星期或几个月的航天飞行任务归来的航天员可能不是太大的问题，但对未来前往其他行星的远征航天飞行任务而言，这个问题就很值得关注。例如，航天员在飞往火星的旅途中将要历经数月微重力环境的考验才能最终到达这颗红色的行星，而后他们将必须再次应对那里的重力作用（虽然低于地球重力）。由于不可能采用返回地球后那样的精细的飞行后康复计划，这类航天飞行任务更需要避免在从地球远赴火星期间的去适应影响。这使得在这样的远征探险飞行任务中对航天员应用某种“人工重力”的想法油然而生（Young，1999）。

尽管面临费用和工程技术的挑战，人工重力仍有着能同时降低微重力对所有相关生理系统形成有害影响的优势。大体上有两种选择可以考虑，第一种是持久不变地提供人工重力。例如，如果飞船在穿行于空间时整体缓慢旋转，就可以获得持久不变的人工重力。飞船以这种方式获得的重力可能因旋转的频率和不同部位距旋转中心的距离（即旋转半径）不同而异。祖布林（Zubrin，1997）已论述过在载人火星飞行任务中建立永久人工重力的技术选择问题，而近来布克莱等人（Bukley et al.，2007）又论及航天飞机上建立人工重力的问题。然而，除了其技术的复杂性，这种解决方案还会造成涉及前庭功能的问题（如科里奥利效应等），这可能成为这种解决方案的一个限制因素（Clément，2005）。作为另一种可供选择的方案，还讨论过利用飞船上的短臂离心机提供断续的人工重力环境。已在空间对这种设备进行了研究，但在实际航天飞行任务中尚未真正用作微重力效应的对抗措施（Clément et al.，2001，2004）。不过，对于远赴火星这样极长期的飞行任务，在部分时间提供人工重力可能是最佳的抵消功能下降效应的"综合对抗措施"（Bukley et al.，2007），并且就人工重力而进行的研究和适用性研究在未来将有望变得更有影响力。

2.3 睡眠与昼夜节律

在载人航天飞行的前 20 年中，对于空间睡眠和昼夜节律问题未予特别注意。对比就心血管和前庭功能或微重力对骨骼和肌肉的影响所进行的生理研究总量，仍有很多有关空间环境影响人的生理节奏系统和睡眠调节过程的问题是未被研究过的。然而，这种局面现在已有所改观。人们开始意识到，航天员睡眠障碍和疲劳以及生理节奏的改变是航天飞行任务期间使航天员安宁、警觉状态和工作绩效降低的最重要的因素之一。这项结论得到俄罗斯航天飞行数据的支持，在对涉及 28 名俄罗斯航天员和 342 星期的在轨飞行时间的 14 次和平号空间站飞行任务期间观察到的乘员失误的分析揭示，发生失误与背离惯常的睡－醒周期（如延长工作班次时间或其他作息时间的调整）之间有显著的相关性（Nechaev，2001）。

于是，探究睡眠和生理节奏特性的研究开始增多。使航天员的作息时间表最优化以及监测他们的疲劳程度被视为维持航天员在空间的行为健康和工作效能的重要因素（Flynn，2005；Mallis and

DcRoshia，2005）。

2.3.1 空间实验发现：睡眠障碍现象学

航天员的个人自述及美俄航天飞行任务期间对睡眠的客观研究显示，与在地面的睡眠相比，在空间的睡眠时间短、干扰多、睡眠浅，且个体差异很大（Frost et al.，1976；Santy et al.，1988；Stoilova et al.，1990，2003；Gundel et al.，1993，1997，2001；Monk et al.，1998，2001；Dijk et al.，2001）。这些结果多数是在短期航天飞行中观察到的，来自长期航天飞行的最初结果表明，这些现象主要发生在航天飞行任务的最初2～4星期中，虽然得出这样的结论所依据的基本数据很少（Frost et al.，1976；Gundel et al.，2001）。

表2.2总结了对美国航天飞机飞行任务中乘员自述的睡眠量的分析结果（Santy et al.，1988）。显然，与地面上的睡眠相比，轨道上的睡眠受到很大限制，平均持续时间约为6小时。许多参加了这项研究的美国航天员报告说，他们在飞行中一次睡眠时间最少时不足4小时，一名航天员甚至说在空间每晚睡眠都不到5小时。此外，飞行乘员中有50%的人是两班制工作，19.4%的人是单班制工作，他们承认，为了在轨道上得到充足的睡眠在航天飞行任务期间至少服用过1次安眠药。这与近来发表的数据非常一致，数据表明安眠药是居第2位的航天飞行中最常用的药物，仅次于空间运动病药物（Putcha et al.，1999）。

表2.2 美国航天员在航天飞机飞行任务中单班制和双班制下的平均睡眠时间统计

单位：小时

飞行任务天数	1	2	3	4	5	6	7
单班制（n=36）	5.7	6.2	6.2	6.1	6.2	6.0	5.3
双班制（n=22）	5.7	6.2	6.4	6.3	6.3	6.1	5.8

注：为对比起见，将地面对照组一个航天员的平均睡眠时间设为7.9小时（Santy et al.，1988）。

航天员的个人自述与基于多导睡眠描记法（即通过脑电图描记器记录的图像监测睡眠中的脑电活动）的睡眠监测研究结果非常一致（Frost et al.，1976；Gundel et al.，1993，1997，2001；Monk et al.，1998；Dijk et al.，2001）。所有这些研究都对航天飞行最初30天内航天员的睡眠量减少和睡眠干扰增多现象提供了客观的证据。另外，他们指出在空间睡眠结构发生改变。正常睡眠是由被称为快速眼动睡眠（特征是伴随快速眼动的比较浅的睡眠）和非快速眼动睡眠的两个不同相位的数次循环组成的。每个循环持续 90 分钟左右，非快速眼动睡眠相位之后接着是快速眼动睡眠，快速眼动睡眠相位最初周期较短，以后随夜深逐渐变长。在非快速眼动睡眠相位内能区分出不同的睡眠段。深睡眠段的特征是在脑电图信号中出现“δ 波”（即频率小于 4 赫兹和幅值较高的较低频率的脑电活动）。航天飞行期间发现了一些微妙但却显著改变的睡眠结构。贡德尔等人（Gundel et al.，1997）调查研究了 4 名航天员在以往俄罗斯和平号空间站上短期和长期航天飞行中的睡眠状况，虽然他们在空间保持了总的睡眠效率，但初始的非快速眼动睡眠缩短了（即提前进入第一段快速眼动睡眠），同时发现在第二个非快速眼动睡眠相位的慢波睡眠量与地面睡眠相比有所增加。比起仅在空间的最初 30 天中观察到的睡眠持续时间缩短，上述不同结果中没有一个显示出贯穿在整个飞行任务期间的适应。对于一名俄罗斯航天员，在空间飞行 400 多天后这些结果仍然是显而易见的（Gundel et al.，2001）。蒙克等人（Monk et al.，1998）分析了一次美国航天飞机飞行任务中的 4 名航天员的睡眠状况，在他们中间未发现快速眼动睡眠发生改变，但慢波睡眠普遍减少，证明空间中的睡眠比地面上的睡眠浅。在其他研究中没有观察到飞行中的睡眠有可比性的改变（Frost et al.，1976；Dijk et al.，2001）。不过蒙克等人发现，在返回地面后的第一星期中，航天员快速眼动睡眠大大增加，快速眼动潜伏时间减少，他们认为这可能与从微重力返回正常的重力环境有关。即使这些不同的研究结果在睡眠结构改变的特定模式方面缺乏一致性并显示出航天员个体间的较大差异，但它们完全表明了睡眠时间减少、睡眠障碍加剧及睡眠调节过程的特殊变化与航天飞行有关联。

2.3.2 空间实验发现：睡眠障碍与昼夜节律

有关这些影响的根源所在我们知道些什么呢？据轶事报告所述，个别航天员在空间出现睡眠障碍和睡眠时间缩短往往是因不舒服的环境温度、生命保障系统的风扇引起的持续高噪声级、空间运动病、情绪激动和兴奋这类明显的外界因素，或因不舒适的睡袋或缺少熟悉的本体感受暗示引起的全身不适造成的（Mallis and DeRoshia，2005；Monk et al.，1998；Santy et al.，1988；Stuster et al.，1996）。此外，工作负荷和违反预定的作息周期也可能显著造成在空间的睡眠时间减少。调查发现，在空间就寝时间常因操作需要或社会/娱乐活动而被推迟（Gundel et al.，1997；Dijk et al.，2001）。相反，起床时间主要由飞行任务控制人员掌握，在整个飞行任务期间起床时间始终是相对固定的。因而，就寝时间的任何延迟直接导致原定睡眠时间的减少。由于这种情况常常发生在飞行初期，因而在长期飞行任务过程中睡眠时间将会恢复到一个几乎正常的量（Frost et al.，1976；Gundel et al.，2001）。

睡眠改变也可能是因空间环境对睡眠调节生理的不利作用而产生的。根据普遍承认的模型，参与这种调节的是两个相互作用的过程（Achermann，2004；Borbély，1982）。第一个称为“S 过程”，这是一个由整个觉醒期的睡眠倾向增加和睡眠期间这种倾向下降体现的内衡过程。这个过程的直接生理标记是人脑电图中的慢波活动段，在失眠期慢波段逐渐增加（即醒后低，睡前高）。睡眠开始后，这种蓄积的睡眠倾向在睡眠最初的 3 小时内快速降低，这是最有助于恢复体力的睡眠阶段。这反映在睡眠脑电图中慢波活动的时间过程。在正常条件下，这种“慢波睡眠”只出现在最初的非快速眼动睡眠周期内，连续睡眠约 3 小时后，即被典型地大幅度降低，或根本不再出现（Borbély，1982）。然而，正如上文所述，已发现在空间的某些航天员的睡眠结构发生了微妙的变化。这表明睡眠调节的 S 过程可能直接受到微重力环境或与航天飞行中的限制有关的一般应激的影响。更明确地说，重力作用被认为对航天飞行任务期间和之后观察到的非快速眼动/快速眼动睡眠调节的改变发挥了作用。这些主要反映在在轨时快速眼动反应时间缩短（Gundel et al.，1997）并与返回地面后重新适应重力环境期间快速眼动睡眠增加和快速眼动反应时间缩短的结果一致（Frost et al.，1976；Dijk et al.，2001）。另外，慢波睡眠量减少的结果可视为在空间 S 过程改变的一个标志。但尚未知晓这些效应特定的潜在机制，而要证实这一假说还需要深入的研究。

第二个影响睡眠调节的重要生理过程是昼夜节律，它与整个昼夜循环周期中的所有生理和心理功能的节奏改变有关，是人体对地球上白天和黑夜自然交替的一种适应。在进化过程中，人体的昼夜节律逐渐建立起白天活动和夜晚休息、睡眠的生理机制。潜在的机制包括位于视丘下部的内源性起搏点（“生物钟”）。在缺少任何外界时间暗示的情况下，这个起搏点以 24.2 小时的自发周期运转（Czeisler et al.，1999）。但通常它与外部环境时间暗示（给时者）的 1 天 24 小时的周期同步。对人类最重要的授时因子是白天和黑夜的交替，但社会和认知暗示（如就餐时间、社交活动和体育运动、钟表时间意识）也有助于与被生物钟控制的时间推移同步（Zulley，2000）。这种生理节奏过程的重要标志之一是体温，体温在午后晚些时候和傍晚时最高，清晨 3 点至 7 点之间最低。后者标志着生理节奏过程的最低点，此时所有受其影响的生理功能处于一种“休眠状态”。

正如实验室研究和对飞行时差反应和换班工作的研究所显示的，体内生物节律与作息时间表的不一致可导致睡眠障碍、白天困倦和健康的损害及工作绩效的降低。这种情况尤其发生于体温和睡一醒周期的生理节奏变化之间相位关系的转换。通常困倦加剧与夜晚开始时体温的生理节奏最低一致，此时入睡看来是使睡眠免受干扰和有助于恢复体力的一个重要条件（Czeisler et al.，1980；Monk and Moline，1989；Zulley et al.，1981）。

有两种不同的结果可引起体温节律与睡一醒周期的干扰性的不

一致（Folkard and Monk，1983）。第一，可由昼夜节律系统的去同步化引起，在实验室进行的将个体与外界时间的任何暗示隔绝一段时间的实验研究中常发现这种结果（Wever，1979）。在这种情况下，体温节律和睡－醒周期开始以不同的周期“自由运转”。第二，可由昼夜节律相位关系的内部分离引起，即两种节奏都跟着一个 24 小时的时间表走，但在它们的昼夜节律相位间出现一个常数差，这是由相对于一个未变的体温节律的睡－醒周期的相位提前或滞后造成的，反之亦然。对于单上夜班或刚刚完成跨时区飞行（“飞行时差反应”）的人来说，这种生理节奏相位关系的改变是典型的。另外，在自然授时因子力量变弱的环境下也发现了这种变化。例如，甘德等人（Gander et al.，1991）分析了 3 名南极科考队员在极地夏季期间的昼夜节律系统的变化，极地夏季因持续白昼而没有感光授时因子。这几个人体温节律的相位滞后约 2 小时（即最低体温的出现比平时晚 2 小时）。因为就寝时间保持不变，体温节律相位滞后引起体温节律与睡－醒周期之间的昼夜节律相位关系的改变，导致睡眠期间体温升高并伴随有难以入眠、睡眠障碍加剧和睡眠质量差的感觉。

空间居住舱同样存在缺少时间暗示或至少存在时间暗示变弱的问题。按照现有的在轨运行的飞船的速度，一个完整的日出和日落循环周期约为 90 分钟，而且舱内照明的亮度太低，不足以完全弥补这种自然界白昼时间暗示的缺少。再者，由于运行的需要，常常需要提前或推后预定的作息时间，甚至在航天飞行期间将作息周期缩短至不足 24 小时（Dijk et al.，2001）。于是，航天飞行期间有可能出现生理节律被打乱；尤其是体温周期与睡－醒周期的内部分离，会促使空间睡眠障碍的发生。只有少数研究涉及这个问题（Gundel et al.，1997；Monk et al.，1998；Dijk et al.，2001），尚未有研究发现有任何迹象表明在空间体温节律会完全“自由运转”。显然，每日例行日程的严格安排，包括惯常的起床时间和就餐时间的安排，加上改变空间居住舱内的照明，这些足以将人在空间的昼夜节律系统带至一个稳定的约 24 小时的节律。但这似乎不足以使体内生理节奏与睡－醒时间表保持完全一致或防止节律波形发生改变。与南极研究的结果类似，已发现有些航天员与睡一醒周期相关的体温或皮质醇节律相位出现滞后（Gundel et al.，1997；Dijk et al.，2001）。另一些航天员则表现为昼夜节律变化幅度降低和体温节律波形改变（Dijk et al.，2001）。所有这些影响似乎都与空间“授时因子”的强度减弱和结构改变有关，并可能导致航天飞行期间的睡眠障碍、疲劳加剧和对心身健康的损害。

2.3.3 实用意义

在空间观察到的睡眠和昼夜节律的改变会产生什么实际后果呢？首要的实际后果是在空间长期睡眠时间有限可能造成危险。上述研究提供的一致证据表明，航天员在航天飞行时睡眠会减少，至少在最初的 2～4 星期中，平均睡眠时间仅稍多于 6 小时，即与航天员的最长睡眠时间 7～8 小时相比，在空间的睡眠时间减少了 1～2 小时。此外，平均睡眠时间为 6 小时就意味着，有时航天员的睡眠时间甚至少于 6 小时（Santy et al.，1988）。

近来针对睡眠限制对航天员在觉醒期间的认知能力、非睡眠期间的困倦和睡眠生理的可能影响进行了很多研究（Belenky et al.，2003；Dinges et al.，1997；van Dongen et al.，2003）。研究结果表明，如连续两晚发生每晚不足 6 小时的轻度和中度睡眠限制，就会导致航天员认知能力的衰退。这些衰退包括反应时间延长、简单反应任务中失误次数增多、心算能力降低，或工作记忆功能减弱。如果睡眠限制持续更长时间，就会随着时间的延长出现工作绩效降低的累积效应，直至获得恢复精力的睡眠机会。这些影响的强度与睡眠限制的持续时间有直接的关系；即这些影响显示出与睡眠量的相关效应。连续 14 个夜晚睡眠时间限制在 4～6 小时后，累积的工作绩效降低将达到相当于一或两晚完全失眠情况下的程度（van Dongen et al.，2003）。从几晚睡眠限制累积的绩效降低中完全恢复过来所需要的时间比想象的要长。别列尼基等人（Belenky et al.，2003）的研究数据表明，在连续 7 晚中度睡眠限制（＜ 7 小时）后，即使有 3 晚不受限制的恢复性睡眠也不足以使工作绩效恢复到正常水平。在对困倦的主观评定中也观察到了虽较弱但相似的效应，这些评定通常表明在第一晚限制睡眠后与睡眠量相关的困倦感有所增强，但未显示出随时间而累积的明显趋势。

总的说来，这些结果提供的证据表明，与通常在短期航天飞行中的情况一样，睡眠限制是一个可影响航天员在觉醒期间的工作绩效和使他们产生困倦的严重问题。因此，应作好各种预防措施以改善条件，使航天员在轨运行期间能有一个不受干扰的和可恢复体力的充足的睡眠。预防措施可包括提高适居性，如提供具有适当的隔音和遮光功能的私密而舒适的乘员休息睡眠区，以及根据乘员个人喜好提供舒适睡袋或固定约束装置（Gundet et al.，1997；Santy et al.，1988）。尤其应该在航天员睡眠期间为他们提供一个舒适的环境温度，这一点在近来的研究报告中常常被提及（Monk et al.，1998）。

然而，针对空间睡眠障碍最重要的对抗措施是制定考虑了航天员睡眠需求的作息时间表，其中包括避免因延长工作班次而造成航天员休息和睡眠时间受到限制，既需要按实际情况来编制和安排航天员的活动时间表，同时又要严格遵守乘组值勤表内规定的约束条件以保证航天员在空间的休息和睡眠时间（见第 6 章）。在因某种理由无法避免睡眠限制的情况下，必须保证睡眠限制不能连续超过两个晚上，并在短时间内给以补偿。最有效的补偿是在睡眠限制出现后的几个晚上延长睡眠时间，也可以选择在限制睡眠当晚的前一个或后一个工作日期间找机会插空睡眠（“白天小睡”）。后一种方案是根据经验提出的，经验表明 24 小时周期内获得的总睡眠时间是确保睡眠有助于恢复体力功能的最重要的因素，不管它是整夜的不间断的连续睡眠，还是把它分成夜晚安稳睡眠期和白天小睡两部分（Mollicone et al.，2007）。

第二个实际后果可源自于在空间观察到的昼夜节律的改变。这些后果一般比我们预计的要少。迄今进行过的研究尚未发现有任何迹象表明空间的昼夜节律是“自由运行”的。不过，可导致体温和睡一醒周期内在分离的相位延迟和体温节律幅度减弱的发现指向授时因子变弱的结构对航天员生理节奏的影响。这可能引发问题，特别是对飞行中操作需求所要求的作息时间表的转换。例如，在国际空间站上，为使空间站乘组的作息时间表与航天飞机访问乘组的作息时间表保持一致，或为即将抵达的进步号补给飞船进行对接机动，常常有必要对站内乘组的睡眠时间进行轮换，每次轮换都是对生理节奏系统的一个"应激因素"，甚至在长期航天飞行任务期间经历过多次此类事件之后，仍然需要证明在空间已被削弱的授时因子的强度是否还足以拖动昼夜节律系统。因而，应非常谨慎地考虑轮换睡眠计划的编制和实施这种轮换的策略。

虽然已有人建议在空间实施轮班睡眠要一步步来，但实际操作中往往会发生在实施轮班中突然引入数小时的提前或延迟时间的现象（"鲁莽轮班"）。从生理节奏系统的角度来看，这样的一种轮班策略有危害航天员警觉状态和工作绩效以及身心健康的风险。这方面最成问题的是提前轮班（如将睡眠时间从 22:00 提前到 18:00，缩短了轮班周期中的工作日）。假设自然界的昼夜节律比通常的一天 24 小时长一点，那么人体对工作时间缩短的耐受不如对工作时间延长的耐受。通过提前轮班来改变作息时间的最佳策略仍在争论中。近来在一批实证研究中针对在空间引入 6 小时提前轮班机制的各种可供选择的方案进行了调查研究（Monk et al.，2004，2006）。研究结果表明，一个在 12 天内仅提前 30 分钟的轮班时间表对生理节奏系统的干扰，以及对生物钟和作息时间表的影响，小于 9 次 2 小时的轮班延迟所产生的干扰。因而，轮班的各个步骤的持续时间比采取何种方式轮班，可能对于有效改变就寝时间所起的作用更大。

最后，可运用有关参与调节睡眠和昼夜节律的生理过程的知识排定航天员执行复杂和必须保证绝对安全的任务（如舱外活动）的最佳时间。为此，需要基于昼夜节律周期和睡眠史预测航天员警觉状态和工作绩效水平的理论模型。已研制出在地球上应用（如对卡车司机、火车司机或民航飞行员的警觉状态和工作绩效的预测）的这种模型（Akerstedt et al.，2004；van Dongen，2004）。通常这种模型所依据的是上述的睡眠两级调节模型。另外，有时增加一个第三成分以解决唤醒后睡眠惰性的特定作用。虽然这些模型并不完全能解决在轨航天员的警觉状态和工作绩效的问题，但它们是很好的起步。美国航空航天局艾姆斯研究中心疲劳对抗措施小组已开始在这方面进一步尝试（Mallis and DeRoshia，2005）。可以预计，这一努力将促进研究出未来解决航天飞行中航天员警觉状态和疲劳问题的更有效的策略。

2.4 对长期航天飞行的心理适应：一般特性

2.4.1 随时间适应的进程

有关人在隔离和限制环境中工作的报道已指出，对这些极端环境的适应是以参与其中的人们的心境、工作绩效和人际交互作用的不同变化为特征而按阶段进行的（Lebedev，1988；Stuster et al.，2000；Rivolier et al.，1991）。人们据此建立了人类适应限制、隔离和极端自然环境的进程模型（Bechtel and Berning，1991；Palinkas and Houseal，2000；Rohrer，1961）。

基于对在南极和潜艇上的人类活动的早期研究结果的回顾，罗勒（Rohrer，1961）借用一个三阶段模型来描述个体对长期隔离和限制的反应：第一阶段以焦虑情绪的增加为标志，第二阶段涉及对单调和厌倦的抑郁反应，第三阶段是在限制即将结束前出现的情绪爆发，有时是公开的敌对。为说明人对极端环境反应的时间进程，还有的模型涉及在经典应激研究（Selye，1956）中被称为“常规适应综合征”的现象。例如，里沃利耶（Rivolier，1992；另见Décamps and Rosnet，2005）提出了人对极端的极地环境的三级适应，他将其称为越冬心理综合征的常规时间动态。第一级是“警告阶段”，此阶段内极地探险的科考队员怀疑自己是否能应对环境对他们的要求甚至想到退出。这之后是“反抗阶段”，特点是队员自我封闭并出现环境和/或心理的领地控制现象。在此阶段观察到个体心绪的短暂好转，表明应对机制的成功实施（Palinkas and Houseal，

2000)。但也发生攻击挑衅的迸发和与其他队员的冲突，伴随退缩倾向，队员为应对这些而耗费大量的精力并想尽各种办法。最终发展为第三级——“衰竭阶段”，其特征是资源耗尽。在这一阶段，受到影响的队员会变得更听天由命，并认为他们无力改变周围的环境和自己的心理状态。

最具影响力的适应进程模型是由贝希特尔和贝尔宁提出的(Bechtel and Berning，1991)。根据这个模型，在被隔离条件下执行的一项任务，其第四分之三阶段是最为关键的心理阶段，此时情绪和人际关系问题开始急剧增加（即“第三季现象”)。一方面，队员感到他们熬过了处于被隔离和与家人、朋友分离的极端环境的一半时间。另一方面，他们意识到还有另一半任务要完成才能回家。有趣的是，这种结果的出现被认为与任务的纯粹持续时间无关（即可在几星期的短期任务以及几个月甚至几年的长期任务期间都观察到这一结果)。由于这一模型的简单和高似真性，它已成为了解人类适应极端环境的一个极为常用的模型。

2.4.2　地面实验发现：类似环境和隔离实验中的适应进程

各种针对人对极端环境的适应进程模型的研究主要是在类似的自然环境（如南极）下进行的或作为航天飞行地面模拟研究的一部分。这些研究中多数的重点研究是前面所说的“第三季现象”。有几项研究的结果支持这种现象（如在任务过半后普遍出现情绪低落和人际关系紧张）　(Palinkas et al.，1998，2000；Sandal，2000，2001；Sandal et al.，1995；Stuster et al.，2000)。但其他研究并未报告过任何与情绪和心境有关的影响的清晰时间图（Kanas et al.，1996；Steel and Suedfeld，1991；Wood et al.，1999，2005)。

德康和罗斯内（Décamps and Rosnet，2005）新近的研究表明，这种矛盾可能与这样的事实有关，即人对极端环境的适应不是连贯的，而可能在不同的时间段产生不同的心境和行为。在这项研究中，研究人员监测了在南极越冬的 27 人在他们持续近一年的整个任务期间的适应性反应。收集的数据包括对所有人的不同应激反应的系统观察资料，这些资料是每星期由执行任务的医生采用一种观察网格方法进行观察获得的。根据卡兹等人（Cazes et al.，1989）的早期研究，监测到4种不同类型的适应性反应，包括情绪反应/心境改变（如无言、忧虑、厌倦）、社会反应（如对他人的攻击反应、冷漠）、身体反应（如睡眠障碍、头痛、酒精饮料滥用）和职业反应（如不能完成任务、工作退缩、对工作量估计过高）。研究结果显示，这4类适应性反应的时间进程不同。仅在心境改变方面（情绪反应）显现出清晰的第三季现象。正如所预料的，被监测人员的心境在他们执行南极任务的最初6个月中差不多没有变化，而在任务时间过半后变得消极得多。但对于其他类型的适应性反应则显现出不同的时间进程。例如，负面的社会反应的数量随任务进程而增多，在后半程任务中有一个暂时的降低；身体反应在飞行任务的前半程中逐渐减少，之后保持不变；未观察到随着时间的推移在职业反应上有任何显著的改变。

其他研究表明，自然和社会心理环境特有的特征对适应性反应的时间进程产生适度的作用。例如，帕林卡斯和豪泽尔（Palinkas and Houseal，2000）调查了参加在极地具有不同自然（如海拔高度）和社会心理（如队员人数）特征的科考站越冬的极地探险队员的心境变化，发现不同极地科考站人员随时间推移的心境变化曲线不同。

总而言之，这些来自南极和其他类似环境的数据表明，“第三季现象”的基本假定不应被过度推广。但这些数据多数显示适应极端环境的时间进程不是一个线性发展过程，而更准确地说可能是一个按阶段顺序的发展过程，阶段的详细构建和数量似乎不仅取决于所研究的反应类型，而且取决于环境条件的具体特征。

2.4.3 空间实验发现：航天飞行任务期间的心理适应进程

有关个体对长期航天飞行任务的心理适应的概况的可用的大部分数据仍是基于轶事报告。一个重要的资料源是俄罗斯长期航天飞行任务期间的观察报告（Grigoriev et al.，1987，1988；Gushin et al., 1993; Lebedev, 1988; Myasnikov and Zarmaletdinov, 1998)。这些观察报告显示，可把人对长期航天飞行的适应表述成是一个具有与上述适应进程模型相似的 4 个不同阶段的连续过程 (Gushin et al., 1993)。表 2.3 根据俄罗斯礼炮 6 号空间站的一次为期 5 个月的航天飞行任务期间的观察报告说明了这些适应进程。

第一阶段包括对身处空间的新奇事物的初步适应。在此阶段，航天员必须适应微重力环境及由其引发的生理变化，还要适应空间居住舱内的其他环境条件。另外，航天员还必须适应新的作息循环周期和根据飞行计划安排的工作负荷。可以预料，心境和安宁的损害主要是由生理变化引发的不愉快的副作用（头痛、空间运动病）和超负荷工作引起的。第二阶段是航天员已完全适应了航天飞行条件并且尚未受到限制和隔离、居住舱内不舒适，或小乘组内社会生活单调的负面影响。据格里戈里耶夫等人 (Grigoriev et al., 1987) 的观点，这种适应发生在飞行任务进行了 6 星期时，这个时间与所估计的生理对微重力的充分适应需要的时间相符（见前述 2.2 节）。

表 2.3 俄罗斯航天乘组在一次为期 5 个月的航天飞行任务中的适应进程

阶 段	心理状态特征
1	工作能力降低 前庭不适 对微重力的急性适应期
2	完全适应期
3	睡眠障碍 兴趣范围变窄 活动性降低 易激惹、疲劳感固着 神经系统处于衰弱状态期
4	兴奋、激动 缺乏自我控制、欣快症

(Gushin et al., 1993)

根据俄罗斯的经验（Grigoriev et al.，1987；Gushin et al.，1993），心理适应进程最关键的阶段开始于飞行任务的第 6 星期到第 12 星期之间的某一时候，此时航天员已习惯于空间的日常工作。这个阶段可持续到飞行任务快要结束的时候并出现与模拟环境中所观察到的“第三季现象”的类似表现。航天员在此阶段可能发生重大的心理改变，主要是心境的改变，是对由工作负荷低、亚刺激和远离家人和朋友而导致的有限社会接触产生的单调和厌倦的反应的改变。观察到的行为反应包括情绪不稳和超敏性，易激惹增高，以及精力和动机的大大降低。同时，还有报告描写了航天员出现的微妙的心理变化。有些迹象表明，长期航天飞行任务期间知觉灵敏度可能改变。例如，格里戈里耶夫等人（Grigoriev et al.，1988）特别提到，在礼炮 6 号和礼炮 7 号空间站飞行任务期间，有些航天员在空间飞行 3～5 个月后对喧吵声音的敏感性增高。凯利和卡纳斯（Kelly and Kanas，1992）在他们对执行过航天飞行任务的美俄航天员的调查中也报告过类似的知觉超敏反应。另有观察报告指出，航天员出现偏爱某种声音刺激的改变。例如，根据观察，俄罗斯航天员在进入空间几星期后开始喜欢刺激性的音乐，甚至表示想听一些地球上的声音或喧闹声（Grigoriev et al.，1987）。最后，在飞行的这一阶段还报告有精神病案例，特别是被俄罗斯航天心理专家称为“衰弱”的一种综合病症已得到描述。这种病症伴随有精疲力竭感、活动性减退、低动机、低食欲和睡眠障碍。这可能最终导致欣快症、抑郁状态以及负面个性品质的加强（Myasnikov and Zalmaletdinov，1998）。这样的反应可以被视为行为疾病的征兆，我们将在第 5 章就这类反应进行更为详细的阐述。飞行任务快要结束时即进入第四阶段，也是最后一个阶段。这一阶段被称做非常忙碌的时期，这一阶段欣快情绪盛行但也可能掺入对在空间的数月禁闭式的生活后返回地面将会处于何种状况的担心（Lebedev，1988）。

然而，只有很少的完全根据经验的航天飞行研究系统地提出过在空间适应的时间进程问题。曼蔡等人（Manzey et al.，1998）在一项工作绩效监测研究中对一名俄罗斯航天员受试者随时间进程而产生的主观感受的心境变化进行了监测，有关这项研究的详细情况将在第 3 章中叙述。研究人员采用 16 维度两极等比评定量表对一次为期 438 天的和平号空间站飞行任务中的航天员在 29 个不同时间点的心境进行了评定。对这些数据的因素分析揭示出两个分别反映了“情绪平稳与警觉状态”和“悲伤”情绪的不同的心境因素。图 2.2 显示了以因素得分反映出的横跨飞行前、飞行中和飞行后各阶段的

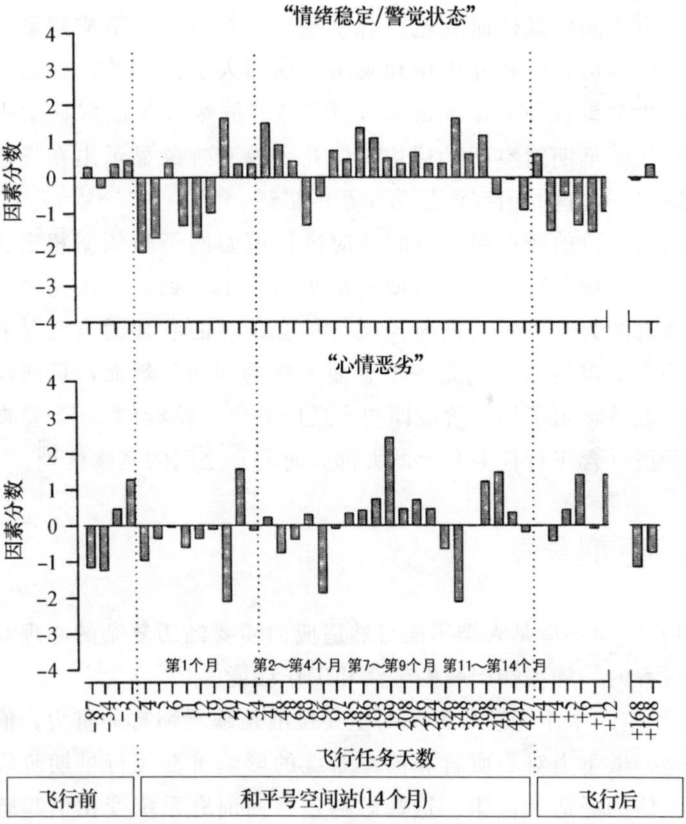

图 2.2 长期航天飞行中的主观心境和警觉状态的变化

图中数据来源于在俄罗斯和平号空间站上一次连续飞行 438 天的一名俄罗斯航天员，是对他在飞行前、飞行中和飞行后的主观心境评定的主成分分析中的因素分数

心境变化的时间进程。从中可以清楚地看到，第一个因素反映的是持续于飞行任务最初的3～4星期的初步适应期，其标志是与飞行前评定相比感觉到的情绪平稳和警觉状态有相当大的下降。但在此适应期之后，几乎没有支持上述各种适应进程模型的迹象。在飞行任务的第185天到第244天期间的“悲伤”因素得分仅稍有提高，这可能表明在飞行任务中期左右心境有可能变坏。无法进行统计计算及相对较少的心境评定次数可能会掩盖这项研究中的某些结果。

来自空间的其他研究也已着手探讨人对空间的适应问题，重点是乘组内乘员间的相互作用和乘组与地面人员的相互沟通随时间进程所发生的变化（Kanas et al.，2001）。虽然有些证据显示出乘组在飞行任务早期对空间的适应，但几乎没有迹象显示出在飞行任务中的阶段群，这些研究详见第4章的描述。

因而，目前所使用的空间适应进程模型的经验依据相当少，而且不一致。倘若这种经验证明的结果前后不一致，那么这样一种模型是否真能为个体对长期航天飞行特有条件的心理适应概况的描述提供一个适当的框架仍是一个悬而未决的问题。然而，目前现有的数据库似乎暗示了第一阶段即初步适应阶段（持续约2～6星期）和第二阶段（含飞行任务其余的大部分时间）之间的基本区别。

2.5 本章要点

1）空间环境是人类不能自然适应而需要经历复杂的心理和生理适应过程的一种极端严峻的生活和工作环境。

2）空间中生理适应面临的主要挑战是缺乏惯有的重力。值得一提的是，微重力对心血管和前庭系统的影响可在飞行早期阶段大大降低人体的舒适和健康。这些影响包括因前庭系统变化引起感觉冲突进而导致空间运动病，以及体液向身体上部转移并可伴随头痛。

3）可在肌肉－骨骼系统内观察到微重力引起的长期生理效应。这些效应直接取决于航天飞行任务的持续时间并主要表现为对抗重力需要的那些肌肉的渐进萎缩，以及承重骨因渐进的脱矿质作用而丧失其质量和强度。

4）在空间的最初 3～14 天期间受微重力剧烈影响的大部分生理功能显示出对这种新的环境条件的快速适应。这种适应的结果包括适应于地面标准的重要的生理系统的去适应和与此相关的“立位耐力”丧失。为了降低空间的去适应效应，需要采取一些对抗措施。最重要的对抗措施是定期进行身体锻炼。

5）空间中的睡眠比地球上的睡眠时间短且更易受干扰。除此之外，偶有报告称睡眠结构发生改变，这可能反映了微重力对睡眠机制的影响。

6）在空间昼夜节律仍按一个 24 小时的时间表运行，尽管日光和黑暗给予的自然时间暗示已在很大程度上被改变。每日作息惯例足以避免人的生理节奏系统的“自由运转”。不过已发现体温节律的相位滞后和幅度降低，这可能会导致航天飞行期间航天员的睡眠障碍和疲劳。

7）根据俄罗斯航天飞行经验和来自模拟环境下的研究数据，对长期航天飞行任务的心理适应说明存在着一个按序出现的不同适应阶段。观察或实验研究表明至少出现两个阶段：第一阶段发生在初到空间的最初 6 星期里，是初步适应阶段，第二阶段即飞行任务的其余时间。

参考文献

Achermann, P., A. A. 2004. The two-process of sleep regulation revisited. *Aviation, Space and Environmental Medicine*. 75(Suppl.): A37-A43.

Akerstedt, T., Folkard, S., and Portin, C. 2004. Predictions of the three-process model of alertness. *Aviation, Space and Environmental Medicine*. 75(Suppl.): A75-A83.

André-Deshays, C., Israel, I., Charade, O., Berthoz, A., Popov, K., and Lipshits, M. 1993, Gaze control in microgravity: 1. Saccades, pursuit, eye-head coordination. *Journal of Vestibular Research*. 3: 331-343.

Bechtel,R. B. and Berning,A. 1991. The third-quarter phenomenon: do people experience discomfort after stress has passed? In: A. A. Harrison, Y. A. Clearwater, and C. P. McKay, eds. *From Antarctica to Outer Space*. New York: Springer.

Belenky, G. , Wesensten, N. , Thorne, D. R. , Thomas, M. L. , Sing, H. C, Redmond, D. P. , Russo. M. B. , and Balikn, T. J. 2003. Patterns of performance degradation and restoration during sleep restriction and subsequent recovery: a sleep dose-response study. *Journal of Sleep Research*. 12:1-12.

Bogomolov, V. V. , Grigoriev. A. I. , and Kozlovskaya, I. B. 2007. The Russian experience in medical care and health maintenance of the International Space Station crews. *Acta Astronautica*. 60:237-246.

Borbély, A. A. 1982. A two process model of sleep regulation. *Human Neurobiology*. 1:195-204.

Buckey, J. C. 2006. *Space Physiology*. London: Oxford University Press.

Bukley, A, Lawrence, D. , and Clément, G. 2007. Generating artificial gravity onboard the Space Shuttle. *Acta Astronautica*. 60:472-478.

Cazes, G. , Rivolier, J. , Taylor, A. J. W. , and McCormick, I. A. 1989. The quantitative and qualitative use of the adaptability questionnaire(ADQ). *Artic Medical Research*. 48:185-194.

Charles, J. B. , Bungo, M. W. , and Fortner, G. W. 1994. Cardiopulmonary function. In: A. E. Nicogossian, C. Leach Huntoon and S. L. Pool, eds. *Space Physiology and Medicine. 3rd ed*. Philadelphia: Lea & Febiger.

Clarke, A. H. , Grigull, J. , Müller, R. , and Scherer, H. 2000. The three-dimensional vestibulo-ocular reflex during prolonged microgravity. *Experimental Brain Research*. 134:322-334.

Clément, G. 1998. Alterations of eye movements and motion perception in microgravity. *Brain Research Reviews*. 28:161-172.

Clément, G. 2005. *Fundamentals of Space Medicine*. Dordrecht: Springer.

Clément, G. and Pavy-Le Traon, A. 2004. Centrifugation as a countermeasure during actual and simulated microgravity: a review. *European Journal of Applied Physiology*. 92:235-248.

Clément, G. , Moore, S. , Raphan, T. , and Cohen, B. 2001. Perception of tilt(somatogravic illusion) in response to sustained linear acceleration during spaceflight. *Experimental Brain Research*. 138:410-418.

Cohen, M. M. 2000. Perception of facial features and face-to-face communications in space. *Aviation, Space, and Environmental Medicine*. 71:A51-57.

Cowings, I. S. and Toscano, W. B. 1982. The relationship of motion sickness susceptibility to learned autonomic control for symptom suppression. *Aviation, Space, and Environmental Medicine*. 53:570-575.

Cowings, I. S. and Toscano, W. B. 2000. Autogenic-feedback training exercise is superior to promethazine for control of motion sickness. *Journal of Clinical Pharmacology*. 40:1154-1165.

Czeisler, C. A., Weitzman, E. D., Moore-Ede, M. C., Zimmerman, J. C., and Knauer, R. S. 1980. Human sleep: its duration and organization depend on its circadian phase. *Science*. 210:1264-1267.

Czeisler, C. A., Duffy, J. F., Shanahan, T. L., Brown, E. N., Mitchell, J. F., Rimmer, D. W., Ronda, J. M., Silva, E. J., Allan, J. S., Emens, J. S., Dijk, D. -J., and Kronauer, R. E. 1999. Stability, precision and the near 24-hr period of the human circadian pacemaker. *Science*. 284:2177-2181.

Davis, J. R., Vanderploeg, J. M., Santy, P. A., Jennings, R. T., and Stewart, D. F. 1988. Space motion sickness during 24 flights of the space shuttle. *Aviation, Space, and Environmental Medicine*. 59:1185-1189.

Décamps, G. and Rosnet, E. 2005. A longitudinal assessment of psychological adaptation during a winter-over in Antarctica. *Environment and Behavior*. 37: 418-435.

Dijk, D. -J., Nerl, D. F., Wyatt, J. K., Ronda, J. M., Riel, E., Ritz-De Cecco, A., Hughes, R. D., Elliott, A. R., Prisk, G. K., West, J. B., and Czeisler, C. A. 2001. Sleep, performance, circadian rhythms, and light dark cycles during two space shuttle flights. *American Journal of Physiology, Regulatory, Integrative, Comparative Physiology*. 281:R1647-1664.

Dinges, D. F., Pack, F., Williams, K., Gillen, K. A., Powell, J. W., Ott, G. E., Aptowicz, C., and Pack, A. I. 1997. Cumulative sleepiness, mood disturbance, and psychomotor vigilance performance decrements during a week of sleep restricted to 4-5 hours per night. *Sleep*. 20:267-277.

Flynn, C. 2005. An operational approach to long-duration mission behavioral health and performance factors. *Aviation, Space, and Environmental Medicine*. 76

(Suppl.):B42-B51.

Folkard, S. and Monk, T. H. 1983. Chronopsychology: circadian rhythms and human performance. In: A. Gale and J. Edwards eds. *Physiological Correlates of Human Behavior, Vol. 2*. London: Academic Press.

Frost, J. D., Shumate, W. H., Salamy, J. G., and Booher, C. R. 1976. Sleep monitoring: the second manned Skylab mission. *Aviation, Space, and Environmental Medicine*. 47:372-382.

Gander, P. H., Macdonald, J. A., Montgomery, J. C., and Paulin, M. G. 1991. Adaptation of sleep and circadian rhythms to the Antarctic summer: a question of Zeitgeber strength. *Aviation, Space, and Environmental Medicine*. 62: 1019-1025.

Grigoriev, A. I. and Egorov, A. D. 1992. General mechanisms of the effects of weightlessness on the human body. In: S. L., Bonting, ed. *Advances in Space Biology and Medicine, Vol. 2*. Greenwich: JAI Press.

Grigoriev, A. I., Kozerenko, O. P., and Myasnikov, V. I. 1987. Selected problems of psychological support of prolonged space flights. Paper presented at the *38th Congress of the International Astronautical Federation*, Stockholm, Sweden.

Grigoriev, A. I., Kozerenko, O. P., Myasnikov, V. I., and Egorov, A. D. 1988. Ethical problems of interaction between ground-based personnel and orbital station crewmembers. *Acta Astronautica*. 17:213-215.

Gundel, A., Drescher, J., and Polyakov, V. V. 2001. Quantity and quality of sleep during the record manned space flight of 438 days. *Human Factors and Aerospace Safety*. 1:87-98.

Gundel, A., Nalishiti, V., Reucher, E., Vejvoda, M., and Zulley, J. 1993. Sleep and circadian rhythm during a short-term space missions. *Clinical Investigator*. 71:718-724.

Gundel, A., Polyakov, V. V., and Zulley, J. 1997. The alteration of human sleep and circadian rhythms during spaceflight. *Journal of Sleep Research*. 6:1-8.

Gushin, V. I., Kholin, S. F., and Ivanovsky, Y. R. 1993. Soviet psychophysiological investigations of simulated isolation: some results and prospects. In: S. L. Bonting, ed. *Advances in Space Biology and Medicine. Vol. 3*. Greenwich: JAI Press.

Howard, I. P. 1986a. The vestibular system. In: K. R. Boff, L. Kaufman, and J. P. Thomas, eds. *Handbook of Perception and Performance. Vol I: Sensory Processes and Perception*. New York: Wiley.

Howard, I. P. 1986b. The perception of posture, self-motion, and the subjective vertical. In: K. R. Boff, L. Kaufman, and J. P. Thomas, eds. *Handbook of Perception and Performance, Vol I: Sensory Processes and Perception*. New York: Wiley.

Jaweed, M. M. 1994. Muscle structure and function. In: A. E. Nicogossian, C. Leach Huntoon, and S. L. Pool, eds. *Space Physiology and Medicine. 3rd ed*. Philadelphia: Lea & Febiger.

Kanas, N., Slanitskiy, V., Weiss, D. S., Grund, E. M., Gushin, V., Kozerenko, O., Sled, A., Bostrom, A., and Marmar, C. R. 2001. Crewmember and ground personnel interactions over time during Shuttle/Mir space missions. *Aviation, Space, and Environmental Medicine*. 72:453-461.

Kanas, N., Weiss, D. S., and Marmar, C. R. 1996. Crewmember interactions during a Mir space station simulation. *Aviation, Space, and Environmental Medicine*. 67:969-975.

Kelly, A. D. and Kanas, N. 1992. Crewmember communication in space: a survey of astronauts and cosmonauts. *Aviation, Space, and Environmental Medicine*. 63:721-726.

Kozlovskaya, I. B., Grigoriev, A. I., and Stepantzov, V. I. 1995. Countermeasures for the negative effects of weightlessness on physiological systems on long-term space flight. *Acta Astronautica*. 36:661-668.

Lackner, J. R. and DiZio, P. 2006. Space motion sickness, *Experimental Brain Research*. 175:377-399.

Lebedev, V. 1988. *Diary of a Cosmonaut: 211 Days in Space*. College Station: Phytoresource Research Information Service.

Manzey, D., Lorenz, B., and Polyakov, V. 1998. Mental performance in extreme environments: results from a performance monitoring study during a 438-day spaceflight. *Ergonomics*. 41:537-539.

Mallis, M. M. and DeRoshia, C. W. 2005. Circadian rhythms, sleep and performance in space. *Aviation, Space and Environmental Medicine*. 76 (Suppl.): B94-107.

Matsnev, E. I., Yakovleva, I. Y., Tarasov, I. K., Alekseev, V. N., Kornilova, L. N., Mateev, A. D., and Gorgiladze, G. I. 1983. Space motion sickness: phenomenology, countermeasures, and mechanisms. *Aviation, Space, and Environmental Medicine*. 54:312-317.

Mollicone, D. J., van Dongen, H. P. A., and Dinges, D. F. 2007. Optimizing sleep/wake schedules in space: sleep during chronic nocturnal sleep restriction with an without diurnal naps. *Acta Astronautica*. 60:354-361.

Monk, T. H. and Moline, M. L. 1989. The timing of bedtime and waketime decisions in free-running subjects. *Psychophysiology*. 26:304-310.

Monk, T. H., Buysse, D. J., Billy, B. D., Kennedy, K. S., and Willrich, L. M. 1998. Sleep and circadian rhythms in four orbiting astronauts. *Journal of Biological Rhythms*. 13:188-201.

Monk, T. H., Kennedy, K. A., Rose, L. R., and Linenger, G. 2001. Decreased human circadian pacemaker influence after 100 days in space: a case study. *psychosomatic Medicine*. 63:881-885.

Monk, T. H., Buysse, D. J., Billy, B. T., and DeGrazia, J. M. 2004. Using nine 2 h delays to achieve a 6-h advance disrupts sleep, alertness, and circadian rhythm. *Aviation, Space, and Environmental Medicine*. 75:1049-1057.

Monk, T. H., Buysse, D. J., and Billy, B. T. 2006. Using daily 30-min phase advances to achieve a 6-hour advance: circadian rhythm, sleep and alerlness. *Aviation, Space, and Environmental Medicine*. 77:677-686.

Moore, T. P. and Thornton, W. E. 1987. Space shuttle in-flight and post-flight fluid shifts measured by leg volume changes. *Aviation, Space and Environmental Medicine*. 58:A91-A96.

Myasnikov, V. I. and Zamaletdinov, I. S. 1998. Psychological states and group interactions of crew members in flight (Reprint). *Human Performance in Extreme Environments*. 3:44-56.

Nechaev, A. P. 2001. Work and rest planning as a way of crew member error management. *Acta Astronautica*. 49:271-278.

Nicogossian, A. E. and Robbins, D. E. 1994. Characteristics of the space environment. In: Nicogossian, A. E., Leach Huntoon, C., and Pool, S. L. eds. *Space Physiology and Medicine. 3rd ed*. Phiadelphia: Lea & Febiger.

Nicogossian, A. E., Leach Huntoon, C., and Pool, S. L. eds. 1994. *Space Physiolo-*

gy and Medicine. 3rd ed. Philadelphia: Lea & Febjger.

Palinkas, L. A. and Houseal, M. 2000. Stages of change in mood and behavior during a winter in Antarctica. *Environment and Behavior*. 32: 128-141.

Palinkas, L. A., Johnson, J. C., Boster, J. S., and Houseal, M. 1998. Longitudinal studies of behavior and performance during a winter at south pole. *Aviation, Space, and Environmental Medicine*. 69: 73-77.

Palinkas, L. A., Gunderson, E. K. E., Johnson, J. C., and Holland, A. W. 2000. Behavior and performance on long-duration spaceflights: evidence from analogue environments. *Aviation, Space, and Environmental Medicine*. 71: A29-36.

Putcha, L., Berens, K. L., Marshburn, T. H., Ortega, H. J., and Billica, R. D. 1999. Pharmaceutical use by U. S. astronauts on space shuttle missions. *Aviation, Space, and Environmental Medicine*. 70: 705-708.

Reschke, M. F., Harm, D. L., Parker, D. E., Sandoz, G. R., Homick, J. L., and Vanderploeg, J. M. 1994. Neurophysiologic aspects: space motion sickness. In: A. E. Nicogossian, C. Leach Huntoon, and S. L. Pool, eds. *Space Physiology and Medicine. 3rd ed.* Philadelphia: Lea & Febiger.

Reschke, M. F., Bloomberg, J. J., Harm, D. L., Paloski, W. H., Layne, C., and McDonald, V. 1998. Posture, locomotion, spatial orientation, and motion sickness as a function of space flight. *Brain Research Reviews*. 28: 102-117.

Rivolier, J. 1992. Facteurs humain et situations extremés (Human factors and extreme situations). Paris: Masson.

Rivolier, J., Cazes, G., and McCormick, I. 1991. The International Biomedical Expedition to the Antarctic: psychological evaluations of the field party. In: A. A. Harrison, Y. A. Clearwater, and C. P. McKay, eds. *From Antarctica to Outer Space*. New York: Springer-Verlag.

Rohrer, J. 1961. Interpersonal relationships in isolated small groups. In: B. Flaherty, ed. *Psychological Aspects of Manned Spaceflight*. New York: Columbia Press.

Sandal, G. M. 2000. Coping in Antarctica: is it possible to generalize results across settings? *Aviation, Space, and Environmental Medicine*. 71: A37-43.

Sandal, G. M. 2001. Crew tension during a space station simulation. *Environment and Behavior*. 33: 134-150.

Sandal, G. M., Vaernes, R., and Ursin, H. 1995. Interpersonal relations during simulated space missions. *Aviation, Space, and Environmental Medicine*. 66: 617-624.

Santy, P. A., Kapanka, H., Davis, J. R., and Stewart, D. F. 1988. Analysis of sleep on Shuttle missions. *Aviation, Space, and Environmental Medicine*. 59: 1094-1097.

Selye, H. 1956. *The Stress of Life*. New York: McGraw Hill.

Steel, G. D. and Suedfeld, P. 1991. Temporal patterns of affect in an isolated group. *Environment and Behavior*. 23: 749-765.

Stoilova, I., Ponomareva, I. P., Myasnikov, V. I., Ivancheva, H., Polyakov, V. V., Zhukova, O. P., and Peneva, N. 1990. Study of sleep during a prolonged space flight: the "MIR" orbiting station. In: K. Broda, ed. *Current Trends in Cosmic Biology and Medicine*. Ivanka Pri Dunaji: Sloval Academy of Sciences.

Stoilova, I., Zdravev, T., and Yanev, T. 2003. How humans sleep in space—investigations during space flight. *Advances in Space Research*. 31: 1611-1615.

Stuster, J. W. 1996. *Bold Endeavors: Lessons from Polar and Space Exploration*. Annapolis MD: Naval Institute Press.

Stuster, J. W., Bachelard, C., and Suedfeld, P. 2000. The relative importance of behavioural issues during long-duration ICE missions. *Aviation, Space, and Environmental Medicine*. 71: A17-25.

Suedfeld, P. and Steel, G. D. 2000. The environmental psychology of capsule habitats. *Annual Review of Psychology*. 51: 227-253.

Van Dongen, H. P. A. 2004. Comparison of mathematical predictions to experimental data of fatigue and performance. *Aviation, Space, and Environmental Medicine*. 75(Suppl.): A15-A36.

Van Dongen, H. P. A., Maislin, G., Mullington, J. M., and Dinges, D. F. 2003. The cumulative costs of additional wakefulness: Dose-response effects on neurobehavioral functions and sleep physiology from chronic sleep restriction and total sleep deprivation. *Sleep*. 26: 117-126.

Wever, R. 1979. *The Circadian System of Man: Results of Experiments Under Temporal Isolation*. New York: Springer.

Wood, J., Lugg, D. J., Hysong, S. J., and Harm, D. L. 1999. Psychological changes in hundred-day remote Antarctic field. *Environment and Behavior*. 31: 299-337.

Wood, J., Schmidt, L. Lugg, D., Ayton, J., Phillips, T., and Shepanek, M. 2005. Life, survival, and behavioral health in small closed communities: 10 years of studying isolated Antarctic groups. *Aviation, Space, and Environmental Medicine*. 76(6, Suppl.): B89-93.

Young, L. R. 1999. Artificial gravity considerations for a Mars exploration mission. *Annals of New York Academy of Science*. 871: 367-378.

Zubrin, R. 1997. *The Case for Mars*. New York: Touchstone.

Zulley, J. 2000. The influence of isolation on psychological and physiological variables. *Aviation, Space, and Environmental Medicine*. 71(9, Suppl.): A44-47.

Zulley, J., Wever, R., and Aschoff, J. 1981. The dependence of onset and duration of sleep on the circadian rhythm of rectal temperature. *Pflügers Archive*. 391: 314-318.

空间中的许多活动都需要良好的手—眼协调能力。要成功地进行这些活动需要具有高水平的认知能力

图为 STS—110 任务的飞行任务专家埃伦·奥乔亚（Ellen Ochoa）和国际空间站第 4 考察组的飞行工程师卡尔·E·沃尔兹（Carl E. Walz）在国际空间站的命运号实验舱里的 Canadarm2 机械臂的控制台前工作

（照片及引用的图题由美国航空航天局提供）

第 3 章　人的效能

3.1　基本论点

本章阐述了航天飞行中极端的生活和工作条件对人的效能的影响。选择从这方面入手来论述涉及不同信息处理阶段的所有操作问题，即知觉过程、中枢认知过程、心理运动过程和辅助控制过程（Wickens and Hollands，2000）。论述这些问题的意义是显而易见的，航天员的工作通常包括操作复杂的技术系统，进行科学实验或在舱外活动中执行特殊作业等各种各样的任务。所有这些工作都对各种认知功能和心理运动功能有很高的要求。因此，维持高水平的工作效率对整个航天飞行任务的成功和乘组安全具有直接的重大意义。

载人航天飞行任务总体上的成功以及那些在空间业已成功完成的许多激动人心的特殊任务，或许可以作为航天飞行中人高效工作的证据。尽管很少有关于航天员在执行经强化训练过的任务时效能明显下降的报道，但仅凭这一点并不能说明人的认知功能在空间未受到影响。事实上，自从早期的载人航天飞行以来，已有大量轶事报告和观察资料提供了轨道飞行中人的认知功能受到干扰的证据，包括空间定向障碍和视错觉、时间观念的改变、集中注意力的减退，运动技能障碍及作业操作普遍变慢的报告（Christensen and Talbot，1986；Kubis et al.，1977；Leonov and Lebedev，1975）。同样，来自模拟环境的轶事资料和研究也表明，在类似于航天飞行环境的条件下人的效能的确下降了（Harrison and Connors，1984；Weybrew，1963）。

尽管人的效能与航天活动存在着明显的相关性，但长期以来在空间所进行的生命科学研究始终局限在人适应微重力环境的生物医学问题上（Christensen and Talbot，1986；Taylor，1989）。只是在20世纪90年代初才积累起有关航天飞行中人的效能的知识，然而研究数量仍然很少（Casler and Cook，1999；Fowler et al.，2000b；Leone，1998；Manzey and Lorenz，1998a）。这个领域的研究可分为两条主线。一是研究微重力对人的信息处理的特定功能的影响。这方面的认知神经科学研究包括视觉信息处理、空间感知或实施自主运动等课题的实验。尽管这类研究的目的是要了解作为人的信息处理参照系的微重力的作用，但其研究结果对认识空间中人的效能概况也很重要。二是以被称为绩效监测的人的效能评价的宽频带策略为代表的研究（Manzey，2000a，Manzey and Lorenz，1998a）。这类研究包括为描述在这种独特环境中存在的应激因素的影响下可能出现的效能变化的模式和时间过程而反复调查航天飞行任务期间的不同操作功能。其主要目的是描述航天飞行中可能的人的因素问题，这与针对环境应激因素对人的效能的影响的其他应激研究工作是一致的。

下面将对从这两方面的研究中获得的知识进行概述。不过，在论及来自航天飞行的经验数据前，让我们先就载人航天飞行任务中发现的在空间环境中人的认知功能降低的可能起因作一些理论上的思考。

3.2 在空间认知功能降低的可能起因

已知至少有两个可能削弱航天员认知和心理运动功能的因素。第一个因素涉及微重力对特异性脑机制的直接效应，尤其是对前庭和感觉运动系统的影响。第二个因素涉及非特异应激效应，例如因累积性失眠、工作负荷、或为适应空间居住舱内极端的生活和工作条件所产生的身体和情绪上的压力。与微重力效应相反，这些非特异性效应并不直接影响处理功能，但可通过改变（中枢）生理激活的水平和模式间接影响人的效能（Hockey，1986）。

3.2.1 微重力对特异性脑机制的影响

在航天飞行任务期间已观察到一些可能影响人的知觉、认知和心理运动过程的神经生理变化（Newberg，1994）。其中一个特别重要的影响是前庭系统内信号处理的改变。正如第 2 章所述，空间缺少重力使对重力敏感的耳石器官的功能发生改变。这些器官不再提供通常的垂直线的信息而只对身体的直线加速度保持敏感。这使得前庭信号和来自其他（如视觉、触觉、本体感觉）感受器的信号之间的固有和谐被破坏。所导致的感觉冲突似乎是构成包括空间运动病、眼运动及凝视稳定性障碍等在内的许多有害效应的根本的基本机制。来自前庭的重力感觉信号也影响脑皮层水平的（视觉）信息处理（Leone et al.，1995a）。因而，来自耳石的传入信号的改变可能影响那些参与空间定位、空间知觉或模式与目标识别等更高级的认知功能（Glasauer and Mittelstaedt，1998；Leone et al.，1995b，1998；McIntyre et al.，2001）。

微重力对神经生理功能的另一类直接影响与运动控制的过程（即自主运动编程及完成的过程）相关。对协调运动的设计和控制涉及两个负责向肌肉的周围系统发出控制信号的中枢运动程序的结合，以及基于传入反馈处理的进行中的运动的控制和调节机制（Cruse et al.，1990）。可将中枢运动程序视为通过训练达到的不同类运动基本特征的记忆表示（Summers，1989）。从技术上来说，中枢运动程序被认为是某些运动的典型力一时间曲线图（如描述一个用胳臂和手去够、抓远处某个物体的有意图动作的运动模式的图像）。肌肉指令源自这些程序，而后产生趋向运动。然而，在运动实施期间，为了监测运动的适度性和必要时启动即时调节，需要对传入反馈信号进行处理。这些传入反馈信号通常包括来自观察运动的视觉信号和来自关节、肌肉和皮肤的本体感觉信号。

运动控制的两个要素是运动实施中的中枢编程和反馈信号处理，其效力在重力改变时均可被降低（Bock et al.，1992，1996）。例如，许多在地面建立的中枢运动程序将重力作为一个重要因素编入其中（Pozzo et al.，1998）。因此，这些程序表现的是由已适应的重力引起的特定的力学限制的力—时间曲线（如肢体向上运动必须克服重力，而向下运动则受到重力的辅助）。然而在微重力条件下，这些力学限制发生重大改变。因此，如果将在地面获得的中枢运动程序应用于空间，必须对其进行修正，否则就会产生不适当的运动。此外，来自关节、肌肉和皮肤的本体感觉在空间似乎也被改变并更加反复无常。例如，为这一假说提供支持的是在模拟微重力条件下的肢体位置感降低（Bock，1994）。通常本体感受反馈失真比完全排除这些反馈信号对运动的有害作用更大，这可能大大干扰在空间的动作实施（Cruse et al.，1990）。

微重力引发的感觉运动系统的改变一般被描述为引起感觉—运动不一致性状态，其特征在于运动实施中传出和传入信号之间的固有关系被打破（Bock，1998）。这种不一致性降低了运动计划和控制的固有效率，不得不通过复杂的适应机制去弥补，这包括传入信号的重新加权、中枢运动程序的调整和/或在运动实施中更努力的认知或视觉控制过程。即便这些机制通常都很有效，也很可能在空间执行知觉—运动类的任务（即涉及将视觉输入转换为适当的运动反应的任务）时受到损害，至少在适应航天飞行环境的初期如此，在此阶段航天员尚未取得对微重力的完全适应。

3.2.2 应激对心智操作的影响

航天飞行中人的工作效能下降的另一个可能的根源与非特异性应激效应有关。空间中极端的工作和生活条件可能引发航天员的某些应激状态，这些应激状态不仅与人的健康损害有关，而且还与认知和心理运动能力的下降有关。这种应激状态包括：警觉下降和疲劳，强工作负荷状态，由于人际关系紧张或限制和隔离的长期效应所引发的情绪应激状态。这种状态也可能来自于其他工作背景或环境（也就是说，它们不是航天飞行所特有的），因此，与这些状态相关的任何效应都被视为“非特异性的”。

已援引过的一些理论模型说明了应激因素对人的效能的影响。

这些理论大都认为精力充沛水平与认知过程密切相关；也就是说，中枢激活（唤醒）的神经生理过程与人的信息处理功能的效力之间有密切关系。最早提出来且现在仍最著名的一个观点认为，唤醒和工作效能之间存在着一种“倒 U”关系，也被称为耶基斯—多德森定律（Yerkes and Dodson，1908；Wickens and Hollands，2000）。该“定律”包含了 2 个假定：① 认知功能在一定的唤醒水平时最佳；即鉴于唤醒水平从低到高变化，工作效能首先随着唤醒水平升高到最佳水平而提高，而后随唤醒水平的进一步升高而下降（这就是所谓的“倒 U”关系）；② 困难的任务，其最佳唤醒水平偏低，而容易的任务，其最佳唤醒水平偏高。依据这一框架，内外应激因素被认为是通过降低（如单调、刺激不足、睡眠剥夺等应激因素）或提高（如时间压力、噪声、焦虑等应激因素）唤醒水平至非最佳区域内的方式来影响任何认知功能的效力的。举例而言，飞行员的工作效能被认为在低唤醒水平（如疲劳）和非常高的唤醒水平（如在紧急情况下感到有生命危险）这两种状态下都是处于下降状态。

虽然这个模型在模拟应激对人的效能的可能的间接效应上是很有影响力的，但它太简单，其中部分原因是对唤醒和工作效能形成的是单维概念。根据更新的应激与人的效能模型（Hockey，1986；Sanders，1983），应激因素并非通过改变一般的单维唤醒而对人的效能造成任何普遍的影响。更确切地说，不同的应激因素似乎会产生某种特异模式的心理生理、生化和认知的改变。大脑皮层激活的多维神经生理模型（Pribram and McGuinness，1975）印证了这一观点。同时，实验室研究的结果也表明不同应激因素对认知功能的影响并非是一成不变的，可通过将不同效能指标并联起来的特定效应曲线图来描述这种影响（Hockey and Hamilton，1983）。

霍凯（Hockey，1986）对实验室的这一研究进行了全面的综述。根据他的综述，应激下人的效能通常因注意和/或中枢认知过程的损害而降低。可考虑 5 个不同的指示变量来描述人的效能降低的具体特性，即：① 一般警觉状态，② 注意选择性，③ 认知过程的速度，④ 认知过程的精确性，⑤ 工作记忆容量。在这些不同的指示变量中，警觉状态并不是一个严格反映某一特异认知功能改变的指标，它反映的是影响注意状态的某一应激因素的总体作用，这也可从主观上感觉到。在其他指标中，注意选择性是最敏感的指标之一。它一直被定义为可被同时注意到的线索范围的缩小，可从在不同输入信号之间分配注意力或在同一时间进行并行作业的能力下降上反映出来。

另一个必须要注意的问题是考虑应激因素对人的效能可能产生的影响与个体的积极应对过程有关。也就是说，即使在应激因素的影响下个别操作功能可能被削弱，也未必导致在执行复杂任务中有明显的工作效能的下降。而且个体可以采取行动来补偿这些应激因素造成的影响，以保持总体工作效能的水平。达到这一目的的方法之一是集聚一些额外的努力（即为完成任务目标而更加努力）。例如，航天员在时间紧的情况下可能会设法比平常更为迅速地完成一项指定的作业或科研任务。换句话说，为了弥补注意和认知功能的降低，受应激影响的人可能选择采取不用花费较大精力的操作策略。举例来说，飞行员在应激状态下专注于飞行任务而忽略对技术系统的监视，或航天员为了降低任务对记忆力的要求而比平时更多地依赖于书面的标准程序。但是，即使这些策略适用于维持完成主要任务的工作效能，也还是包含着一定的风险。例如，更加快速实施作业的航天员可能会在实施不同的控制操作时不够小心或在完成作业后感到更加疲惫和倦怠。又比如，飞行员忽视监测工作可能会忽略相当重大的故障，这可能随后加剧已存在的应激。在诸如此类的情况下，应激效应可能不会导致明显的效能下降，但仍有可能以更难以察觉和隐蔽的方式影响人的效能水平。

这是霍凯（Hockey，1993，1997）所提出的应激和工作效能代偿调节模型的精髓。根据这一理论，应激对工作效能的影响常因受应激影响者运用某种绩效保护策略而被掩盖。预计这种情况尤其可能发生在操作背景下，在这种背景下对任务目标的义务感和动机强，而且任务十分复杂，需要选择合适的绩效策略（Hockey，1993）。因而，这类任务中应激引起的影响往往反映的只是相当难于察觉的不明显的效能减弱。正如上文已举过的例子，这种潜在效应可包括完成一项任务的次要部分时效能降低，耗费更大精力完成任务的迹象，改变策略的迹象，或疲劳后效应（Hockey，1997）。完成一项任务的次要部分时的效能下降（参见上文所举的飞行员的例子）与已知的高唤醒状态时的注意选择性的结果是一致的。然而在代偿控制模型的概念中，它们被视为降低一项复杂任务对注意力的要求的一种代偿反应。疲劳后效应被认为是与在应激下效能保护有关的额外付出努力的结果。即使个体能够不顾应激因素的存在而维持完成某项任务的工作效能，但在执行特定的探索性任务时，在耐受应激因素的有害作用达到极限时，会产生疲劳加剧或工作效能明显下降，这反映出这种维持所要付出的代价。

总之，可以预计的是，应激以不同的方式影响人的效能。对这些影响的概述见表 3.1。航天飞行的极端环境可引起航天员的某些应激状态，伴随注意和/或认知过程受损，这反映在不同指示变量（即注意选择性、认知过程的速度和/或精确度、工作记忆容量）交叉形成的特定的效应图中。虽然这些损害可降低航天员的认知效能，而且可能代表了飞行任务成功的首要风险，但它们未必能直接造成训练有素的航天员在执行实际飞行任务时的工作效能的下降。相反，执行任务的航天员至少能在一段时间内采用代偿控制策略来防范可能的工作效能下降。既然这样，航天飞行任务的总体工作绩效不是一个能说明航天员当前操作能力的有效指标。因此，应激引起的工作效能下降的初期征兆更可能反映在对应激效应特别敏感的特定探索任务中（Bittner et al.，1986）或反映在只能靠对工作效能的一些高深分析才能发现的飞行任务中的更隐蔽（潜在）的变化（包括为维持工作效能而付出更大的心理生理健康的代价）。

表 3.1 应激下可能的工作效能降低类型

降低类型	特征
在主任务中的效能明显降低（在特定的探索性任务中观察到最大程度）	完成主任务的效能降低 ·注意选择性 ·速度和/或精确度降低 ·工作记忆容量减少
复杂（现实工作）任务中的潜在的效能降低：	
次要任务失败	有选择地削减任务中（当前）低优先级部分 ·略掉次要活动
补偿性损害	操作期间主动控制的劳损 ·心智耗费增加 ·交感神经激活增加 ·负作用
策略调整	在任务范围内转向更简单策略 ·较少使用工作记忆
疲劳后效应	任务末期优先选择耗费精力少的策略 ·主观疲劳 ·探索性任务中的工作效能降低

（Hockey，1993，1997）

3.3 空间实验发现：认知神经科学研究

关于微重力对人的信息处理过程的影响我们知道些什么呢？神经科学家通过研究微重力条件下前庭和感觉－运动神经变化对航天飞行中不同认知功能的影响，对这一问题做出了一些回答。可以预料，微重力引起的认知功能降低将会在航天员适应空间环境的初期影响他们的工作效率，直到他们从生理上完全适应空间环境为止。

然而，目前对这一领域的认识相当有限。这主要是由于在空间进行的神经科学的研究长期以来集中于有关前庭器官与其他系统

(即参与头眼运动协调和体位控制的系统)之间最重要的相互作用的基础问题以及空间运动病的发生等问题(Reschke et al.，1994a，1994b)。尽管已包括了对空间定向和错觉的研究，可一直以来对其他微重力条件下产生的认知功能问题的研究却很少。不过，在 20 世纪的最后 10 年中，航天飞行期间认知过程的神经科学研究已得到更多的关注(Leone，1998)。在空间进行的实验已研究了许多与空间信息处理、形态与物体的识别、质量甄别和参与自主运动的视运动过程相关的问题。大多数这方面的研究旨在深入了解重力作为认知过程参照系的重要意义。迄今人们已经知道微重力对外显的工作效能的影响及其可能造成的后果与许多人的因素问题有关，包括作业工具和操作系统的工效学设计、适居性的各个方面，特别是在空间的最初几天或几星期中的工作安排(Young，2000)。下面将对在空间进行的有关人的信息处理的神经科学研究中获得的最具有直接关系的结果进行综述。综述分为 5 部分：① 空间定向，② 空间感知与表象，③心理旋转和目标识别，④质量甄别，⑤ 定向自主运动。

3.3.1 空间定向

空间定向是指在一个三维空间环境范围内确定自身位置的能力，这对于在大型空间站内的导航作业意义重大。这种能力的一个重要方面是个体准确感知自身与外部空间之间的空间相对关系。这要求能有一个可利用的参照系，以提供一个稳定的坐标系来确定一个人自身的位置、定向和运动。在地面，人们通常将重力作为这样的一个参照系来取得空间定向。地心引力的方向为确定垂直状态和偏离直立体位的任何身体定位的主观感知提供了可靠的暗示。此外，来自于周围环境(如房子、树木、他人的方位)的视觉信息也对空间定向的感知具有重要意义。实际上，视觉信息的影响可以强烈到甚至部分或完全盖过来自耳石器和其他本体感受器系统的信号(Howard et al.，2000)。在这种情况下就可能会发生空间定向的错位。地面上发生空间定向错位的典型实例包括大家都熟知的定向或自发运动的错觉。更令人印象深刻的错觉是人们在观看宽银幕立体电影时所感受到的坠落感或其他穿过空间的位移感，或斜置于一个固定对象周围的设施齐全的房间所引起的定向错觉（Howard et al.，2000）。其他实例则来自日常经验（例如，坐在静止不动的火车上看到邻近铁轨上慢慢加速行驶的火车时会感觉自己的火车也在动）。这两个例子都是视觉信息与前庭和身体信息相冲突的表现，在这种情况下要保持正确的空间定向需要付出额外的努力。但是，如果缺乏视觉信息（如闭眼或完全处于黑暗中），通常来自前庭系统和其他感受器系统的传入信息基本上能够维持个体对自身定位和运动的准确感知。

在空间，失去作为参照系的重力，视觉图像的影响被加强，空间定向受到非常明显的干扰。对 104 名俄罗斯航天员的调查（Kornilova，1997；Kornilova et al.，1995）发现，有 98%的人报告说存在部分或完全的定向障碍并出现空间错觉，尤其是在黑暗中或闭上眼睛时。缺乏清晰的视觉参照，航天员可能无法正确确认自己相对于航天器的位置、方向和运动。格拉绍埃尔和米特尔施奈特（Glasauer and Mittelstaedt，1998）所做的一项实验提供了证明这种效应的直接的经验性证据。在这项实验中将航天员的眼睛蒙上并让他们被动地转身，他们在转身时和转身后不能准确确定自己的位置。航天员在空间没有视觉信息的情况下对其周围环境继续准确保持一个立体图感知比在地面上要困难得多，这一结果进一步证明了这种效应（Watt，1997；Young et al.，1993）。

即使不把眼睛蒙住，也可能发生某些与 3 种空间错觉有关的空间定向障碍（Kornilova，1997）。第 1 种错觉包括与头部运动相关的周围运动的感觉。例如，头部移动时看控制面板可能产生一种仪表移位的感觉。这些效应与进入微重力环境后前庭眼球反射障碍和注视控制的紊乱有关系。第 2 种错觉是由自发运动的错觉构成，这些错觉与在地面已知的视觉图像阻碍前庭系统输入而产生的那些错觉很相像，可包括翻转、降落或旋转等各种不同的错觉。在空间缺乏任何能用来校正视觉图像的重力信息，这样的错觉看来就与视觉对空间定向的影响增强有关系。“旋转圆顶”实验的结果印证了这一点，在这一实验中，让航天员观看一个围绕其慢慢移动的视点图。已发现在空间这种刺激产生的自我旋转感的强度比在地面上要大大增加（Young and Shelhamer，1990）。第 3 种错觉包括身体定向歪曲。一个特别有趣的例子是航天员常常有倒吊感，这种感觉无论睁眼时或闭眼时都经常发生，而且这似乎与空间运动病的发生有密切关系。这种错觉被称作“倒飞错觉”，是航天员最常诉说的微重力状态下的一种错觉（Kornilova，1997；Kornilova et al.，1995；Lackner and DiZio，1993）。

大部分的空间定向障碍都是在进入微重力环境后即刻发生的，且仅持续数分钟或数小时，但有些障碍可持续 14～30 天，直到逐渐形成充分适应的应对策略和/或完成生理调节。此外还发现在航天飞行任务期间许多空间错觉在一段时间（30～50 天）后会再次出现，这表明适应过程有些不稳定（Kornilova，1997）。

令人惊讶的是，空间没有重力线索未必导致人完全丧失对垂直状态的主观感觉。虽然有些航天员在黑暗中或闭上眼睛时便失去任何上下的感觉，但有相当多的航天员仍保持着对垂直状态的主观感知，即使在来自视觉或触觉线索的外部参照闭塞的状况下。这些航天员报告说，当闭上眼睛时并非对垂直没有感觉，而是能明确地感到自己是直立或是倒立（Glasauer and Mittelstaedt，1998；Mittelstaedt and Glasauer，1993）。只有在空间经过一些日子后倒立的错觉才会消失。这些航天员中的大多数以自我身体为中心作为参照来感知“上”和“下”（即他们总是以他们头的位置为“上”——这种以自我为中心的参照系甚至可以超越航天器舱内景象所提供的视觉线索）。这已被格拉绍埃尔和米特尔施奈特（Glasauer and Mittelstaedt，1998）的实验结果证明，他们的实验结果显示，倾斜偏离航天器垂直极性 180°并睁眼的航天员（即他们相对于航天器舱内成倒置状态）往往仍感觉他们头的位置是“上”。在空间 30 天后，有迹象表明航天员变得不再依靠以自我为中心的参照系并能更准确地感知他们相对于航天器的方位，甚至在闭着眼睛被动转身之后也能如此。

然而，至少是在航天飞行刚开始的头几天中，航天员应设法避免由自我为中心参照系和视觉环境之间可能产生的感觉冲突引起的任何空间定向障碍。对短期航天飞行期间航天员运动行为的系列行为观察表明，他们更喜欢按航天器的垂直极性来调整自己的姿态(Tafforin and Lambin，1993)。

3.3.2 空间感知与表象

航天飞行中研究过的其他方面的空间信息处理问题包括：微重力对两个外界物体之间的空间关系感知、三维图形的心理表象和几何视错觉倾向的影响。所有这些方面不仅对于神经科学家而且对于了解在空间高效工作所需要的基本认知过程都有着重大意义。

例如，与他人交流某一被感知物体的信息时，获得一致的空间坐标的分配（如“上”、“下”、“左”、“右”、“下方”、“上方”）是不可缺少的。为达到这种一致分配，需要有基于某一特定参照系的一个共同的空间认知表象。在地球上，有几种感知线索可用做这样的一个参照系。这些感知线索包括由视觉背景的坐标提供的外界线索、被感知物体或形态的固有坐标或形态以及由前庭和躯体感觉感受器提供的重力坐标。另外，也可像利用视网膜坐标（即视野坐标）或自体方位那样使用自我中心线索。通常，所有这些不同的感知线索之间很少发生冲突，在正常（直立）姿态下，所有这些线索均能提供准确定位。

但在失去重力线索的空间又会发生什么呢？弗里德里齐和勒韦(Friederici and Levelt，1987，1990）早已研究过这个问题。他们在实验中用两个置于不同方位的球（一个黑球和一个白球）加上两侧画有固定导向的物体（树木）的线条画作为视觉背景线索为航天员提供视觉刺激。实验中航天员要完成的任务是在视网膜定向、背景线索定向和重力的各种不同条件下描述两球间的空间关系（如“黑球在白球的左上方”）。实验结果揭示，在失重时空间坐标的一致分配仍是可能的。然而，用于一致分配的主导参照系却改变了。在地面，受试者所报告的空间分配主要是基于重力的垂直性。但在空间，则会选择以自我为中心的参照系；换句话说，空间分配主要通过视网膜坐标确定，仅稍微受到一些背景线索的影响。这恰好符合上述的结果，即在空间是主观上的垂直感觉。有待研究的是主观上的垂直感觉在空间能持续多久。由于研究所涉及的是参加较短期（8 天）飞行的航天员，尚不清楚可能的适应结果。假设前文（3.3.1）中所讨论的证据属实，即在空间约 1 个月后主观垂直感减弱，那么可以推测，用于空间分配的以自我为中心的参照系也具有同样的效果。显然，在这一领域还需要进一步的研究。

上述的结果表明了人失去重力线索后视网膜参照系对于空间关系感知的重要性。发生倒 T、缪勒莱尔（Müller-Lyer）错觉或庞邹（Ponzo）错觉这类著名的几何图形视错觉的倾向减少反映出一个类似的效应。这已被在抛物线飞行中进行的研究所证明（Villard et al.，2005）。这些错觉的根源是由含易误导对空间（即三维）排列进行判读的深度线索的横竖线条构成的歧义视觉排列，而这又导致对不同线条的相对大小的错误判断。在微重力下，多数人产生这种错觉的倾向显著降低，有些人能感知这些图形的真实面貌：两维图。维拉德等人（Villard et al.，2005）把这作为重力对来自环境的视觉刺激的感知和判读有重要意义的一个标志。他们尤其认为重力线索和体觉线索通常是构成视觉信息处理所必须的组成部分，这证明了视觉刺激的空间（即三维）判读。在空间缺少重力感觉的输入似乎消除了这种倾向，至少是在一定程度上如此。

3.3.3 心理旋转与目标识别

对空间工作效能尤为重要的是识别所看到的在其他非正常（“直立”）方位的目标的能力。由于在空间自由漂浮着的航天员能从他们需要的任何位置观看外部世界，因而他们常常在非习惯的方位感知周围的物体（包括同乘组的工作伙伴）。然而，形状或物体的方位可能影响航天员对它们的识别（Rock，1986）。如果航天员是在空间极易发生的严重定向障碍（如倒转）出现时感知物体，尤其如此。在地面进行的典型研究中，要求受试者辨别一个转动的字母是以常态还是以镜像形式出现的，结果发现辨别所需的时间随字母与正常的垂直位置之间偏离的增大而增长。为了解释这一效应，有人认为这是因为字母一类的立体图形（还有其他构形和目标）给人的第一认知表象是以一种符合其正常方位的形式出现的，必须先将该字母作“心理旋转”至正常方位后才能对它进行辨识（Cooper and Shepard，1973）。此外，其他的例子也表明，在不习惯的方位感知熟悉的目标几乎根本不能识别它。特别有趣的一个例子是对面孔的观察和对面孔表情的解读。尽管人们可能能够看出以反向方位出现的面孔是一张面孔，但即使是一张熟悉的面孔也很难辨认清楚，而要读懂面孔的表情则会更加困难。如果是在直立位观察同一面孔，很快就能读出其面部表情（Valentine，1988）。

一直存在争议的是，在空间因缺少重力线索或经常存在自由漂浮，使航天员常常以不寻常的视角来观察事物，有可能使他们更适应于以心理旋转的过程方式感知方向不清的形态和目标（Clément et al.，1987）。不过，这种观点根据的只是轶事报告，而在新近长达 7 个月的长期航天飞行任务期间进行的空间实验未能证实这一点（Leone et al.，1995a，1995b）。相反，新近的实验结果表明，比较两个以不同方位显示的物体所需要的心理旋转过程在空间与在地面基本相同。更为引人注意的是，在空间“面孔倒置”效应依然保持不变。德绍南等人（de Schonen et al.，1998）的实验证明了这点。在这项实验中，先让航天员记住一些照片上的面孔，而后把这些记忆过的面孔与新面孔放在一起，让他们辨认出记忆过的面孔。结果表明，如果把照片倒置过来给航天员看，他们对先前记忆过的面孔进行识别的难度大大增加，而且无论这些面孔是在地面被记忆的还是在微重力环境下的最初几天被记忆的，其效应相同。

这种效应和心理旋转实验的结果使我们能更好地了解复杂形态和目标的认知表象。即使是在没有重力的情况下，这类目标的心理表象依然取决于方位（即这些目标依然是以垂直位置展现在大脑中的），这与视觉认知领域的理论相关（Leone，1998）。然而，对空间持久不变的“面孔倒置”效应的发现对航天员之间进行面对面的交流也具有一定的心理意义。科学家特别建议，为避免因很难正确感知和认读面部表情（为人与人之间的交流提供了非语言的暗示）而导致干扰和误解，航天员在进行面对面交流时应采取相同的方位(Cohen，2000)。有趣的是，对感知垂直状态和进行空间分配是根据自我为中心的参照系进行的发现也证明了同样的观点。只有身体处于相同方位的航天员互相交流时才能使用相同的参照系来表述他们周围的目标之间的空间关系。

3.3.4　质量甄别

空间失重环境的一个独一无二的特征是物体的重量和质量的分离。在地面，通过分析皮肤压力感受器提供的本体感觉信息可直接感觉物体的重量。通过分析物体在运动的作用下取得加速时来自皮肤、关节和肌肉的本体感觉信号可同时感觉其重量和质量。此外，一个物体的重量可完全可靠地指示其质量。而在空间不再能获得重量信息，只能感觉物体的质量，而且需要加速运动的作用。

这影响质量甄别的敏感性吗？在短期航天飞行中进行的两项心理生理学实验曾对这个问题进行过研究（Ross et al.，1986，1987)。在这两项实验中，要求航天员通过摇荡小球来两个两个地比较它们的质量。这两项实验的结果均表明，在空间质量甄别能力减弱。更明确地说，在空间的辨别阈提高到在地面时的 1.2～1.9 倍，这取决于摇荡动作的幅度和频率。但尚不清楚这是否由于重量信息丧失或在摇荡小球时人体的运动控制和本体感受紊乱所致。如果是后一种情况，那么在长期航天飞行任务中质量甄别能力的降低有望在感觉运动系统适应微重力环境后减小。

3.3.5　定向自主运动

如前所述，微重力对人的感觉运动系统施加的一些作用可能干扰运动编程和动作实施过程（见 3.2.1)。如果人的感觉运动系统未完全抵消这些作用，它们就会影响自主运动的精度和速度，并最终成为影响航天员在空间的工作效能的一个限制因素，至少是在早期航天飞行阶段如此。的确，来自天空实验室飞行任务的一些观察报告表明，与地面相比，航天员在初到空间的日子里可因动作比在地面时减慢而影响工作效能（Kubis et al.，1977）。

历来用于分析微重力可能对自主运动的速度和精度产生的影响的首选神经系统科学研究范式是对有目的性的手臂动作进行分析。在这一范式中，要求受试者指向在正面图中不同位置短暂出现的目标。实验条件通常在运动方向（垂直、水平）及在运动中是否提供视觉反馈上有所不同。有些此类研究专门研究这种指向运动的精度。大多数早期研究是在短时（约 15～20 秒）失重周期和超重（$2g$）状态交替出现的飞机抛物线飞行期间进行的（Bock et al.，1992；Gerathewohl et al.，1957；Ross，1991；Whiteside，1961）。这些研究结果表明定向手臂运动的精度和可靠性在微重力影响下出现下降。然而，降低的具体形式不同。尽管在某些研究中发现有手臂运动超出目标的情况（如果在做动作时对因缺少重力而引起的机械力改变未予补偿，估计会发生这种情况）（Bock et al.，1992；Gerathewohl et al.，1957；Ross，1991），但至少在 1 项研究报告中出现手臂运动始终未达到目标的情况（Whiteside，1961）。这种始终未达到目标的情况看来与失重对运动编程或控制的影响无关，而可用一种称为"电梯错觉"的视觉效应（即重力的改变作用于眼部肌肉而产生对目标定位过高的一种视觉误定位）来解释。

然而，抛物线飞行取得的研究结果似乎在一定程度上与微重力和超重状态的快速转换使得任何适应都变得困难有关。事实上，来自航天飞行的报告仅报道运动精度有少量下降，在航天飞行中对指向运动的实验调查通常在进入空间后数小时乃至数天后进行的。例如，博克、福勒和康福特（Bock，Fowler and Comfort，2001）调查了一次为期 16 天的航天飞行任务中航天员对固定目标的指向运动。目标被显示在膝上型计算机屏幕上距屏幕中央 6 厘米远的上下左右的方位上。比较航天员飞行前、飞行中和飞行后的工作效能，未发现有任何有意义的指向精度下降，只是发现动作幅度稍有不同。另一项研究分析了短期和长期航天飞行任务期间，受试者对视野中心左右两侧目标的水平指向运动（Berger et al.，1997）完成的情况。与博克等人的研究结果一致的是，与在地面时相比，在空间这些动作的精度并未有多大下降，而且与飞行任务持续的时间长短无关。

有报告称研究中得出了不一致的结论，在这些研究中要求航天员先必须记住 5 个靶点的位置，然后闭上眼睛按规定顺序指向这些靶点。在这种情况下，受试者始终未能指向正确的靶位（Watt，1997；Young et al.，1993）。不过，这似乎并不能表明任何运动控制或本体感受的紊乱，而是当对靶点的视觉被阻断时难以维持一个外界的空间图。

总之，抛物线飞行和航天飞行中的指向运动精度的研究揭示出的效果模式有点矛盾，难以解释。虽然已经确定了原则上可能造成定向自主运动精度降低的几个不同因素（Bock et al.，1992），但仍难以预测这些因素是否将会真正导致明显的工作效能下降以及这些下降的具体特征是什么。

对航天飞行中指向运动的研究获得了更为一致的结果，这些研究对其速度和运动特征做了分析。研究结果表明，在空间定向手臂运动无论精度如何速度均明显变慢（Berger et al.，1997；Bock et al.，2001）。有趣的是，这种效应似乎不仅限于此类运动，在精细手动控制运动中也能看到（Newman and Lathan，1999；Sangals et al.，1999）。例如，桑加尔斯等人（Sangals et al.，1999）分析了一次短期航天飞行中的一次不连续光标定位操作中运动的精度和运动特性。在这项操作中要求航天员将屏光标对准一个由不连续移动左右控制杆改变距离的靶位。在精度方面，未发现飞行前、飞行中和飞行后各阶段有差异。但在空间，运动时间增加，运动特征分析揭示运动的时空图形显著改变。更明确地说，发现在运动的初期加速度和速度明显下降，这在运动的后期通过一个延长的减速期得以补偿，以防不能达到目标和维持一个足够的精度水平。有点令人惊讶的是，这些结果未显示出是在飞行任务期间作出适应的一个明显迹象，直到为期 20 天的航天飞行任务的末期仍是如此。

借助几个不同的因素来说明在空间所观察到的自主运动的减慢。

其中之一就是假定通常参与运动控制的其他反馈通路可能在微重力下受到干扰，使得运动对视觉控制有更高的依赖性。然而，减慢效应也出现在闭眼（Bock et al.，2001）或运动的视觉控制被阻断的情况下（Sangals et al.，1999），这使得人们对以上的解释产生了疑问。换句话说，已表明在微重力下以与地面同样的速度和精度进行自主运动需要提升人的认知力或注意力。为了减少这种需要额外付出的努力，航天员可能选择放慢运动，即所观察到的这种结果常常反映了在严酷的航天飞行条件下速度与精度间的某种平衡（Bock et al.，2001）。假如在必须保持速度的跟踪任务中另有发现，这种解释就显得有些似是而非，例如在航天飞行或抛物线飞行中就常常发现运动精度降低，（Bock et al.，2001，2003；Manzey and Lorenz，1998a）。而且这种解释好像过于笼统，难以解释桑加尔斯等人（Sangals et al.，1999）的研究中发现的特有的运动学改变。

后面这些结果似乎可用被称为“重新解释假说”的理论（Bock et al.，1996）来解释。根据这一假说，重力引起的物体重量（包括人体的四肢）的改变很容易被人体运动系统曲解为质量的改变而非重力的改变。假如在地球上重量与质量之间存在一种“天生”的对应关系，那么这似乎是显而易见的，在地球上一个物体的重量（由重力产生）通常直接而可靠地指示出其质量。这种直接关系不适用于空间的“失重”环境。因而，人体运动控制系统就可能会错误地低估要运动的四肢的质量，继而导致对在实施运动过程中需要校正的臂、手或手指运动的力－时间特性的错误认定（Sangals et al.，1999）。运动时限可不同程度地延长，这取决于进行这样的校正的速度能有多快。

总之，有些研究结果是一致的，即定向自主运动速度在空间有所减慢，至少是在任务没有强迫航天员必须维持某一工作速率的情况下是这样的。在各种不同的运动中，从手臂的整个运动到手掌和手指的精巧运动，似乎都显现出这种效果。这与我们早期所观察到的在空间因运动障碍而使工作速率减慢的结果一致（Kubis et al.，1977）。对形成这种工作速度减慢的具体起因的研究仍在进行中。尽管如此，目前从航天飞行中获得的数据表明，这种效应与微重力引起的感觉运动系统的改变有关，这种改变降低了在地面已熟悉的运动程序的效率，在空间进行运动期间必须通过增强控制过程来对这种降低加以补偿。

3.4　空间实验发现：人的效能监测

迄今为止所综述的实验结果已明确提出了一个特殊应激因素，即微重力，对不同认知功能和心理运动功能的影响。尽管所描述的这些影响可降低航天员在初入微重力环境时的工作效率，但大部分影响是相当特异性的，并未全面说明航天员在空间的效能和操作能力。特别是这些实验没有顾及与由其他空间应激因素（如工作负荷、睡眠紊乱、情绪紧张）引起的非特异性应激效应相关的可能的损害。

有关航天飞行期间人的效能的另一方面的研究由效能监测研究组成（Manzey and Lorenz，1998a；Manzey，2000a）。这些研究在两方面展开观察。第一，效能监测研究的主要目的是说明效能在航天飞行任务期间发生的变化，不涉及引起这些变化的特异应激因素。因而，要评定的各类信息处理功能的项目有所增加，不仅包括预计可受微重力影响的功能，而且包括已发现通常受环境应激因素影响的那些功能（如注意力、记忆力、反应时间）。在这类典型研究中，利用基于合理的理论模型的短期实验室任务进行效能评定，并在地面研究中验证那些已定义的处理功能。第二，对影响的时间过程的考虑更加细化。也就是说，为了说明效能随时间的推移而可能发生的改变，通常在一次航天飞行的整个过程中反复进行效能评估。

下面将就来自短期和长期航天飞行任务中的效能监测研究的结果进行详述，尤其将重点论述在俄罗斯的和平号空间站的不同飞行任务中进行的一个包括 3 项研究的科研项目的结果，其中包括一项唯一可用的在超长期航天飞行任务中所做的航天员工作效能定量研究（Manzey，2000a，2000b）。表 3.2 列出了在最近 15 年中进行的所有航天飞行效能监测研究对各种不同工作效能及任务的调查。

表 3.2　在航天飞行期间效能监测研究中为进行效能评估而进行的工作效能及任务调查一览表

工作效能/任务	说　明	研　究
反应时间(RT)		
简单反应时间	用手对刺激做出反应(1次刺激一反应选择)	Benke et al., 1993; Ratino et al., 1988
选择反应时间	用手对刺激做出反应(2～9次不同的刺激一反应选择)	Benke et al., 1993; Ratino et al., 1988
空间处理		
矩阵旋转	空间图案比较	Eddy et al., 1998; Schiflett et al., 1995
线条作业	不同线条方向比较	Benke et al., 1993
空间记忆作业	空间图案的识记	Benke et al., 1993
人体模型作业	对小的人体模型体位的估计	Eddy et al., 1998; Schiflett et al., 1995
工作记忆		
记忆一搜索作业	测试字母与先前记住的一组字母作比较(记忆负载量随1～6个字母的记忆组合的大小而变)	Eddy et al., 1998; Kelly et al., 2005; Manzey et al., 1993, 1995, 1998; Newman and Lathan, 1999; Schiflett et al., 1995
连续识别作业	字母的连续识记和检索	Eddy et al., 1998; Schiflett et al., 1995
推理		
语法推理	句子真实含义的确认	Manzey et al., 1993, 1995, 1998
数学推理	三个单数位数字的加减	Eddy et al., 1998; Schiflett et al., 1995

续表

工作效能/任务	说 明	研 究
注意力		
注意力转移	两个任务(数学处理和人体模型)的随机交替执行	Eddy et al., 1998; Schiflett et al., 1995
双项作业	两个任务(记忆搜索和不稳定跟踪)的同步执行	Manzey et al., 1993, 1995, 1998; Eddy et al., 1998; Schiflett et al., 1995
心理运动操作		
不稳定跟踪	通过控制杆运动校正随机移动光标偏离靶位	Eddy et al., 1998; Manzey et al., 1993, 1995, 1998, 2000; Schiflett et al., 1995
菲茨伯格作业	通过输入装置(如控制杆、跟踪球)将光标定位在不同距离和大小的目标上	Newman and Lathan, 1999
其他		
干扰作业	对一致性和非一致性刺激图形做出反应	Benke et al., 1993
时间估计作业	对不同长短(2～16 秒)时间间隔的估算	Kelly et al., 2005; Ratino et al., 1988
反应顺序的习得	在小键盘上横向反复试敲键(记住反应顺序)学会指定的 10 个反应顺序(如 3－7－7－1－9－1－3－9－3)	Kely et al., 2005
数字－符号置换	复杂刺激－反应绘图(视觉搜索、视觉编码和记忆的结合)	Kelly et al., 2005

注:一般用速度和/或精度测量值评定工作效能。

3.4.1 短期航天飞行中的效能监测结果

在空间进行的多数效能监测研究监测的是航天员在持续 2 星期的短期航天飞行中的效能。所监测的操作功能可分为两类。

有一批研究主要集中于一些基本的认知操作功能，如视觉搜索、记忆和反应选择等（Benke et al.，1993；Kelly et al.，2005；Ratino et al.，1988）。这方面最早的研究是拉蒂诺等人（Ratino et al.，1988）所做的。他们监测了在一次为期 6 天的航天飞机飞行中，4 名航天员在飞行的第 2 天、第 3 天和第 4 天的工作效能。此次研究使用的成套测验包括简单反应时间测验、选择反应时间测验和时间估计测验。以两种反应时间的测验结果作为认知操作的速度和精确性的一般指标；以时间估计的测验结果作为来自航天员的轶事报告的结果，来表明在空间人的时间观念发生的改变。后者被认为包含“过重的心理负荷因素、信息超量以及涉及推论、判断和决策的认知处理”（Christensen and Talbot，1986）[204]。然而，在这项研究中只观察到对效能的细微影响，发现有 3 名航天员在空间飞行的第 2 天和/或第 3 天在进行选择反应时效能降低并伴随自述的轻微空间运动病症状。时间估计测验得到的效能结果显示出随飞行任务的进程而降低的趋势，在飞行的第 4 天和再入返回时降至最低。特别是研究中发现所有航天员都过长地估计短时间间隔（2 秒），这表明对时间消逝的感知已经减退。这种效应的时间进程说明效应可能与非特异应激影响有关，这或许是因为在航天飞行任务结束时工作负荷产生的累积效果和再入大气层任务的艰巨性而致。然而这种影响不大，与飞行前相比，只是在返回地面着陆后随即进行的第一次效能评定时才变得有统计意义。

据对一名执行为期 6 天的和平号空间站飞行任务的俄罗斯航天员进行效能监测的研究称，该航天员的认知处理仅有微小的变化（Benke et al.，1993）。在这项研究中，采用的成套测验由两类作业组成：第一类作业包括“经典的”认知作业（简单反应时间、选择反应时间、斯特鲁普式干扰作业），第二类作业包括一些视觉空间作业（如空间感知、空间记忆）。用第一类作业来评定非特异应激对基本认知功能的速度和精确度的影响，用第二类作业来监测微重力对空间处理功能的特异影响。然而，这些作业中没有一项显示出飞行中的工作效能比飞行前有任何显著下降。

近来对执行为期 10 天航天飞机飞行任务的 4 名航天员所做的研究（Kelly et al.，2005）也符合这种一般模式的结果。在这项研究中采用了 4 种不同的效能作业，包括时间估计作业，在 1～6 个数位之间的记忆负载斯滕伯格作业，探查视觉搜索、记忆和反应功能的数字符号置换作业，以及反应习得作业。同早期研究相比，这项研究性实验包括了顺序学习的各方面，对作业进行了有趣的扩充。但这项研究仍未揭示航天飞行中空间环境对效能的任何明显影响。仅发现有很少的效能下降的迹象，这表明在空间记忆负载对工作效能影响的程度大于在地面时的影响。但其影响力很小且不易说清原因。

总而言之，这 3 项研究的结果表明航天飞行的极端条件没有导致基本认知功能出现明显的效能降低。然而，从效能监测研究所选择使用的作业上可以看出这批研究的一个主要局限性。虽然从心理测量性能和有效性方面来看所有这些作业均是精选的，但它们未调查可能对航天飞行产生的应激因素的直接和间接影响最敏感的某些功能，如注意力分散和复杂的心理运动功能（见 3.2.2）。

后面提到的这些功能被纳入第二批效能监测研究（Eddy et al.，1998；Manzey et al.，1993，1995；Newman and Lathan，1999；Schiflett et al.，1995）。曼蔡（Manzey）等人监测了一名俄罗斯航天员在执行一次赴和平号空间站的为期 8 天的飞行任务中的工作效能。所有用于工作效能评定的作业均选自“环境应激因素研究标准测验（STRES）”（AGARD，1989）。具体而言，采用了以下作业（Manzey et al.，1993，1995）：① 语法推理，② 记忆搜索（两个不同水平的记忆负载），③ 不稳定跟踪，④ 同时进行跟踪和记忆搜索的双项作业。选择这些作业是为了测试航天员的信息处理功能，众所周知，信息处理功能对环境应激因素的有害作用很敏感，或者说它可能会因微重力对感觉运动过程的直接影响而受损。更明确地说，语法推理作业和记忆搜索作业是用于监测不同记忆负载下工作记忆的认知功能的速度和精确度的。选择双项作业是为了捕捉可能对注意选择性的影响，而选择不稳定跟踪作业则是为了通过一项在认知上比通常在神经科学研究中分析的那些作业（如定向手臂运动）更复杂的作业来监测知觉－运动功能。在这次飞行任务的最初 7 天中进行了总共 13 次效能评定，分别将评定结果与发射前 1 星期获得的飞行前数据和着陆后 1 星期获得的飞行后数据进行了比较。这项研究的主要结果见图 3.1 和图 3.2。

根据拉蒂诺等人（Ratino et al.，1988）、本克等人（Benke et al.，1993）和凯利等人（Kelly et al.，2005）的研究结果，未发现飞行中基本认知功能的速度和精确度有任何下降。除 1 例研究成果外（在飞行任务的第 4 天语法推理速度明显减慢），在空间航天员的语法推理和记忆搜索效能都没有明显下降（图 3.1）。相反，在空间的一些个别时段和飞行后的几个时段反而观察到工作效能有显著的提高。但正如所预料的，飞行期间出现了对跟踪作业和双项作业效能的明显干扰，这为航天飞行引发的应激因素对知觉－运动和注意功能的影响提供了证据（图 3.2）。跟踪效能下降显示出一个引人注意的三相时间进程。与飞行前的基线水平相比，在空间的最初 3 天跟踪误差显著增多，经过一个短暂的中间阶段恢复到基线水平，而在航天飞行任务的最后 3 天误差再次显著增多（见图 3.2（a））。双项作业效能出现明显下降与在空间整个停留期间记忆搜索作业的难度无关，但与飞行前的基线效能相比跟踪和/或记忆搜索中单项转双项作业效能的降低加剧。图 3.2（b）举例说明了这种效应对跟踪作业的影响。在飞行前和飞行后的时段中同时进行的记忆搜索都始终未影响跟踪效能（即在单项作业和两种双项作业条件之间仅出现很小的工作效能上的差异）。然而，在空间观察到单项转双项作业时工作效能显著降低，这种情况的发生与记忆负载无关。

虽然这些结果是从单个航天员个体上观察到的，但似乎是可重现的结果。美国航天飞机飞行期间进行过两项效能监测研究（Newman and Lathan，1999；Schiflett et al.，1995），得出的结果与上面

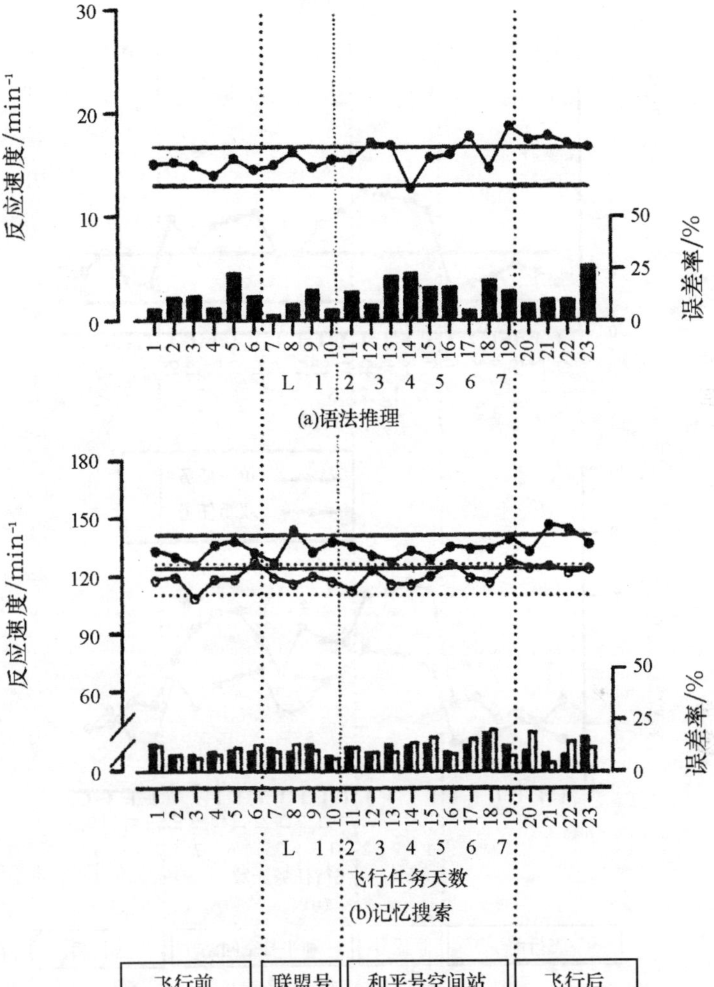

图 3.1　为期 8 天的航天飞行任务期间的工作效能表现

图（a）和图（b）分别为语法推理和记忆搜索能力（以圆点折线表示平均反应速度，以柱状图表示错误率）随实验时段而改变。图（b）分别给出了 2 字母搜索（实心）和 4 字母搜索（空心）这两种记忆装载水平的记忆搜索数据。图中的水平线相当于将平均飞行前效能定为与每个随后时段的效能进行成对对比（Bonferroni 对比法）基准的置信界限的上限和下限（Manzey et al.，1993，1995）

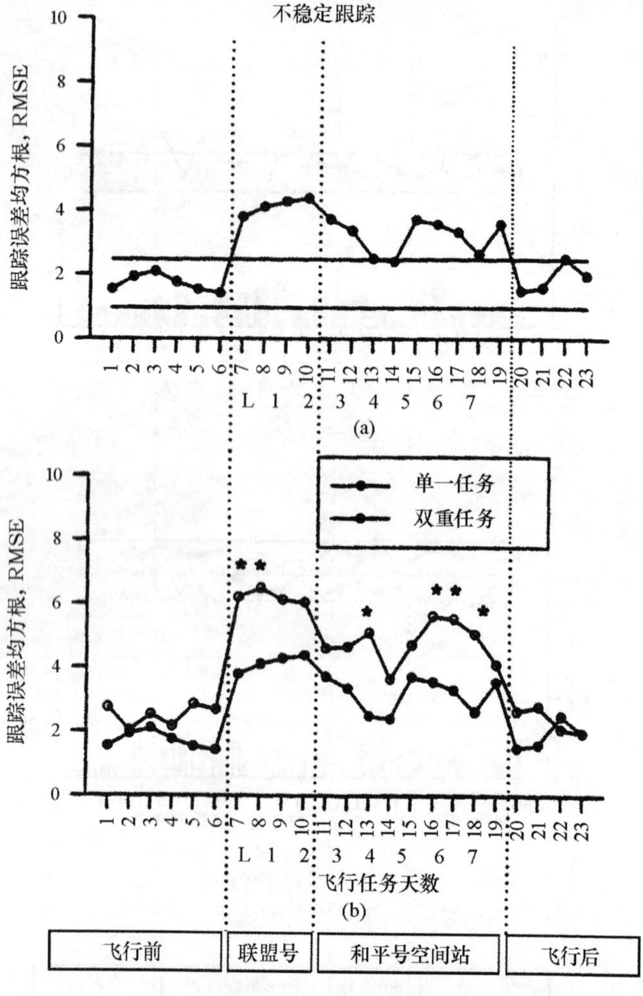

图 3.2　为期 8 天的航天飞行任务期间的跟踪效能表现

图（a）为单一任务跟踪误差随实验时段而变。图（b）为单一任务跟踪误差与双重任务跟踪误差的对比。由于双重任务跟踪效能并未受到记忆搜索任务的困难的影响，它已蓄积越过记忆装载状态。图（a）中的水平线相当于将平均飞行前效能定为与每个随后时段的效能进行成对对比（Bonferroni 对比法）基准的置信界限的上限和下限。图（b）中的星号（*）表示，与飞行前和飞行后的基线相比，单一任务与双重任务之间的工作效能差异显著增加（Manzey et al.，1995）

的结果具有非常类似的特性就表明了这点。纽曼和莱森（Newman and Lathan，1999）通过记忆搜索与心理运动作业（菲茨伯格作业）相结合的复杂作业来测试 4 名航天员的工作效能，这种复杂作业要求受试者以尽量快的速度使游标与指定的靶位叠合到一起。与上述结果相似，他们也未在记忆搜索作业中发现任何效能下降，但发现了在空间交叉使用不同的输入装置（控制杆、跟踪球）的运动时间明显减慢所反映出的显著定位运动障碍。席弗莱特等人（Schiflett et al.，1995）评定了 3 名航天员在 13 天的航天飞行期间的工作效能。这项研究中所采用的 3 项效能测试作业类似于曼蔡等人（Manzey et al.，1993，1995）所使用的作业（即记忆搜索、不稳定跟踪和双项作业）。其他效能测试作业包括另一种记忆作业（连续识别）和注意力转换作业，进行这两项作业时航天员必须以随机交替顺序完成空间定向（“人体模型”）和心算（“数学处理”）两项作业。日常飞行中的效能评定与基于飞行前学习曲线所预测的效能的对比显示，3 名受试者中有 2 人在跟踪、双项作业和注意力转换上的效能明显降低。更有趣的是，这些效能的降低在航天飞行任务的开始和结束时最明显，这与曼蔡等人（Manzey et al.，1993，1995）的实验结果类似。飞行任务结束时出现效能降低与个人自述的疲劳增加有关。相反，所有其他作业则显示出有些不一致的结果，有 2 名受试者的效能有些降低，而第 3 名受试者的效能则有相当的提高。

总而言之，在短期航天飞行中进行的这些不同的研究提供了相当一致的结果。尽管在空间中记忆、推理、序列学习或空间处理这样的基本认知功能或多或少地维持着不被影响，甚至某些受试者在某些方面还有提高（Benke et al.，1993；Kelly et al.，2005；Manzey et al.，1993；Newman and Lathan，1999；Schiflett et al.，1995），但在心理运动作业和需要更高注意功能的作业中始终如一地观察到工作效能的下降（Manzey et al.，1993，1995；Newman and Lathan，1999；Schiflett et al.，1995）。另外，简单反应和选择反应似乎只在航天员患上急性空间运动病期间才会变得缓慢（Ratino et al.，1998）。

但也有大不相同的情况，埃迪、席弗莱特、施莱格尔和谢哈比（Eddy，Schiflett，Schlegel and Shehab，1998）在一次为期 18 天的航天飞行中未能发现 4 名航天员出现跟踪作业和双项作业的效能下降。他们还发现其中 2 名受试者在注意力转换的机动性上有相当的降低。然而，航天员不懈地学习所产生的效果和对横跨飞行所有时段的效能结果采用总体测试的保守的统计方法可能会遮盖这项研究中个别时段工作效能的细微变化。一名航天员的学习效果最显著，使他在发射前不久和在空间中表现出跟踪效能迅速提高，作者将这种情况归因于找到了更有效的跟踪策略（Eddy et al.，1998）[202]。然而，运用更先进的单例统计方法（Schehab and Schlegel，2000）对这些数据进行重新分析表明，还是在这项研究中，4 名受试者中有 2 人在飞行中的第一次效能评定中出现跟踪效能的显著下降（Shehab，个人沟通）。

3.4.2 长期航天飞行任务中的效能监测结果

长期航天飞行中也会发生类似于在短期航天飞行中所观察到的那些效应吗？如果是，它们会持续多久？它们是长期现象还是会在适应航天飞行环境的过程中逐渐减弱呢？到目前为止仅有 1 次长期航天飞行中的效能监测研究针对这些问题进行了探讨（Manzey et al.，1998）。这项研究是在俄罗斯航天员 V·波利亚科夫（V. Polyakov）在和平号空间站留守 438 天的飞行任务期间进行的，这次飞行创造了人类在空间长期居留的一项新的世界纪录。这一单独案例的研究结果格外令人关注，因为这些结果表明，个体工作效能的降低与随着时间的推移而对空间极端生活和工作条件的适应密切相关。此外，这些研究结果令人们首次得以了解在适应空间环境后人的效能的稳定性以及在空间居住舱居留相当长的一段时间后重新适应地面环境可能产生的对人的效能的影响。

本次研究采用与前面已叙述过的选自航天研究与发展咨询组环境应激因素研究标准（AGARD－STRES）成套测验相同的作业项目对人的效能进行评定。这项研究包括总共 41 个实验时段：4 次飞行前评定，29 次飞行中评定（在空间的第 1 个月进行了 8 次评定，第 2 至第 4 个月、第 7 至第 9 个月、第 11 至第 14 个月各进行了 7 次评定），返回地面后的前 2 星期进行了 6 次飞行后评定，飞行任务之后半年进行了 2 次随访评定。为了全面描述人在空间的认知和情绪状态，工作效能评定中增加了对心境和工作量的主观评定。

在发射前的最后两个实验时段发现，与发射前 3 个月和 1 个月时评定的基线值相比，语法推理和记忆的效能明显降低。进入空间环境后，这些作业的效能迅速恢复到基准水平，而且在所有的飞行中、飞行后和随访的评定中均基本保持稳定。这可以从图 3.3（a）中语法推理的速度和准确性上看出，记忆搜索作业中也出现了类似的情况。但对于跟踪效能的观察则发现了不同的图形结果（见图 3.3（b））。虽然在飞行前临近发射的一个时段中跟踪效能也明显降低，但跟踪效能更显著的降低却发生于进入空间后的第 1 星期里。不过，这种效应只是一个短暂现象。在进入空间最初的 3 星期后，跟踪效能便恢复到飞行前的基准水平并在飞行中以后的所有阶段一直稳定在这个水平上。然而，飞行后受试者被迫重新适应地面环境，在此期间的最初 2 次评定中再次出现明显的跟踪效能下降。在以后整个飞行后评定中再次观察到工作效能的恢复，在随访期未再看到跟踪能力的减退。在双项作业中观察到效能的进一步下降，这一现象表明，在空间航天员在跟踪和记忆搜索之间分配注意力的困难增大。尽管这些影响不如短期航天飞行期间发现的那些影响那么明显，但引人注意的是，这些影响还是会出现在航天飞行最初的 2～4 星期中，而且与记忆负载无关（Manzey et al.，1998）。工作效能受影响的时间过程与主观心境及工作量评定的比较显示，工作效能减退与主观感受到的心境和工作量的改变有密切的关系。心情出现变化的主要标志是“情绪稳定”和“警觉状态”的一个心境因子（见图 3.3（c））。这些变化表明，与飞行前及其他飞行中的时段相比，在进入太空的前 3 星期和返回地面的前 2 星期对警觉状态和情绪稳定的意识较低。这被认为会影响工作效能。相关性分析显示了所报道的心情变化与跟踪和双项任务这两方面的工作绩效之间有密切的关系。

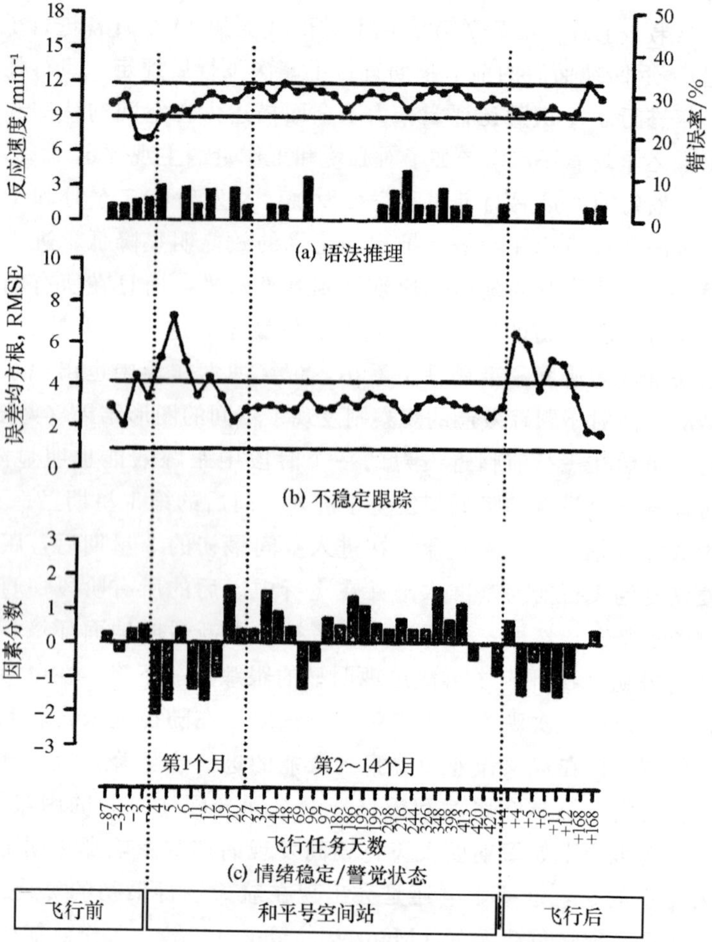

图 3.3　长期航天飞行对工作效能的影响

图（a）为语法推理能力（平均反应速度和错误率）随实验时段而改变。图（b）为跟踪能力（误差均方根，RMSE）随实验时段而改变。图（c）为主观心境（“情绪稳定/警觉状态”的因素分数）随实验时段而改变。图（a）和图（b）中的水平线相当于将为期 87 天和 34 天的飞行任务的平均飞行前效能定为与每个随后时段的效能进行成对对比（Bonferroni 对比法）基准的置信界限的上限和下限（Manzey，et al.，1998）

另外发现，在这些时段中执行不同的操作任务需要更加努力。

从这些结果中能知道些什么呢？第一，对两个基本认知作业（语法推理、记忆搜索）研究的结果为从短期航天飞行中的研究所得出的结论提供了更有经验根据的支持，即预计在空间人的基本认知过程不会受到影响，或至少可以通过航天员更大的努力来消除影响。此外，这些研究结果证明可将这一假定推广至长期航天飞行任务。

第二，飞行中的最初阶段跟踪效能的降低和双项作业间相互冲突作用加剧这一发现支持以往发现的航天飞行中视觉眼肌运动和注意过程被干扰的结果。此外这些结果还表明这些影响只是暂时的，会在航天飞行的第 1 个月内消失。这个时期伴随着空间环境对主观心境和健康的影响，似乎是一个关键的适应期。此外航天员可能会感到这个时期在空间完成预先经过练习的任务要比在地面时困难。这非常符合人类适应长期航天飞行要经历两阶段的模型，第一阶段是初步适应期，持续 6 星期（见第 2 章）。此外，研究结果还与来自天空实验室的航天员的早期报告一致，他们称在进入空间的第 1 星期里工作速度减慢（Kubis et al.，1977）（见下面 3.5 节），这与卡纳斯及其同事（Kanas et al.，2001）在研究报告中提出的新奇效应一致，根据他们的报告，美国航天员在和平号空间站上最初几星期里情绪和人际关系似乎受到了这种效应的影响（见 4.8.2）。

第三，在空间工作效能的降低和心境失调可以完全恢复，并在之后 400 多天的航天飞行中保持稳定，说明即使是在长期航天飞行任务中，航天员也有可能（在成功适应空间环境之后）将工作效率保持在较高水平上。

最后，在返回着陆后最初 2 星期中观察到的飞行后结果表明，在长期航天飞行后重新适应地球环境期间人的工作效能和心境会受到影响，这种影响与航天员适应空间环境期间所受到的影响相似。然而，在飞行后半年所进行的随访评定的结果显示，即使在空间居留的时间极长也不会导致返回地球后出现持久的工作效能障碍。

3.4.3 在空间跟踪和双项作业效能的下降：是微重力或应激因素的影响，还是二者兼而有之

在短期和长期航天飞行任务中观察到了工作效能的下降，微重力和非特异应激效应被认为是引起空间工作效能下降的两组因素，它们之间有怎样的关系？对双项作业效能降低的直接了当的解释最能说清其原因，或许也最能清楚地说明不同研究中观察到的注意力转换难度增大的原因（Eddy et al.，1998；Manzey et al.，1995，1998；Schiflett et al.，1995）。这些结果看来主要是因受注意选择性影响而致，即在不同作业或作业目标之间注意力的分配能力降低。最初，注意选择性被认为是在高度觉醒状态下注意力的空间分配能力降低而产生的结果（Easterbrook，1959）。然而，在更新的理论研究方法中，注意选择性被定义为在应激和高工作负荷下对工作效能的一种代偿性调节，其特点是以牺牲其他（次要的）因素为代价而减少面面俱到对注意力的需求，以便满足某些（高优先级的）作业对集中注意力的要求（Hockey，1997）（参见 3.2.2）。假如已发现注意选择性伴有内部或外部应激因素（如疲劳、焦虑、噪声、高温）引发的各种应激状态，那么航天飞行期间观察到的双项作业效能降低似乎多半反映了由适应空间的极端生活和工作环境的沉重负担所造成的这种与应激相关的影响。符合这种解释的发现是，如果通过提供高度协调一致的作业组合（使第二个任务嵌入第一个任务中）而使所采用的双项作业对分享注意力的需求降至最低，就能在航天飞行期间保持双项作业的效能（Fowler et al.，2000a）。

相反，对在空间观察到的跟踪作业效能降低的解释就不那么清楚了（Manzey and Lorenz，1998a；Manzey et al.，2000）。视觉眼肌运动跟踪是一种不仅需要知觉一运动功能（如视觉输入快速转变成适当的操纵杆运动）而且对注意过程有较高要求的知觉一运动作业。因此，在空间观察到的跟踪效能降低与双项作业效应相似，可将它们与导致注意力降低的非特异应激效应联系起来。一些研究中的跟踪误差与主观疲劳或心境评定之间存在的明显关联表明了这一

点（Manzey et al.，1998，Schiflett et al.，1995）。这也进一步得到航天飞行地面模拟研究结果的支持，在地面模拟研究中发现类似的跟踪障碍（虽然比在空间要轻），显然这不可能是由空间环境特有的应激因素引起的，而似乎起因于受限制和/或环境大气质量的降低（Lorenz et al.，1996；Manzey and Lorenz，1998b）。

另一方面，在进入空间的最初评定（Manzey et al.，1993，1998；Schiflett et al.，1995）和长期航天飞行任务结束返回地球后的评定中（Manzey et al.，1998）发现的跟踪作业效能降低表明，众所周知的微重力对运动控制过程的影响也可能促进了这些工作效能的降低。基于这样的考虑，便产生了空间跟踪作业效能的双因素假说（Manzey，2000a；Manzey and Lorenz，1998a；Manzey et al.，1998）。根据这一假说，航天飞行期间跟踪作业效能下降与微重力引起的感觉—运动系统的变化和因工作负荷和疲劳的非特异效应而引起的注意力下降这两方面因素均有关系。有关研究人员认为第一个因素干扰了飞行初期的跟踪作业效能，而第二个因素则是在飞行任务结束后的一段时间内跟踪作业效能下降的主要原因。

在空间的一次为期 20 天的赴和平号空间站飞行任务中对该假说进行了专门研究，受试者是一名俄罗斯航天员（Manzey et al.，2000）。在这项研究中，采用了与以往研究相同的不稳定跟踪作业。在飞行前（6 个时段）、飞行中（6 个时段）和飞行后（7 个时段）进行了反复的跟踪效能评定。评定结果为双因素假说提供了实验证据。与早期的研究结果一致，飞行前和飞行中工作效能的比较显示在空间跟踪效能显著降低。这些效能降低出现在进入微重力环境后第一次尝试完成该项作业时，在飞行任务的第 2 至第 3 星期间有一个中间的恢复段，之后再次出现（见图 3.4（a））。此外，跟踪误差在飞行后的第 1 星期内有所增加。对主观数据的分析表明，在飞行的后期时段发生的跟踪效能降低和在飞行后的时段发生的跟踪效能降低之间有一定的相似性，都伴有工作负荷增加或警觉状态降低（见图 3.4（b））。

相反，在飞行早期阶段观察到警觉状态和工作负荷仅有细微的

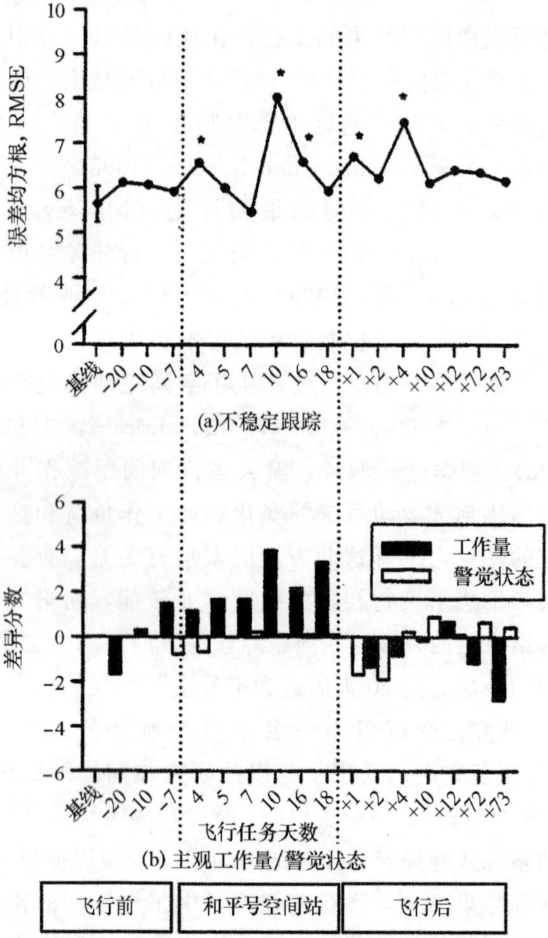

图 3.4 在为期 20 天的航天飞行任务中的跟踪效能和工作量与警觉状态主观评定

图（a）为跟踪能力（误差均方根，RMSE）随实验时段而改变。其中的竖线段为已被汇聚导出基线值的跨 3 个实验时段的作业效能的标准偏差。图中以星号标明跟踪误差的显著增加，跟踪误差是采用成对对比（Bonferroni 对比法）对基线跟踪效能与所有其他实验时段的跟踪效能进行成对对比后所得出的。图（b）为警觉状态和工作量主观评级。图中所示为关于基线评级的差异分数（Manzey，et al.，2000）

变化。基于跟踪行为控制理论模型对跟踪效能进行的细致分析显示了在飞行的早期和晚期阶段的跟踪能力降低之间有性质上的差异，这与双因素假说一致。特别是在飞行初期观察到的工作效能降低几乎与跟踪期间的有效时延的增加有特定的联系，即视觉感知的跟踪信号转变成适当的控制运动所需的时间延长。在地面的任何评定中都未发现这样的效应，而且这似乎是由空间微重力引起的跟踪信号的内部处理紊乱或控制运动的产生受到干扰造成的，类似于那些造成在其他自主运动中看到的运动减慢的原因（见 3.3.5）。

然而，在飞行末期时段和飞行后的时段观察到的跟踪效能降低似乎也是由注意过程受损引起的，这是根据运动幅度缩小（“跟踪增益”减小）和跟踪运动误差（“残余”）增加的现象得出的结论。就像在地面研究中当受试者在工作负荷增大或注意力降低的状态下进行跟踪作业时常常报告的受影响情况一样（Wickens and Gopher，1977）。

总之，短期和长期航天飞行任务中的效能监测研究结果补充和扩大了有关信息处理的神经系统科学研究知识。跟踪效能下降的发现非常符合在 3.3.5 中所描述的定向手臂运动和精细控制运动的分析结果。后面的这些效应可由“重新解释假说”来说明，这一假说称空间的运动控制可能受质量和重量分离的影响，这种分离还可导致人错误估计执行某些运动所需要的肌力。人们认为这种影响机制可能也是跟踪效能在空间下降的原因，至少是在空间的初期评定时如此。这种假说得到了曼蔡等人（Manzey et al.，2000）的研究数据的支持，他们的数据表明，在空间观察到的跟踪效能降低可以用因失重引起质量低估而可能导致的肌力估计不准来解释（Heuer et al.，2003）。即使提供视觉反馈可非常迅速地补偿这些效应引起的损害，如同在跟踪作业中那样，但这些补偿过程似乎提高了作业对注意的需求。这或许使得跟踪效能特别易于受到应激和工作负荷的有害影响，至少在航天飞行任务的最初 4 星期是如此。此外，同步进行两项作业的工作能力可在航天飞行的适应期内有所下降。这种能力的削弱似乎是因导致注意力选择性的非特异应激效应或改用不需很高注意力的作业策略引起的。由于在地面进行的航天飞行模拟研究（Manzey and Lorenz，1998b；Shehab et al.，1998）中尚未观察到相似的影响，可将在空间发现的双项作业效能下降作为真实飞行要求航天员具有较高工作效能的证据。但两种效能下降的持续时间都没超过航天飞行任务的最初 4 星期。因而，它们似乎只是短暂现象，主要与航天员对空间生活和工作条件改变的初步适应有关。

相比之下，在对记忆提取、逻辑推理或空间处理这类基本认知过程的作业效能的测试中发现了令人惊讶的对抗空间环境不利影响的复原力，尽管有时候也观察到这些功能的衰退（Eddy et al.，1998；Schiflett et al.，1995）。在空间发现空间处理能力未受影响，这与从认知神经科学研究中得出的相应结论一致，并普遍适用于各种不同的空间处理作业。而且，认知能力在空间未受影响这一普遍结果与地面航天飞行模拟研究（Vaernes et al.，1993）和长期头低位倾斜卧床研究（一种常用来模拟航天飞行的某些效应，如运动功能减退、心血管功能失调的研究方法）（Pavy-Le Traon et al.，1994；Shehab et al.，1998）所得出的类似结果一致。然而，仅仅在这些认知作业中未发现有明显的效能降低未必表明在空间基本的认知过程会保持不变。换句话说，可以假定，在这些认知作业中维持工作效能不受航天飞行环境的有害影响（如通过加大努力）要比在跟踪作业和双项作业中容易，已证明这两种作业需要相当高的注意力且航天员需要做出非常的努力。

上述结论所依据的数据库较小（Casler and Cook，1999）。尤其是来自长期航天飞行任务的数据，到目前为止只对一名执行长期航天飞行任务的受试者进行过效能监测。然而，短期航天飞行任务和长期航天飞行任务早期阶段的效能监测和认知神经科学研究结果的趋同性是显著的，这些结果表明至少在适应空间环境期间观察到的效能结果具有一定的普遍性。

3.5　复杂认知与感知运动技能

认知神经科学研究和工作效能监测研究一直局限于用特定的实验室作业进行相对基本的认知功能的调查研究。即使这对确定与航天飞行有关的应激因素对人的信息处理的特定能力所产生的可能影响提供了一个有利条件，但对于这些研究的结果是否普遍适用于那些涉及在空间执行实际操作或科研等任务的更复杂的认知和感知运动技能范围，仍是悬而未决的问题。

根据上述（3.2.2）应激和效能补偿控制模型，比起对完成简单作业的操作效能的维持，完成复杂作业时操作效能可更好地得到维持而免受应激的影响。之所以这样认为，是因为通常个体更关心对复杂作业的工作效能的维持。此外，复杂作业通常为工作效能策略的适应性改变提供更大的自由度。然而，这并不意味着基本技能不会受到应激的影响。相反，在这种情况下应激效应可能不反映在明显的工作效能降低上，而是产生更为细微（潜在）的效应，如耗费更多的体力或精力，或改变掌控某一作业所使用的策略。

3.5.1　地面研究

在地面航天飞行模拟和类似环境中针对此问题进行了具体研究（Hockey and Wiethoff，1993；Hockey and Sauer，1996；Sauer et al.，1999a，1999b，1999c）。在这些研究中，通过一个“微观世界”（即借助复杂程度足以模拟真实操作作业重要特征的计算机建立起来的作业环境）分析航天飞行模拟环境对复杂作业效能的影响。例如，对一次短期（6 天）航天飞行任务、一次长期（135 天）航天飞行任务和一次为期 8 个月的南极越冬科考任务进行了研究，在这 3 项研究中使用一个模拟的“舱内大气管理系统”（CAMS）来研究复杂的认知技能（Sauer et al.，1999a，1999b，1999c）。受试者在作业中对一个模拟的生命保障系统的一些参数进行监测和控制。对作业效能得分按不同水平评定，不仅给出总体作业效能评定（即受试者将参数控制在指定的限制范围内的效能评定），而且给出各个作业策略方面的评定（即受试者在监测和控制行为的各个方面的情况）。在一次 6 天的航天飞行模拟中采用这种作业对 6 名参与实验的受试者的工作效能进行监测并未显示作业效能在限制期间有任何程度的下降（Sauer et al.，1999c）。从上述效能监测研究中得出的结论，可以再次证明飞行初期工作效能的降低主要应归因于无法在地面模拟的微重力效应。

然而，在长期航天飞行任务模拟中采用同样的作业所监测到的工作效能还是表现出一些不同（Sauer et al.，1999b）。虽然总体效能未显示出有任何降低，但还是发现有一些细微的变化，这些变化可能反映了对与飞行任务有关的应激因素的影响所做出的代偿反应。具体地说，观察到 3 名受试者中有 2 名在 135 天的限制期的后半段出现监测活动减弱同时控制活动增强的情况。这种影响模式表明，在限制期间作业策略向需要较少付出努力但显然更加有风险的方向转换。然而，这种效应并未在越冬研究中重现（Sauer et al.，1999a），也与其他任何模拟研究中观察到的结果不一样。因而，这是目前唯一难以评定的结果。此外，迄今所进行的所有地面研究都存在明显限制其得出决定性结论的方法学上的缺陷。其中最为典型的就是，由于飞行任务前的训练不足而导致无法产生持续学习效果可能掩盖了多数这类研究中可能的工作效能效应。

3.5.2 空间实验发现：应激因素对复杂认知与感觉—运动技能的影响

已经发表的有关在实际航天飞行任务中对空间应激因素影响复杂认知和感觉—运动技能的定量研究更少。所有这些研究均已涉及对航天员在实际飞行任务中的作业效能的某种监测。这些研究中有两项是在 20 世纪 70 年代的天空实验室飞行任务中进行的，另有一项是在对和平号空间站任务乘组的失误分析的基础上进行的。加里奥特和德雷（Garriott and Doerre，1977）通过航天员觉醒小时数与指定作业工时数的比值，分析了天空实验室航天员乘组的工作效率。

这项分析给出的是一个非常粗略的效率得分，反映了在不同飞行任务阶段真正花在工作上的有效觉醒时间。仅发现在空间飞行的前 4 天乘组的工作效率降低并与空间运动病的发生有关。在飞行任务期间，乘组的工作效率显著提高，效率比从飞行任务第 1 星期的 0.5 左右提高到飞行任务后期的 0.75。然而，这项研究对“乘组效率”的测量显然太粗略、太笼统，不能揭示任何有关航天员实际工作效能的详细信息。

库比斯等人（Kubis et al.，1977）对空间不同的规定任务进行了时间一运动研究，并对研究结果和飞行前训练中获得的数据进行了比较。研究作业内容包括：装配和使用一台照相机系统或实验和健身设备，或准备食物，他们发现对于这一类作业只是在空间首次执行时出现显著的工作效能受扰（主要是操作速度减慢）。与认知神经科学和效能监测研究的结果一致，大部分这样的干扰与精细运动机能的短暂降低有关，在空间的前几星期中就会快速地恢复。多数这样的作业在空间飞行中做第二次尝试时就能做得像在地面时一样快。这些作业通常都被安排在飞行任务的第 2 星期进行。

最后，在一项更近期的研究中对 14 次不同持续时间的和平号空间站飞行任务中的 28 名航天员的操作效能进行了分析（Nechaev，2001）。在这项研究中，通过记录被定义为任何对标准工作效能的偏离（包括不正确执行程序、忘记必要的动作或进行不必要的动作）的“乘员失误”进行工作效能评定。研究发现失误次数在整个航天飞行任务的各阶段中各不相同，这表明个体的工作效能有些不稳定。对这些数据的更近期检查显示，乘组失误与惯常作息时间表被打乱、阶段性的超常工作负荷或心身不适等事件引起的应激之间有着显著的相关性。这表明操作作业效能的降低与警醒降低和疲劳状态有关。

然而，上述结果的确凿性同样是有限的。首先，只有一项研究（Kubis et al.，1977）对工作效能进行了飞行中和飞行前的比较。其他的研究只是对飞行任务期间的工作效能进行了比较，没有对空间工作效能的总体水平做出明确评价。其次，上述所有研究采用的是相当常规的工作效率测量方法，没有提供有关可能的复杂技能绩效降低的实质性的详细信息，有可能漏掉由“工作效能保护策略”引起的细微（潜在）的工作效能改变（参见 3.2.2）。尽管如此，研究还是获得了更多有关与航天飞行相关的应激因素对心理功能和复杂的认知和感觉一运动技能的影响的知识，其意义是显而易见的，同时，分析飞行任务中的作业或模拟的“微观世界”中的工作效能的途径也算是对上述更基础的工作效能研究的一个重要补充。

3.6 本章要点

1）空间中人的效能既受到涉及前庭和感觉运动过程的微重力效应的影响，也受到与工作负荷、睡眠障碍等空间极端生活和工作环境因素相关的非特异应激效应的影响。

2）重要的微重力效应包括空间定向障碍、空间知觉改变、质量甄别灵敏度降低和自主运动减慢或精度降低。大多数这些效应的持续时间较短，会随着调节或有效补偿机制的建立而减弱。

3）据航天员报告说很少丧失垂直感。他们反而是通常保持对一种自我为中心的参照系的某种主观垂直性（如“上”是头所在的地方）。同样，对外部目标的空间分配通常参照视野坐标。因而，似乎只有当两个航天员的方位被定准时双方对彼此之间的空间关系才可能有明确的信息传递。

4）在空间中有持久的“面孔倒置”效应，也就是说，彼此方位相互颠倒的航天员之间的信息交流可能因无法对非言语的暗示正确感知和理解而产生严重障碍。

5）航天飞行中的效能监测研究已揭示，短期航天飞行任务中的跟踪作业和双项作业的效能很容易受到干扰或影响。跟踪作业效能降低似乎反映了微重力以及工作负荷和疲劳的非特异效应同时作用产生的影响。因微重力原因引起的工作效能降低只是在重力改变时初次操作中才会出现，如果随后的工作负荷和疲劳程度不高，工作效能的降低可以得到补偿。双项作业效能降低似乎主要归因于对注意过程的非特异应激效应。

6）有关长期航天飞行任务对认知功能的影响还知之甚少。最初的一项效能监测研究表明，长期航天飞行的最初 2～4 星期和返回地面后的最初 2 星期是精确运动控制和注意过程可能降低的一个非常关键的时期。成功适应空间环境后，即使是在长期航天飞行任务期间，认知功能也可维持在一个较高的水平。

7）在航天飞行任务中和长期限制与隔离期间，复杂的认知技能似乎保持完好无损。但俄罗斯和平号空间站飞行任务中对乘组失误的分析表明，航天飞行任务中的作业失误与作息时间表被打乱、高工作负荷周期和身体不适之间有一种密切关联。

8）即使在短期和长期航天飞行任务中以及在地面模拟中已进行过几项认知性作业效能的研究，目前可用的数据库信息仍然很少，需要在这个领域进行进一步的研究。

参 考 文 献

AGARD. 1989. *Human performance assessment methods*（*AGARDograph 308*）. Neuilly-sur-Seine, France: AGARD.

Benke, T., Koserenko, O., Watson, N. V., and Gerstenbrand, F. 1993. Space and cognition: The measurement of behavioral functions during a 6-day space mission. *Aviation, Space, and Environmental Medicine*. 64:376-379.

Berger, M., Mescheriakov, S., Molokanova, E., Lechner-Steinleitner, S., Seguer, N., and Kozlovskaya, V. 1997. Pointing arm movements in short- and long-term spaceflight. *Aviation, Space, and Environmental Medicine*. 68:781-787.

Bittner, A. C., Carter, R. C., Kennedy, R. S., Harbeson, M. M., and Krause, M. 1986. Performance evaluation tests for environmental research（PETER）: Evaluation of 114 measures. *Perceptual and Motor Skills*. 63:683-708.

Bock, O. 1998. Problems of sensorimotor coordination in weightlessness. *Brain Research Reviews*. 28:155-160.

Bock, O. 1994. Joint position sense in simulated changed-gravity environments. *Aviation, Space, and Environmental Medicine*. 65:621-626.

Bock, O., Abeele, S., and Eversheim, U. 2003. Sensorimotor performance and computational demand during short-term exposure to microgravity. *Aviation, Space, and Environmental Medicine*. 74:1256-1262.

Bock, O., Arnold, K. E., and Cheung, B. S. K. 1996. Performance of a simple aiming task in hypergravity: II. Detailed response characteristics. *Aviation, Space, and Environmental Medicine*. 67:133-138.

Bock, O., Fowler, B., and Comfort, D. 2001. Human sensorimotor coordination during spaceflight: An analysis of pointing and tracking responses during the "Neurolab" space shuttle mission. *Aviation, Space, and Environmental Medicine*. 72:877-883.

Bock, O., Howard, I. P., Money, K. E., and Arnold, K. E. 1992. Accuracy of aimed arm movements in changed gravity. *Aviation, Space, and Environmental Medicine*. 63:994-998.

Casler, J. G. and Cook, J. R. 1999. Cognitive performance in space and analogous environments. *International Journal of Cognitive Ergonomics*. 3:351-372.

Christensen, J. M. and Talbot, J. M. 1986. A review of psychological aspects of space flight. *Aviation, Space, and Environmental Medicine*. 57:203-212.

Clément, G., Berthoz, A., and Lestienne, F. 1987. Adaptive changes in perception of body orientation and mental image rotation in microgravity. *Aviation, Space, and Environmental Medicine*. 58:A159-A163.

Cohen, M. M. 2000, Perception of facial features and face-to-face communications in space. *Aviation, Space, and Environmental Medicine*. 71:A51-A57.

Cooper, L. A. and Shepard, R. N. 1973. Chronometric studies of the rotation of mental images. In: *Visual Information Processing*. Chase, W. G. ed. New York: Academic Press.

Cruse, H., Dean, J., Heuer. H., and Schmidt. R. A. 1990. Utilization of sensory information for motor control. In: *Retationships Between Perception and Action*. Neumann, O. and Prinz, W. eds. Heidetberg: Springer.

de Schonen, S., Leone, G., and Lipshits, M. 1998. The face inversion effect in microgravity: is gravity used as a spatial reference for complex object recognition? *Acta Astronautica*. 42:287-301.

Easterbrook, J. A. 1959. The effect of emotion on cue utilization and the organization of behavior. *Psychological Review*. 66:183-201.

Eddy, D., Schiflett, S., Schlegel, R., and Shehab, R. 1998. Cognitive performance aboard the life and microgravity spacelab. *Acta Astronautica*. 43:193-210.

Fowler, B., Bock, O., and Comfort, D. 2000a. Is dual-task performance necessarily impaired in space? *Human Factors*. 42:318-326.

Fowler, B., Comfort, D., and Bock, O. 2000b. A review of cognitive and perceptual-motor performance in space. *Aviation, Space, and Environmental Medicine*. 71:A66-A68.

Friederici, A. D. and Levelt, W. J. M. 1987. Resolving perceptual conflicts: The cognitive mechanism of spatial orientation. *Aviation, Space, and Environmental Medicine*. 58:A164-A169.

Friederici, A. D. and Levelt, W. J. M. 1990. Spatial reference in weightlessness: perceptual factors and mental representations. *Perception and Psychophysics*. 47:253-266.

Garriott, O. K. and Doerre, G. L. 1977. Crew efficiency on first exposure to zero-gravity. In: *Biomedical results from Skylab (NASA SP-377)*. Johnston, R. S. and Dietlein, L. F. eds. Washington: National Aeronautics and Space Administration.

Gerathewohl, S. J., Strughold, H., and Stallings, H. D. 1957. Sensomotor performance durning weightlessness. *Journal of Aviation Medicine*. 28:7-12.

Glasauer, S. and Mittelstaedt, H. 1998. Perception of spatial orientation in microgravity. *Brain Research Reviews*. 28:185-193.

Harrison, A. A. and Connors, M. M. 1984. Groups in exotic environments. *Advances in Experimental Psychology*. 18:49-87.

Heuer, H., Manzey, D., Lorenz, B., and Sangals, J. 2003. Impairments of manual tracking performance during spaceflight are associated with specific effects of microgravity on visuomotor transformations. *Ergonomics*. 46:920-934.

Hockey, G. R. J. 1986. Changes in operator efficiency as a function of environmental stress, fatigue, and circadian rhythms. In: *Handbook of Perception and Performance. Vol II: Cognitive Processes and Performance*. Boff, K. R., Kaufman, L., and Thomas, J. P. eds. New York: Wiley.

Hockey, G. R. J. 1993. Cognitive-energetical control mechanisms in the management of work demands and psychological health. In: *Attention: Setection, Awareness and Control*. Baddeley, A. and Weiskrantz, L. eds. Oxford: Clarendon Press.

Hockey, G. R. J. 1997. Compensatory control in the regulation of human performance under stress and high workload: a cognitive-energetical framework. *Biological Psychology*. 45:73-93.

Hockey, G. R. J. and Hamilton, P. 1983. The cognitive patterning of stress states. In: *Stress and Fatigue in Human Performance*. Hockey, G. R. J. ed. Chichester: Wiley.

Hockey, G. R. J, and Sauer, J. 1996. Cognitive fatigue and complex decision-making under prolonged isolation and confinement. In: *Advances in Space Biology and Medicine. Vol. 5*. Bonting, S. L. ed. Greenwich: JAI Press.

Hockey, G. R. J, and Wiethoff, M. 1993. Cognitive fatigue in complex decision-making. In: *Advances in Space Biology and Medicine. Vol. 3*. Bonting, S. L. ed. Greenwich: JAI Press.

Howard, I. P., Jenkin, H. L., and Hu, G. 2000. Visually-induced reorientation illusions as a function of age. *Aviation, Space, and Environmental Medicine*. 71: A87-A91.

Kanas, N., Salnitskiy, V., Grund, E. M., Weiss, D. S., Gushin, V., Kozerenko, O., Sled, A., and Marmar, C. R. 2001. Human interactions in space: results from Shuttle/Mir. *Acta Astronautica*. 49:243-260.

Kelly, T. H., Hienz, R. D., Zarcone, T. J., Wurster, R. M., and Brady, J. V. 2005. Crewmember performance before, during, and after spaceflight. *Journal of the Experimental Analysis of Behavior*. 84:227-241.

Kornilova, L. N. 1997. Orientation illusions in space flight. *Journal of Vestibular Research*. 7:429-439.

Kornilova, L. N., Mueller, C., and Chernobyl'skii, L. M. 1995. Phenomenology of spatial illusory reactions under conditions of weightlessness. *Human Physiology*. 21:344-351.

Kubis, J. F., McLaughlin, E. J., Jackson, J. M., Rusnak, R., McBride, G. H., and Saxon, S. V. 1977. Task and work performance on Skylab missions 2, 3, and 4: time and motion study — experiment M151. In: *Biomedical results from Skylab (NASA SP-377)*. Johnston, R. S. and Dietlein, L. F. eds. Washington: National Aeronautics and Space Administration.

Lackner, J. R. and DiZio, P. 1993. Multisensory, cognitive, and motor influences on human spatial orientation in weightlessness. *Journal of Vestibular Research*. 3:361-372.

Leone, G. 1998. The effect of gravity on human recognition of disoriented objects. *Brain Research Reviews*. 28:203-214.

Leone, G., de Schonen, S., and Lipshits, M. 1998. Prolonged weightlessness, reference frames and visual symmetry detection. *Acta Astronautica*. 42:281-286.

Leone, G., Lipshits, M., Gurfinkel, V., and Berthoz, A. 1995a. Influence of graviceptive cues at different levels of visual information processing: The effects of prolonged weightlessness. *Acta Astronautica*. 36:743-751.

Leone, G., Lipshits, M., Gurfinkel, V., and Berthoz, A. 1995b. Is there an effect of weightlessness on mental rotation of three-dimensional objects? *Cognitive Brain Research*. 2:255-267.

Leonov, A. A. and Lebedev, V. I. 1975. Psychological problems of interplanetary space flight. *NASA Technical Translation*. *NASA TT F-16536*.

Lorenz, B., Lorenz, J. and Manzey, D. 1996. Performance and brain electrical activity during prolonged confinement. In: *Advances in Space Biology and Medicine*. *Vol. 5*. Bonting, S. L. ed. Greenwich: JAI Press.

Manzey, D. 2000a. Monitoring of mental performance during spaceflight. *Aviation, Space, and Environmental Medicine*. 71:A69-A75.

Manzey, D. 2000b. Psychological aspects of human spaceflight: effects on human cognitive, psychomotor, and attentional performance *DLR-Mitteilung 2000-2*. Cologne: Deutsches Zentrum für Luft- und Raumfahrt.

Manzey, D. and Lorenz, B. 1998a. Mental performance during short-term and long-term spaceflight. *Brain Research Reviews*. 28:215-221.

Manzey, D. and Lorenz, B. 1998b. Effects of chronically etevated CO_2 on mental performance during 26 days of confinement. *Aviation, Space, and Environmental Medicine*. 69:506-514.

Manzey, D., Lorenz, B., Heuer, H., and Sangals, J. 2000. Impairments of manual tracking performance in space: More converging evidence from a 20-day space mission. *Ergonomics*. 43:589-609.

Manzey, D., Lorenz, B., and Polyakov, V. V. 1998. Mental performance in extreme environments: Results from a performance monitoring study during a 438-day space mission. *Ergonomics*. 41:537-559.

Manzey, D. , Lorenz, B. , Schiewe, A. , Finell, G. , and Thiele, G. 1993. Behavioral aspects of human adaptation to space: Analyses of cognitive and psychomotor performance during an 8-days space mission. *Clinical Investigator*. 71: 725-731.

Manzey, D. , Lorenz, B. , Schiewe. A. , Finell, G. , and Thiele, G. 1995. Dual-task performance in space: Results from a single-case study during a short-term space mission, *Human Factors*. 37:667-681.

McIntyre, J. , Lipshits, M. , Zaoui, M. , Berthoz, A. , and Gurfinkel, V. 2001. Internal reference frames for representation and storage of visual information: the role of gravity. *Acta Astronautica*. 49:111-121.

Mittelstaedt, H. and Glasauer, S. 1993. Crucial effects of weightlessness on human orientation. *Journal of Vestibular Research*. 3:307-314.

Nechaev, A. P. 2001. Work and rest planning as a way of crew member error management. *Acta Astronautica*. 49:271-278.

Newberg, A. B. 1994. Changes in the central nervous system and their clinical correlates during long-term space flight. *Aviation, Space, and Environmental Medicine*. 65:562-572.

Newman, D. J. and Lathan, C. E. 1999. Memory processes and motor control in extreme environments. *IEEE Transactions on Systems. Man, And Cybernetics: Part C: Applications and Reviews*. 29:387-394.

Pavy-Le Traon, A. , Rous de Feneyrols, A. , Cornac, A. , Abdcseelam, R. , N'uygen, D. , Lazerges, M. , Güell, A. , and Bes, A. 1994. Psychomotor performance during a 28 day head-down tilt with and without lower body negative pressure. *Acta Astronautica*. 32:319-330.

Pozzo, T. , Papaxanthis, C. , Stapley, P. , and Berthoz, A. 1998. The sensorimotor and cognitive integration of gravity. *Brain Research Reviews*. 28:92-101.

Pribram, K. and McGuinness, D. 1975. Arousal, activitation, and effort in the control of attention. *Psychological Review*. 82:116-149.

Ratino, D. A. , Repperger, D. W. , Goodyear, C. , Potor, G. , and Rodriguez, L. E. 1988. Quantification of reaction time and time perception during Space Shuttle operations. *Aviation, Space, and Environmental Medicine*. 59:220-224.

Reschke, M. F. , Bloomberg, J. J. , Paloski, W. H. , Harm, D. L. , and Parker, D. E. , 1994a. Neurophysiologic aspects: Sensory and sensory-motor function. In:

Space Physiology and Medicine. 3rd ed. Nicogossian, A. E., Leach Huntoon, C., and Pool, S. L. eds. Philadelphia: Lea & Febiger.

Reschke, M. F., Harm, D. L., Parker, D. E., Sandoz, G. R., Homick, J. L., and Vanderploeg, J. M. 1994b. Neurophysiologic aspects: Space motion sickness. In: *Space Physiology and Medicine. 3rd ed.* Nicogossian, A. E., Leach Huntoon, C., and Pool, S. L. eds. Philadelphia: Lea & Febiger.

Rock, I. 1986. The description and analysis of object and event perception. In: *Handbook of Perception and Performance. Vol Ⅱ: Cognitive Processes and Performance*. Boff, K. R., Kaufman, L., and Thomas, J. P. eds. New York: Wiley.

Ross, H. E., 1991. Motor skills under varied gravitoinertial force in parabolic flight. *Acta Astronautica*. 23:85-95.

Ross, H. E., Brodie, E. E., and Benson, A. J. 1986. Mass discrimination in weightlessness and readaptation to Earth's gravity. *Experimental Brain Research*. 64:358-366.

Ross, H. E., Schwartz, E., and Emmerson, P. 1987. The nature of sensorimotor adaptation to altered G-levels: Evidence from mass discrimination. *Aviation, Space, and Environmental Medicine*. 58: A148-A152.

Sanders, A. F. 1983. Towards a model of stress and performance. *Acta Psychologica*. 53:61-97.

Sangals, J., Heuer, H., Manzey, D., and Lorenz, B. 1999. Changed visuomotor transformations during and after spaceflight. *Experimental Brain Research*. 129:378-390.

Sauer, J., Hockey, G. R. J., and Wastell. D. G. 1999a. Performance evaluation in analogue space environments: adaptation during an 8-month Antarctic wintering-over expedition. *Aviation, Space, and Environmental Medicine*. 70: 230-235.

Sauer, J., Hockey, G. R. J., and Wastell, D. G. 1999b. Maintenance of complex performance during a 135-day spaceflight simulation. *Aviation, Space, and Environmental Medicine*. 70:236-244.

Sauer, J., Wastell, D. G., and Hockey, G. R. J. 1999c. Multiple-task performance on a computer-simulated life support system during a space mission simulation. *Acta Astronautica*. 44:43-52.

Schiflett, S., Eddy, D., Schlegel, R. E., French, J., and Shehab, R. 1995. *Performance Assessment Workstation* (*PAWS*). Unpublished Final Science Report to NASA.

Shehab, R. L. and Schlegel, R. E. 2000. Applying quality control charts to the analysis of single-subject data sequences. *Human Factors*. 42:604-616.

Shehab, R. L., Schlegel, R. E., Schiflett, S., and Eddy, D. 1998. The NASA-Performance Assessment Workstation: Cognitive performance during head-down bed rest. *Acta Astronautica*. 43:223-233.

Summers, J. J. 1989. Motor programs. In: *Human skills 2nd. ed.* Holding, D. H. ed. Chichester: Wiley.

Tafforin, C., and Lambin, M. 1993. Preliminary analysis of sensory disturbances and behavioral modifications of astronauts in space. *Aviation, Space, and Environmental Medicine*. 64:146-152.

Taylor, A. J. W. 1989. Behavioural science and outer space research. *Aviation, Space, and Environmental Medicine*. 60:815-816.

Vaernes, R. J., Bergan, T., Lindrup, A., Hammerborg, D., and Warncke, M. 1993. Mental performance. In: *Advances in Space Biology and Medicine. Vol. 3*. Bonting, S. L. ed. Greenwich: JAI Press.

Valentine, T. 1988. Upside-down faces: a review of the effect of inversion upon face recognition. *British Journal of Psychology*. 79:471-491.

Villard, E., Grarcia-Moreno, F. T., Peter, N., and Clément, G. 2005. Geometric visual illusions in microgravity during parabolic flight. *Neuroeport*. 16: 1395-1398.

Watt, D. G. D. 1997. Pointing at memorized targets during prolonged microgravity. *Aviation, Space, and Environmental Medicine*. 68:99-103.

Weybrew, B. B. 1963. Psychological problems of prolonged marine submergence. In: *Unusual Environments and Human Behavior. Physiological and Psychological Problems of Man in Space*. Burns, N. M., Chambers, R. M., and Hendler, E. eds. London: The Free Press of Glencoe.

Whiteside, T. C. D. 1961. Hand-eye coordination in weightlessness. *Aerospace Medicine*. 32:719-725.

Wickens, C. D. and Gopher, D. 1977. Control theory measures of tracking as indices of attention allocation strategies. *Human Factors*. 19:349-3765.

Wickens, C. D, and Hollands, J. G. 2000. *Engineering Psychology and Human Performance. 3rd ed.* Upper Saddle River: Prentice Hall.

Yerkes, R. M. and Dodson, J. D. 1908. The retation of strength of stimulus to rapidity of habit formation. *Journal of Comparative Neurology and Psychology*. 18:459-482.

Young, L. R. 2000. Vestibular reactions to space flight: Human factors issues. *Aviation, Space, and Environmental Medicine*. 71:A100-A104.

Young, L. R., Oman, C. M., Merfeld, D., Watt, D., Roy, S., DeLuca, C., Balkwill, D., Christie, J., Groleau, N., Jackson, D. K., Law, G., Modestino, S., and Mayer, W. 1993. Spatial orientation and posture during and following weightlessness: Human experiments on spacelab Life Sciences 1. *Journal of Vestibular Research*. 3:231-239.

Young, L. R. and Shelhamer, M. 1990. Microgravity enhances the relative contribution of visually-induced motion sensation. *Aviation, Space, and Environmental Medicine*. 61:525-530.

国际空间站的乘组是由异质乘员构成的。乘员既有男性，也有女性，而且具有各自不同的文化背景，他们要在长期任务中相互配合

图为国际空间站第 5 考察组乘员在命运号实验舱内的亲密合影。从左至右依次为俄罗斯航天员、飞行任务指令长瓦列里·G·科尔尊（Valery G. Korzun），美国航天员、飞行工程师佩吉·A·惠特森（Peggy A. Whitson）和俄罗斯航天员、飞行工程师谢尔盖·Y·特雷谢夫（Sergei Y. Treschev）。科尔尊和特雷谢夫都是俄罗斯航空航天局的代表

（照片及所引用的图题由美国航空航天局提供）

第 4 章　人的交互作用

4.1　人际关系问题

为了提高飞行任务的成功概率，需要研究有关飞行乘组乘员之间和乘组与飞行任务控制人员之间如何相互作用的人际关系问题，尤其是在为期 6 星期以上（在初步适应期之后；见第 2 章）的长期航天飞行任务期间，社会心理压力呈现出在较短期飞行任务中未见过的重要意义（表 4.1）。首先，长期飞行任务的目的和活动更为复杂，对乘员的要求更高。此外，高度组织化的活动周期（有时可能是紧张忙碌的）可能与松散自由的停工时间周期（对一些人是放松而对另一些感觉单调的人却是压力）交替出现。还有，在短时期内可忽略的人际刺激和问题在长时期内会逐渐突出和难以解决。最后，在隔离环境下工作的人的相互作用会随时间发生改变，如果对这些改变缺乏了解和不能很好地处理，这些改变可能会是有害的。

表 4.1　社会心理应激因素对长期和短期国际性航天飞行任务影响的对比

应激因素	短期（6 星期或以下）	长期（6 星期以上）
物理环境	隔离和限制	隔离和限制
危险程度	潜在地高	潜在地高
任务目标	复杂程度有限	复杂至非常复杂
活动程度	忙碌	忙得生厌
人际冲突	可忽略	可变得重要
群体动力	相对稳定	易变

本章将重点讨论影响乘员在空间工作时的原动力和工作绩效的人际关系问题。群体层面的因素不像影响个体的因素那样容易形成概念。例如，大多数人都知道航天员想家时的感受，但却很少表达对乘组内部的紧张关系或随时间而改变的凝聚力的看法。在空间身心受到应激影响的时候，乘员解决问题的能力是关键。任何对乘员互动产生负面影响的事情都会直接影响乘组充分履行职责的绩效和能力。因此，为了促进我们了解人际关系问题的作用，提出解决这些问题的措施，对人际关系问题有一个清晰的概念并进行研究是非常重要的。

可以确定许多人际关系问题与长期航天飞行乘组有关（Kanas，2005）。这些问题一般是小群体交互作用的副产品，在地球上的社会和工作群体中也可发现。鉴于空间中的心理应激因素是其特有的，人际关系问题可能会导致乘员出现足以产生内心和人际关系应激和可影响乘员实现任务目标的能力的问题行为。下面将讨论各种这样的问题及其后果并总结列于表4.2。请注意，表中所列出的具体后果被认为与所述问题最为相关。不过，在某种情况下也可能会出现重叠。例如，乘员之间的个性差异不仅可导致如表中所列的紧张和迁怒，而且可引发人际冲突，致使乘组内不能沟通、领导角色混淆和凝聚力瓦解，继而导致冷漠或分裂成子群。

表4.2 长期航天飞行任务期间重要的人际关系问题及其后果

问　题	特有的危害后果
因性别、文化差异、职业动机和经验、个性而造成乘组的异质性	乘组内部关系紧张、代人受过、出现“凝视”现象
凝聚力随时间而改变	冷漠和领地行为、分裂成子群
语言和方言的差异	乘组缺乏交流
乘组人数	2～3人小乘组的问题比6～7人大乘组的问题更难解决，可导致少数派的孤立 3人以上的人数为奇数的乘组比偶数的乘组更容易达成一致的意见

续表

问 题	特有的危害后果
领导角色：任务与支持	领导角色混淆、地位趋平效应
乘组与地面控制人员的交互作用：移情作用、过量的任务安排、自主权、心理封闭、移置作用	乘组与地面控制人员缺乏交流、感到缺乏来自地面的支持、解决乘组内部问题失败、信息过滤

4.2 异质乘组

航天飞行初期，乘组都是由同一国家的具有飞行员和工程师背景的男性航天员组成的。这样做的出发点是考虑国家利益，当然也反映出那时飞行时间的相对短暂。当前，飞行任务持续时间更长、更为复杂和昂贵，需要国际合作以及共享设备和人才资源。因此，乘组的异质性更加突出。例如，执行国际空间站飞行任务的乘组就包含具有不同职业背景和来自多个国家的男女乘员，他们要在每次空间飞行任务中相处数月。为了提高任务的成功概率，需要对这种异质性的影响做出评估，这对于国际空间站和火星之旅这样的长期航天飞行任务来说尤为重要。

4.2.1 性别

男女混合乘组进行空间飞行已有 20 多年的历史了，女乘员与其男性同事一样出色地完成了任务。历史上，大部分男女混合乘组进行的都是短期飞行，但 1996 年美国一位女航天员香侬·卢西德在和平号空间站上与其他两位俄罗斯男航天员一起成功地完成了一次为期 6 个月的飞行任务，证明不同文化背景的男性和女性能够在空间相处较长的一段时间。在国际空间站的相关飞行任务中一直保持着这种态势，截至 2007 年年中，已有 3 个国际空间站飞行任务乘组是由 1 名美国女航天员和 2 名男航天员（既有美国航天员也有俄罗斯航天员）组成，他们在空间共同生活和工作的时间都超过了 5 个月。

轶事报告表明乘组成员相处融洽而且完成了主要的任务目标。

地面研究证明，女性在空间模拟环境下能够很好地完成任务。例如，在玻陨石号潜艇任务中，由 5 名女性组成的女子船员组得到了与参加这一项目的由清一色男性组成的男子船员组同样甚至更高的评价（Miller et al.，1997）。卡恩和莱昂（Kahn and Leon，1994）评估了一个在南极度过 67 天由 4 名女性组成的科考组。他们的结论是，这个科考组与清一色男性的或男女混合的科考组的表现是同等的，且她们更注重人际关系。毕晓普（Bishop，2004）对纯女性和纯男性的沙漠生存小组进行评估后得出结论，前者对人际关系及平和相处问题更为敏感，而后者则更专注于任务目标，有时甚至会伤害到个别组员。莱昂（Leon，2005）从她的观察中也得到了类似的结论，纯男性的科考组表现出强烈的相互竞争，缺乏相互关心；而女性在男女混合或纯女性小组中则表现出对组员之间的平和相处的关注。伍德和她的同事（Wood et al.，2005）也发现南极科考站的女性比男性更注重维护组织的凝聚力。在欧洲航天局的一项被称为“欧洲载人航天基础设施实验项目”（EXEMSI）的航天模拟研究中，3 名男性和 1 名女性在一个高压舱内被隔离了 60 天。在产生人际冲突的时候可以看到充当和事佬的是这个小组的女性，她在降低这个群体内的整个紧张局势中扮演着重要角色（Vaernes，1993）。这与莱昂（Leon，2005）的观察结论一致。罗斯内特和她的同事（Rosnet et al.，2004）在对一个法国极地越冬站的观察结论中则认为女性的存在对减少男性成员的粗鲁行为起到了积极的作用。

但是，有迹象显示，人际关系紧张的状况也会发生于在隔离和限制环境下工作的男女混合乘组中。例如，在 211 天的礼炮 7 号空间站飞行任务期间发现了固守性别的陈规旧习的现象，空间站上的乘员用鲜花和一个带有印花图案的蓝色围裙表示对新来的俄罗斯女航天员斯维特兰娜·萨维茨卡娅的欢迎，并在她刚一开始她的为期 8 天的访问飞行时就支使她去做饭（Lebedev，1988）。在苏美联合进行的从西伯利亚到阿拉斯加的为期 61 天的白令海峡探险期间，也发现了类似的性别上的陈规旧习，莱昂及其同事（Leon et al.，1994）

因此得出结论，对探险队的女队员，苏联男队员所表现出来的大男子主义甚于他们的美国男同事。罗斯内特和她的同事（Rosnet et al.，2004）发现，在他们的南极站里当女性与男性的年龄大致相当时就会出现诱惑行为、敌对状态和性骚扰。再举最后一个例子，虽然一篇有关在海上工作的美国海军军官和士兵的综述对女性的表现评价很高，但仍有性别冲突和固守性别的陈规旧习事件发生(Boeing Aerospace Company，1983)。因此，在隔离和限制的环境中，即使可以不考虑智力和工作绩效上的差异，态度问题也会影响男女之间的关系。但参与者的个性可起到减小性别差异的作用。关于个性问题将在下面的 4.2.4 中论述。

还需要考虑长期航天任务期间男女配对和性接触的可能性。这样的行为会导致嫉妒和乘组凝聚力问题吗？近期在莫斯科进行的一项航天模拟研究项目中（称为“空间站国际乘组模拟飞行”SFINCSS)，几个由不同国家的受试者组成的小组参与了隔离和限制实验，一位女性受试者报告受到一位男性受试者的令其讨厌的性求爱（包括亲吻)。这破坏了团结并导致受试组成员之间产生积怨，不仅影响到参加隔离实验的受试组，还影响到参加这项研究计划的机构（Inoue et al.，2004；Kass and Kass，2001；Sandal，2004)。斯图斯特尔（Stuster，1996）曾指出，在南极探险任务期间也发生过类似有害的性注意行为，男女配对导致凝聚力被破坏。他还认为，在南极当女性决定要选择性伙伴的时候，通常会偏爱选择这样一位男性，他的地位要高于其他的人。尽管其他男性通常会接受这种状况，但如果这种关系牵扯到被视为拥有不平等的优势地位的科考站站长时，就可能产生破坏作用。照此看来，在极地探险家的时代，在长期探险途中准许船长或探险队长享有携带妻子或未婚妻同行的奢侈的做法令人关注（Stuster，1996)。巴克（Buckey，2006）曾评述了许多可能会发生在执行火星飞行任务的男女混合乘组内的性紧张和无性紧张问题。他建议，在训练期间可就可能出现的骚扰、调情或嫉妒问题观察处于隔离和限制条件下的乘员，看他们如何形成一个协同工作的团队。如果发生这样的问题，有必要为实际的飞行任务进一步训练他们乃至更换令人不愉快的乘员。

也许有人主张，为了尽量减少竞争和冲突，未来的乘组应由已婚夫妇或保持稳定男女关系的人员组成。但是，既然在地面应激因素较少的人际关系环境中都有可能发生不贞行为和婚外关系，那么期望这样构成的乘组就可以防止秘密的暧昧关系和嫉妒心态的发生是没有道理的。强迫保持柏拉图式的关系和性禁戒也是一种可能，但很难想象，一群健康而精力充沛的人一起被长期限制在一个狭小封闭的环境中面对这样的现实时的情形。或许在空间能演化出一种类似于在公社里才有的那种新颖的社会制度和习俗，在这样的公社里男女关系的建立和解除将得到伴以最小冲突和仇恨的宽容。

4.2.2 文化差异

另一个乘组异质性问题与国际航天飞行任务中的乘员不同的文化背景有关（Ritsher，2005）。正如 1.4.3 中提到的，文化可被概念化为国家、组织和职业（Helmreich，2000）。本节将讨论由国家和组织文化引发的问题。由职业文化的不同引发的与职业生涯相关的问题将在下一节中讨论。

国家和组织问题肯定会对航天飞行乘组产生影响。在一次俄罗斯礼炮 6 号空间站飞行任务中，访问乘组中的一位捷克航天员开玩笑说，他的手在空间变红肿了，因为只要他一伸手去动开关或旋钮，乘组中的俄罗斯航天员就会啪地一下把他的手打开，并告诉他不要碰任何东西（Oberg，1981）。在 211 天的礼炮 7 号空间站飞行任务中，俄罗斯航天员瓦连京·列别杰夫（Valentin Lebedev）在日记中写道，他在接待来访的一名法国航天员时心情有点不爽，而 2 个月后当俄罗斯航天员到访时他的心情则大为轻松（Lebedev，1988）。据参加过 115 天的和平号空间站飞行任务的美国航天员诺曼·萨迦尔德（Norm Thagard）说，作为乘组中唯一的美国航天员，与两名俄罗斯航天员在一起时有一种从文化上被孤立的感觉。他强调在长达 6 个月或更长时间的飞行任务中这种孤立感会成为问题（Benson，1996）。

很少有就这些问题而进行的系统研究。最早进行的研究之一是1992年在麦道公司进行的，这项研究采用"多文化乘组因素问卷"的形式调查了来自美国航空航天局、欧洲航天局（ESA）、加拿大航天局（CSA）和日本国家空间开发署（NASDA）的74名被调查者(Lozano and Wong，1996)。作为这项研究的结果，它确定了可能会影响多文化乘组的操作和乘员相互作用的14个关键的文化和人际沟通因素（列于表4.3）。

表 4.3　影响乘组操作和多文化乘组中乘员互动的关键的文化和人际沟通因素

语言
非语言的交流方式
任务和关系导向的行为
耐心和宽容
决策过程
自信心
人际利益
尊重其他文化
个人卫生和清洁
性别角色和定型
管理和解决冲突
信任他人
日程安排和时间管理
幽默感

(Lozano and Wong，1996)

桑蒂和她的同事（Santy et al.，1993）调查过9位曾执行过国际航天飞行任务的美国航天员，记录了17次影响飞行任务的错误传达、误解或人际冲突事件。所有被调查者都说飞行前就文化问题进行培训非常重要，特别是有关同乘组伙伴的文化背景问题。

其他有关跨文化问题重要性的信息可从空间类似环境下的研究和模拟研究中获得。例如，一名俄罗斯科考队员承认在白令海峡科考期间发生争执是由于苏联人习惯集体做事而美国人则更习惯采用个人的方式执行任务（Leon，1991）。最近，来自“空间站国际乘组的模拟飞行”（SFINCSS）项目的研究结果表明，在发生的误解和冲突中，很多是由文化差异引起的，还包括国家和组织文化因素（Gushin and Pustirmikova，2001；Gushin et al.，2001；Inoue et al.，2004；Sandal，2004；Tomi，2001）。相比之下，在欧洲航天局组织的时间分别为28天和60天的高压舱内限制隔离模拟实验中，由多国人员组成的受试乘组却互动有益并能够成功地完成他们的任务目标（Sandal et al.，1995）。

布卢特（Bluth，1984）描述了许多可在空间制造问题的文化特征，其中许多非常微妙。例如，她描述了有阿拉伯和日本文化背景的人比美国人更能接受身体的接近，他们可能比他们的西方伙伴更能忍受空间站上拥挤的处所。波利斯（Pollis，1965）指出，在希腊人的语言中没有“独处”这个词，这可能反映了远离家人和朋友而生活的观念与希腊文化准则的格格不入。因此，一名希腊航天员可能会认为他的同伴的独处需要是对自己的侮辱，而不会认为这只是一种希望不受干扰地独自呆一会儿的愿望。

在这些方面，赖贝克（Raybeck，1991）描述了许多影响一个人的独处观念的国家和文化特征。他指出，在一些文化中，喜欢独处的人会遭到怀疑或被视为不正常和不合群体规范的人。这种态度可能会影响一个人的自我观念和与他人的关系。他警告说，在制订有关人长期在空间站这样狭窄受限的环境下工作的计划时，需要重点考虑这些问题。

最后，克林（Kring，2001）在最近的一篇综述中回顾了航天飞行任务中的文化问题。在这篇综述中他确定了航天飞行任务中受参与者的国家文化影响的10个方面，其中有些部分与早期的麦道公司研究结果相同。这10个方面是：交流；认知和决策；技术界面连接；人际互动；工作、管理和领导风格；个人卫生和着装；食物配制和进餐；宗教和宗教节日；娱乐消遣；居住舱美学。克林通过分析提出了一个可供飞行乘员和飞行任务控制人员使用的跨文化训练法，这个方法包括 6 个步骤：① 向所有受训者简要介绍他们每个人的文化背景；② 说明上述 10 个方面对飞行任务的重要性；③ 允许受训者记录他们自己在这 10 个方面的任务优选；④ 就这些优选的基本原理在小组内进行讨论；⑤ 对飞行任务期间每个人都能接受的行为达成共识；⑥ 将一套最终确定的指导方针记录在案。有关航天飞行任务的训练问题将在第 6 章进一步论述。

4.2.3 职业动机与经验

航天员们发现有目的地工作对他们来说很重要，特别是在长期航天飞行任务期间。曾在持续 84 天的美国天空实验室空间站飞行任务中担任过指令长的杰拉尔德·卡尔（Gerald Carr）说，对他来说按照一个安排紧凑的工作进度表保持忙碌的状态很重要（Bell，1981）。俄罗斯航天员瓦连京·列别杰夫（Lebedev，1988）在他的日记中描述了他在礼炮 7 号空间站长期飞行任务期间让自己始终处于一种忙碌状态的方法，其中包括他计划在返回地球后用来提升他的职业生涯的摄影活动。美国航天员诺曼·萨迦尔德评论说他觉得自己在和平号空间站上的工作无足轻重，尤其是在看到乘组中的俄罗斯伙伴过度劳累时，更令他尴尬（Benson，1996）。

但是人们的工作动机各不相同。职业航天员与任务专家和访问科学家有着不同的工作目标和要优先考虑的事情。同样的情况也发生在地球上。例如，冈德森（Gunderson，1968）对 5 个美国南极站进行过一项研究，这些南极站的规模大小、隔离性和危险程度都很适于作为空间模拟环境。他发现在海军现役军人中心理症状的发生率比普通人群高。此外，越冬期间，那些习惯于出外勤和忙碌工作的海军人员比科技人员等文职人员所经历的心理问题更多（见表 4.4）。由于科研人员经常利用自由支配时间来完成实验和撰写学术报告，所以越冬期间的闭居可以让他们继续工作，比起海军人员来说，也与他们的职业动机和经验更相适合。

表 4.4 5个美国南极站越冬期间出现的情绪问题统计

问题	海军人员	平民人员
失眠	增加 28%	增加 4%
抑郁	增加 15%	减少 2%
敌意	增加 39%	增加 21%

(Gunderson，1968)

同样，科研人员和非科研人员之间的冲突会导致公开的敌意。在一次海上科学考察中，科研人员为收集更多的数据采样坚持延长任务期，而思乡心切的船员中有愤怒者就在一天晚上偷偷溜进冷藏间，将科研人员辛苦收集的研究样本扔出船外（Finney，1991）。对于不同工作背景和动机的群体来说，彼此尊重各自的职责并进行合作是非常重要的，否则，可能危及任务目标的完成。

4.2.4 个性

选拔具有心理相容品质的乘员将会在长期航天飞行任务中使乘员间的错误传达减至最低程度，使乘员融洽相处的能力达到最高水平。当前，在对候选航天员进行评定时最为强调的是心理问题，为了力图把不合要求的申请人挑选出去，所进行的正规测试便成为选拔工作的一部分。历史上美国航空航天局在组建航天飞行任务乘组时一直没有使用正规的心理测试来选取具有相容性心理特质的候选人，但在俄罗斯（苏联）航天项目中有一段时间曾采用过心理评定方法选拔乘组。传统上，这些方法强调的是心理生理反应中的和谐性和个人应激耐受力，与测试其对应激事件，如跳伞的反应一样(Garshnek，1989；Gazenko，1980)。

在空间模拟研究中已使用以人际关系为导向的心理测验来选拔乘组。这方面的例子包括基本的人际关系取向－行为（FTRO－B）测验及社会测量问卷（Dunlap，1965；Ferguson，1970；Haythorn and Altman，1963）和人格特征调查表（PCI）（Chidester et al.，

1991)。此外，曼蔡、席韦和法斯本德（Manzey，Schiewe and Fassbender，1995）描述了将行为演习作为“评估中心”的一部分，来为由欧洲航天局组织的为期 60 天的“四人国际乘组限制隔离实验”(EXEMSI）计划选择能和谐相处的乘员的情况。根据此次计划预期的任务需求，选拔设置了涉及社会和领导能力的行为演习，并从中观察在心理相容性上有潜能的乘员。依据这些观察结果辅助选定了最后的 4 人乘组。将在第 6 章详述这种选拔方法的使用。

在类似空间环境中已证明个性差异和互补在如何处理人们相互关系上的重要性。例如，在一次评估隔离和限制效应的地面研究中，对 36 名海员进行了心理测试，随后按照不同的和谐相处条件对他们进行配对分组（Haythorn and Altman，1963)。有些组合被隔离在舱内 10 天并给他们一些活干。另一些组合也干相同的工作但允许他们晚上回家。通过一面单向镜子对这两类组合进行了观察，还对他们进行了领地性、揭发、工作绩效、互动等因素的评定。在隔离条件下，4 对男性组合经历了大量人际冲突（如争吵、打架）并相互疏远，对这些条件下的个体分析显示有 3 对组合中的成员均在爱德华兹个人偏好量表的支配项上得分高。相反，在非隔离条件下的对照组合则表现良好并且没有发生争吵。在另一项使用航空航天医学院的 4 人空间舱模拟器进行的研究中观察到，被隔离 2～6 星期后，不成熟、好斗的人中也有类似问题的发生（Hartman and Flinn，1964)。

最近，桑达尔等人（Sandal et al.，1995）研究了 6 名参加欧洲航天局组织的一项闭居研究的参试人员，这项被称为“欧洲载人航天基础设施的隔离研究”（ISEMSI）的实验为期 4 星期。科研小组采用一种通信分析（即一种被称为“观察团体的多重层次系统”的辅助的人际评定法）和每日调查来评定乘组行为随时间的变化。他们发现关系紧张出自被认为最有权威的两个乘员之间，其中一个就是指令长。而那个不是指令长的乘员则在社交方面变得越来越孤立，这表明个性不相容导致这名乘员遭到来自群体的挑战和人际排斥。同样地，古申和他的同事（Gushin et al.，1998）采用一种修订的凯利方格技术对参加在莫斯科进行的两项空间模拟隔离研究的3人乘组进行了评定，其中一项持续了90天，即“俄罗斯隔离实验”(ECOPSY)，另一项持续了135天，即人类行为研究(HUBES)。这两个乘组中的受试者都无法使他们个人的自我观念与伙伴观念相融合。这导致乘组的“瓦解”，每个乘组中都有一人变成局外人。在采用类似方法进行的“空间站国际乘组飞行模拟”(SFINCSS)研究中也发现了团体瓦解的现象(Gushin and Pustinnikova，2001)。

通过对飞机座舱(另一个空间类似环境)内机组人员的人格特征和与其他机组人员相处的能力进行评价，定义了3种人格类型并分别将其归类为：“具所需必备素质”、“不具适宜素质”和“毫无素质”(Bishop，2004；Chidester et al.，1991；Musson and Helmreich，2005)。如同这些标签可能预示的那样，已证明凡具有“所需必备素质”的人最能成功应对飞机座舱的狭小环境(另见6.4.3)。

4.2.5 异质乘组引发的问题

如果人与人之间的差异非常突出，而细微的错误传达又无法得到更正时，乘员异质会导致乘组内部关系紧张。俄罗斯航天员列别杰夫(Lebedev，1988)在他的日记中就曾经影射当有“来访”航天员，特别是那些来自苏联以外国家的“来访”航天员时，乘组内关系就变得紧张。他还提到了在211天飞行任务期间他和他的同乘组同事间变得互相厌烦对方的事件，他认为这与随飞行任务的进程而产生的疲劳、单调和未化解的小争执有关。在地面，参加为期2年的生物圈-2闭居实验的8名乘员(4男4女)报告说，人际关系紧张的部分原因是不同性别的混合(Walford et al.，1996)。

有时，当群体不能解决导致群体内部关系紧张的问题时就会有某个人受到怪罪或成为替罪羊。根据人口统计学或人格特质来判断，通常最与多数乘员不同的人会被策划成为替罪羊，特别是如果他或她赞成不受欢迎的观点时。如果一个乘组里只有一个人代表一个子群(如一个女人、一个美国人、一个科学家)时，也会发生这种情况。根据社会心理学的观点，只要能找到合格的人来完成任务目标，至少让两个这样的人代表一个子群应该是一个良策。

在隔离和限制环境中，一个受到排斥的人可能表现出一种在极地任务中被称为“凝视”现象的综合征的折磨（Rohrer，1958）。受这种综合征侵袭的人会目不转睛地盯视着远方的空间，经历失眠、抑郁、焦虑和精神病症状（如幻听、被迫害妄想症）。“凝视”现象的这些特征可能是暂时性的，而一旦这个受排斥的人重新被群体接受这些特征就会消失。在赴南极进行国际生物医学考察期间就发生过一个不受欢迎的人充当替罪羊的事情（Rivolier et al.，1991；Taylor，1991），而且在高压舱隔离实验研究中也报告有这种现象的发生（Gushin et al.，1998）。

然而，乘员多样性能够创造一个积极的人际环境，因为观点的不同可能有助于阻遏长期任务后期产生的单调枯燥。这在很大程度上取决于如何对待性别、文化背景、职业动机和个性上的差异：是产生消极影响的猜疑，还是具有积极作用的关心。在这点上，群体异质性引起的问题与地面上许多工作和社会群体所面临的问题类似。

在某些情况下，性格相容性可能超越乘组异质性带来的负面影响。例如在“欧洲载人航天基础设施的隔离实验”（EXEMSI）中，由来自 4 个不同欧洲国家的人组成的一个乘组中唯一的一位女性被认为成熟而富有母性，是化解紧张关系的调解人。任务期间，当组长与组里的另一个男性成员就领导问题相争时，她能以一种积极的方式出面调停（Vaernes，1993）。此外，在航天飞机/和平号空间站飞行任务和早期的国际空间站飞行任务中，有 3 个乘组是由 1 名美国女航天员和 2 名男航天员组成的。所有的轶事资料均显示，乘员保持了士气，相互关系融洽并成功地实现了任务目标。在这两个例子中，尽管明显存在着性别和文化背景的异质因素，但性格相容性起到了积极的作用，克服了差异并产生了积极的结果。要确定哪些因素是能够用来正确选取未来航天乘组的正确人选的积极因素，还需要做更多的研究。

4.3 乘组凝聚力

4.3.1 时间效应与任务阶段

为了出色地实现飞行任务目标，需要航天乘员团结一致地工作。但有许多干扰因素，如任务目标的不同、乘组内部缺乏清晰或足够的交流、领导能力差等。正如第 2 章所述，已有一些可对工作在隔离和限制环境下的人随时间产生的适应阶段进行描述的模型。其中第一个模型是罗勒经典三阶段模型（Rohrer，1961）。基于来自潜艇和南极环境的观察资料，罗勒假定这类任务中有三个阶段：焦虑的初期阶段，此时参与者正在适应他们的新环境；郁闷和单调的中期阶段，此时任务活动成为例行的日常事务，参与者可能产生厌倦和思乡病；期待和欣快的末期阶段，此时任务渐近尾声，参与者急切盼望返家。在航天飞行任务期间对这个三阶段的基本假设进行了观察和验证（Chaikin，1985；Grigoriev et al.，1987）。第二个模型是一种四阶段模型，是基于地面空间模拟环境下的研究报告形成的，主要强调第三阶段（Bechtel and Berning，1991；Gushin et al.，1993，1997；Palinkas et al.，2000；Sandal，2000；Sandal et al.，1995；Stuster et al.，2000）。其要点是，长期在隔离和限制环境中执行任务的人在到达任务中期时会感到他们已度过一半任务期而稍微放松心情。但随后会意识到他们还有另一半任务期需要度过。因此，在随后的第三阶段会出现情绪沮丧。最后一个模型是两阶段模型，强调前半段和后半段之间的不同，其心理特征是随着任务慢慢的过去而在后半段期间出现情绪状态和群体凝聚力的下降。然而，并非在所有类似空间环境的模拟研究中均发现被隔离的群体一律经历了这些阶段，虽然个别乘员可能经历过这些阶段（Kanas et al.，1996；Steel and Suedfeld，1991；Wood et al.，1999，2005）。在轨研究中也对这些不同阶段进行了试验，这些工作将在下面的章节中予以叙述。

4.3.2　引起凝聚力改变的问题

俄罗斯长期航天飞行任务期间已有不同阶段发生破坏凝聚力事件的描述（Chaikin，1985；Grigoriev et al.，1987）。问题尤其会发生在长期单调的第二阶段。例如，列别杰夫（Lebedev，1988）在日记中描述道，在他们漫长的飞行任务进程中，他与乘组伙伴的关系越来越疏远。在空间模拟环境下也曾观察到这种冷漠疏远现象（Vaernes，1993；Haythorn and Altman，1963）。这种情况发展到极至时可能会导致领地行为，人变得对自己个人空间和所有物的需要过度敏感，很小的侵扰（如借用某人的钢笔或坐在“他们的”座位上）都会引起争吵和打斗。这种行为比正常的隐私保护要极端得多，可能会严重摧毁乘组的凝聚力并对其执行任务产生显著破坏作用。

另一个影响凝聚力的问题是结成子群，工作群体中的成员以社交、国籍或职业从属的不同而相互分离开来。所有群体中都会发生一些结派事件，这是因为人们喜欢基于共同的利益、嗜好和背景建立彼此之间的关系。但结派事件发展到极至时，则反映出一个群体中的人们之间存在深刻的分歧，破坏了他们作为一个整体履行职能的能力。例如，12 人的国际生物医学考察团赴南极考察期间（Rivolier et al.，1991；Taylor，1991），团员按国籍结派，导致群体冲突，表现出易怒、好斗、派别争斗和缺少相互关怀的特征。在生物圈－2 任务中（Walford et al.，1996），8 人组成的工作队分裂成两派（每派由 2 男 2 女组成）。一派忠实于计划管理，另一派则对管理持更多的否定态度，这两派之间所产生的个人差异有时是强烈的。类似的结派现象也发生在参加 60 天 EXEMSI 隔离实验任务的 4 人小组内（Vaernes，1993）。帕兰卡斯等人（Palinkas et al.，2000）描述了在南极科考站的结派模式，人们以各自消磨休闲时光的方式形成多个小圈子，他们给这些小圈子分别取名为“生物医学派”、“图书馆派”和“酒吧派”。有趣的是，在心境状态剖析图上，这些小派别里的成员比其他无派别的人显示出更高水平的紧张－焦虑、抑郁和发怒—敌意。结派是常见的一种现象，但如果各派别之间没有任何互动的话，就会埋下可对任务带来不利影响的误解和误传的伏笔。

相反，凝聚力有时也会随着时间的推移和人们彼此的适应而提高，而且任务本身并没有想象的那么糟糕。帕兰卡斯和他的同事（Palinkas et al.，1995）在对参加为期 3 星期北极科考的 7 名男女队员进行观察研究后指出，任务开始之前的紧张程度明显高于任务期间，在任务进行过程中，科考队员似乎已经适应了他们的处境。同样，卡纳斯和他的同事（Kanas et al.，1996）从 135 天的和平号空间站模拟研究中发现，在隔离期后半段受试者的紧张程度明显低于前半段，受试组内的紧张状态在进入隔离舱之前明显高于任务开始之后。但是还不清楚随时间的推移而表现得越来越好的群体与表现得更差的群体之间的区别在哪里。在和平号空间站模拟研究中，受试者在任务中期物资补给期间收到来自本国的计算机备件、爱吃的食物和信件，也许是这些有积极意义的事情提高了士气和凝聚力。此外，这种模拟实验任务并不会使受试者面临很大的危险，其效果是乘组随着时间的推移学会了放松自己，并享受远离日常生活中的烦恼和悲伤的干扰所带来的好处。对于群体凝聚力的发展阶段及隔离和限制的经验对参与者产生积极或消极影响的缘由还需要进行更多的研究。

4.4 语言与方言的变换

4.4.1 母语与空间术语

当乘员流利地使用不同的母语时，他们对人际环境的感受可受到明显的影响，例如，航天员诺曼·萨迦尔德评论说，他在执行和平号空间站飞行任务期间感觉到社会和文化的孤立，这与他是空间站上唯一一个母语为英语的人有关系。他的同乘组伙伴都是俄罗斯人，萨迦尔德不用他的母语与人说话的时间有时长达 72 小时（Benson，1996）。航天员们认为会话语言训练在有国际乘组参与的飞行任务中是非常重要的（Santy et al.，1993）。

在地面空间模拟环境下还发现语言不通会影响乘员间的互动。例如，在空间站国际乘组模拟飞行（SFINCSS）项目中观察到的群体瓦解一定程度上是受到语言不通的影响（Gushin and Pustinnikova，2001）。虽然英语是官方语言，但对于参与这项实验的某些受试者来说它并非母语。缺乏任务前的语言训练，加上交流沟通方式上的不同，妨碍了其中一个群体与外部监控人员之间的有效交流沟通（Gushin et al.，2001）。

凯利和卡纳斯（Kelly and Kanas，1992）在对 54 名曾参加过航天飞行的美俄航天员的调查中发现，所有被调查者都承认航天飞行乘员能流利地使用一种共用语言的重要性，63%的被调查者认为这一点非常重要。参加美国航天飞行任务的国际航天员对使用共用语言的重要性的评价明显低于他们的美国和俄罗斯搭档。这可能是因为他们大多是欧洲人，已经接触过多种语言。乘组交流得到增强归因于这些被调查的航天员感到他们在航天飞行任务期间有着共同的经历。

佩特斯和夏科韦利（Peeters and Sciacovelli，1996）曾指出，母语并非是涉及航天任务的唯一的语言问题。美俄航天员还必须熟悉在飞行任务期间使用的专用航天术语。美国航空航天局的航天术语源自基础英语，包括一套与这种语言相关的同义词、缩略语和新词。而俄罗斯航天术语则具有一套不同的语言要素，其他语言也是如此。有可能随着时间推移，特别是随着国际航天任务的开展而演化出一种超越任何一种单一国家语言特征的、通用且唯一的空间语言。

4.4.2　语言及方言的变换引发的问题

语言差异可导致乘员间的错误传达。这可能在危机和紧急关头时造成严重问题，而此时需要乘组做出迅速而统一的反应，在产生焦虑和混乱的环境中这是极为重要的。凯利和卡纳斯（Kelly and Kanas，1992）在对 54 名曾参加航天飞行的美俄航天员的调查中发现，在评价通用语言重要性上，美国航天员的分数明显要比俄罗斯航天员的高，驾驶员和指令长的分数明显要比科研人员的高。这一最终发现可能反映了驾驶员和指令长对于人们在执行具有至关重要的行动意义的任务时进行清晰明确交流的关注。

但是，说同样母语的人在交流时也会发生微妙的错误传达。瓦列里·柳明（Valeri Ryumin）在日记中写道，他在175天的礼炮6号空间站飞行任务期间与其同乘组的俄罗斯伙伴之间发表的评论有时好像有特殊的含意，甚至连语调都非常重要（Chaikin，1985）。他发现有必要考虑他说话的后果，以防万一发生冒犯他的乘组伙伴或使他们误解的错误传达。他还发现，在空间无论是他还是他的俄罗斯航天员同事都不喜欢多说，他们之间大部分的交流都与工作有关。

4.5 乘组人数

4.5.1 人员少的小群体效应

与其他隔离和限制环境（如潜艇、南极基地）不同，航天飞行乘组的人数往往较少，一般少于8人。这限制了可利用的双向接触的数量，长此以往就可能因总听同样话题和乘员的反应变得可预知而导致人际厌倦感出现。因此，重要的是在计划编制执行长期航天飞行任务的乘组人员结构时要考虑人数对小群体行为的影响。

巴勒斯和博尔戈塔（Bales and Borgotta，1966）在一次典型的实验中研究了多个由2～7人组成的小群体内的群体人数与群体内社会互动的相关问题。这些小群体是由一些在参加这项实验之前互不认识的男学生组成的。研究人员向他们提供一份对某个问题的长达5页的陈述，让他们就此召开4次讨论会并制定出一个行动计划。研究人员采用贝尔斯交互过程分析法分析他们的人际互动。这项研究的目的是评价群体人数对于群体绩效的影响，并调查与子群体相关的效应。

卡纳斯和费德森（Kanas and Feddersen，1971）仔细回顾了这项复杂的研究并得出了许多结论。随着群体人数的增加，其成员变得更有组织和更有效率，出现更强的领导者和追随者倾向。2 人组成的小群体因无法形成过半数而显示出很紧张，这两人往往为维持和平与稳定以一种互补的方式以示不同。3 人小群体在由转向多数产生的互动中显示出更强的多样性，剩下的一个人表现出或主动或被动的行为策略来应对自己的被孤立。7 人小群体（此研究中人数最多的小群体）显示出相对稳定性，这主要是很多追随者被动默从于决定和行动计划的结果。偶数人数的群体通常会形成人数对等的僵局而难以做出决定。总之，交互作用的可变性往往随着时间的推移而降低，表明时间促成所观察的模式的稳定。

4.5.2　乘组人数引发的问题

应注意的是，上述研究是在一个学生群体中进行的，群体内没有正式的领导结构，男性组成的小群体通过 4 次讨论会来解决问题。因此，很难将这些研究结果应用于由男女乘员构成的长期航天乘组，且乘组有明确指定的领导角色并在应激因素较多的环境下工作。但至少这类研究表明，群体人数是组成一个具体飞行任务乘组时应考虑的另一个变量。

这些有关航天乘组的人数问题的研究能告诉我们些什么呢？第一，可以预计 2 人乘组可能表现出关系紧张，很难解决人际关系问题，并逐渐形成心理分离和领地行为。事实上，在 211 天的礼炮 7 号空间站飞行任务期间就报道过这些特质的迹象，俄罗斯航天员列别杰夫在日记中描述了随着飞行任务的进程，他和同乘组伙伴曾经历过的人际关系紧张，其导致的结果是沉默和冷漠（Lebedev, 1988）。第二，3 人乘组可能会因转换同盟关系和一个人成为替罪羊或被置于少数派地位的倾向而表现得极为不稳定。虽然由 3 人组成的阿波罗飞行任务乘组总体上是成功的，但乘组是高度组织化的，而且飞行任务时间较短。而在较长期的航天飞机/和平号空间站飞行任务期间的 3 人乘组中，一些美国航天员报告说有一种社会孤立感，这可能是由于他们在乘组中的很多方面纯属少数派：唯一的美国人、唯一母语为英语的人、唯一不在指挥操作链上的人（俄罗斯飞行任务控制中心负责和平号空间站的运行，该项目的所有飞行任务的指令长和飞行工程师都由俄罗斯航天员担任）。然而，虽然3人小组似乎是有缺陷的，但是仍然好于2人小组。史密斯和海索恩（Smith and Haythorn，1972）的一项研究结果对此提供了支持，研究结果显示，在隔离和限制环境下，3人小组的工作比2人小组的工作做得好。第三，群体人数越多，越易于形成领导者一追随者关系，群体稳定性也越高。而在奇数人数的群体中，包括在无领导指挥的行动中，形成造成僵局的对等子群的可能性较小。由于未来国际空间站或探险类的航天飞行任务可能需要由6～8人的乘组参与，可以预计，单从人数考虑，7人乘组是理想的，因为这是人数最多的奇数乘组。

4.6 领导角色

4.6.1 任务职责与支持职责

工作群体的需要决定其需要不同类型的领导角色。在航天飞行任务期间（及在地面的许多工作群体中），已确定了2种主要的领导角色类型：① 任务型（或工具性）领导，他们面向完成与工作相关的活动和处理操作的需要；② 支持型（或表达性）领导，他们面向完成与人相关的活动并强调情感和士气的需要。有时会一人身兼这两种职责，但常常是两种职责各由专人担当。通常，飞行任务指令长是任务领导者，但也并不总是这样。例如，在96天的礼炮号空间站飞行任务期间，指令长比他同乘组的搭档年轻，且在维修空间站需要的工程技能方面的经验不如他的年长的同伴，两人决定共同决策以成功完成飞行任务目标（Oberg，1981）。

尼古拉斯和彭韦尔（Nicholas and Penwell，1995）在对来自4种空间模拟环境（航空、极地基地、潜艇和探险队）的领导特征进行综述后得出结论：一个得力的领导者的个人能力特征包括高度关注任务目标并在关键时刻负起责任的能力（这代表了前面所提到的任务职责），以及对乘员的专长及个人素质的敏感和关心群体的融洽和凝聚力（这代表了支持职责）。领导者的正面特征还包括乐观、工作勤奋和能得到他人的尊重。

不同的领导角色在不同时期具有特别的重要性。例如，在早期的南极科考任务中，领导者的任务职责是最为重要的，因为需要完成建立基地和组织与工作相关的活动。但是，随着越冬期的来临，领导者的支持职责变得更为重要，因为此时工作停止和对高度组织化任务的需要减少而使群体的士气低落（Gunderson and Nelson，1963；Nelson，1964）。

在任务的某些阶段，领导的任务职责和支持职责对乘组同等重要。在人的行为研究（HUBES）中，一个 3 人乘组被限制在位于莫斯科的和平号空间站模拟器内长达 135 天，对领导者控制力（面向任务的、工具性特征）和领导者支持力（支持性的、表达性特质）的测量结果均表现出与乘组凝聚力的测量结果显著相关（Kanas et al.，1996）。在白令海峡探险期间发现，对群体凝聚力的测量和对能代表领导者提高群体士气的能力的领导者决策才能的观察之间有一个正相关的关系（Leon，1991）。在更有经验和更具调解力的苏联领导者与更固执和更面向任务的美国领导者之间发生过冲突，这些冲突破坏了群体的整体凝聚力（Leon et al.，1994）。

4.6.2　领导角色引发的问题

在错误的时间，做出不清楚或不适当的表达，可能会使领导角色产生职责混淆，这可能导致群体绩效问题或乘员之间的争斗。在 60 天的 EXEMSI 高压舱实验期间指派的领导者（坚持强调其任务职责）与另一名乘员之间出现公然的竞争（Vaernes，1993）。乘组中唯一的女乘员（更具支持力和对情感需要更敏感）成功地缓和并平息了这场冲突。

卡纳斯和他的同事（Kanas et al.，1996）在为期 135 天的“人的行为研究”实验中发现，随着时间的推移任务指令长的面向任务、工具性特征的测量值明显下降。这表明正在发生地位趋平效应，该领导者在与其他乘员的关系中采取了一种更加平等的姿态。对照隔离前的分数，该领导者被认为在隔离期间对其乘员更具支持力，他的任务职责和支持职责特征都与乘组的凝聚力相关。来自南极的报告也提到过地位趋平效应的发生，在越冬期间领导者有时被视为一个更民主的小组成员（Gunderson and Nelson，1963；Nelson，1964）。虽然地位趋平效应在非组织化的或单调的时期提高了士气，但在需要一种更正规的指挥结构的忙碌时期或危急时期这种效应可能会导致不适当的反应。

4.7 乘组与地面人员的交互作用

4.7.1 内群体与外群体问题

在空间的飞行乘员与在地面的飞行任务控制人员之间的关系非常重要，特别是在航天飞机或联盟号飞船、国际空间站乃至登月飞行等近地飞行任务期间。地面人员经常调整这类飞行任务的时间表，并在解决空间发生的问题时提供关键的支持。如果他们不能敏锐察觉航天乘组的特定要求和需要，就有可能出现给航天乘组布置过多任务或曲解他们的要求的危险。

还有资料表明，在长期隔离和限制的环境下，乘员会变得更为独立自主，希望摆脱外界监测人员的影响。例如，在莫斯科进行的为期90天的ECOPSY和为期135天的HUBES隔离研究中，古申和他的同事（Gushin et al.，1997）分析了乘员和外部监测人员之间的沟通次数和方式。结果显示，被隔离的乘组随着时间的推移变得更为独立自主，研究小组称这一现象为“心理封闭”。乘员似乎滤除了他们与外界沟通的信息。此外，沟通方式也随外部当班小组的不同而不同。研究人员得出的结论是，这些被隔离的群体因隔离的生活状况而变得更自给自足，并开始依赖他们自己的资源。这样的结果表明，航天飞行任务策划人员需要将乘组不断增强的自主性作为长期飞行任务（如去往火星的飞行）中的一个重要因素来考虑。

与地面的飞行任务控制人员或亲朋好友进行积极的沟通对乘员有很大的支持作用。凯利和卡纳斯（Kelly and Kanas，1993）在对54名美俄航天员的调查中发现，被调查者把在飞行中共享经验和相互激励视为能极大地帮助他们与地面飞行任务控制人员沟通的两个因素。他们更多地肯定与地面的亲友保持联系能对完成飞行任务产生积极影响的价值。而且，在空间飞行20天或更长时间的航天员比那些飞行时间较短的同事更看重书信和其他与地面人员接触的方式（Kelly and Kanas，1994），这表明有支持作用的乘组一地面人员的互动更有益于长期航天飞行任务。

4.7.2　移置作用

有时其他因素也会破坏被隔离人员与外界人员之间的关系。例如，有空间模拟研究报告称，被隔离的人变得对监测其行为的控制人员无理性地发怒，特别是在被隔离的乘员之间未表露愤怒的心理紧张期（Dunlap，1965；Jackson et al.，1972；McDonnell Douglas，1968）。这表明正在发生移置作用，即将乘组内部的关系紧张和消极的烦躁不安情绪转移到更安全、更远的外界人员身上，这是卡纳斯和费德森（Kanas and Feddersen，1971）在其有关空间模拟环境下的研究的综述报告中提出的观点。移置作用的行为暗示还发生在为期60天的EXEMSI空间模拟研究项目（Vaernes，1993）和为期135天的和平号空间站模拟研究中（Kanas et al.，1996）。

来自空间研究的报告也证明有移置作用。例如，在211天的飞行任务期间，俄罗斯航天员列别杰夫（Lebedev，1988）在他的日记中描述了他因地面人员而日益加剧的挫折感，同时他记述当时在空间站上他自己与他的俄罗斯伙伴之间关系紧张，但两人都没有公开表露或互相谈论过这种紧张关系。有时跟地面人员生气是觉得地面人员改变了说话的声调。列别杰夫特别提到，随着飞行任务的不断推进，一位医生朋友的说话声音似乎变得越来越令人心烦和刺耳，由于找不出对这种改变的合理解释，这令他困惑和烦恼。

乘员可能会通过将他们在轨发生的问题的焦点转移到外界而暂时感到安慰。但是，问题的根源没有得到解决，依旧使他们感到烦恼。因此，移置作用可能最终对乘员和他们在剩下的飞行任务中的共同生活和工作的能力产生不利的影响。对于地面的飞行任务控制人员也是如此，他们会采取向管理人员甚至飞行乘组发泄紧张和不愉快的烦躁情绪的方式来对抗地面的工作压力。

4.7.3 乘组与地面人员间的互动引发的问题

缺少移情、日程安排过于紧张、乘组自主性增强、心理封闭或移置作用引起的问题可导致乘组与地面人员之间缺乏交流，而使乘组感觉缺乏地面的支持。4.7.1 中讨论了信息过滤问题。桑蒂及其同事（Santy et al.，1993）在对 9 名航天员的调查中发现，他们所提到的 3 次误传、误解或人际冲突事件都涉及乘组人员和地面人员间的互动。而且，在为期 3 个月的美国天空实验室空间站飞行任务期间，乘员要遵照一个任务安排得十分紧张的时间表来开展工作，压力很大，使他们感觉不到地面飞行任务控制人员的支持。随着乘组与地面人员紧张关系的加剧，乘员们展开停工斗争，这无异于在空间的一次罢工（Belew，1977；Cooper，1976）。经过乘组与地面人员的“自由讨论”消除误会后，对工作进度表做了修订，飞行任务得以继续进行。然而，乘员与飞行任务控制人员之间的这种冲突有可能演变为灾难性的，尤其是在紧要关头，因而对于乘组人员和飞行控制人员来说不断监控他们之间的人际互动是非常重要的。

4.8 空间实验发现：初、高级飞控人员预见的国际空间站飞控操作挑战

从操作观点来看，实施国际空间站（ISS）任务是复杂的，飞行任务控制团队承担着由这种复杂性产生的大部分责任。目前调用了位于美国、俄罗斯等处的飞行任务控制中心。这个飞控团队是跨国的和跨机构的，其成员分布在许多地方和时区，对时间表的要求很

苛刻，无论级别低还是级别高的人员均必须相互配合和接受最基本的心理训练。为了飞行任务的安全和乘组－地面人员的最佳互动，了解地面人员如何看待这些操作挑战很重要，尤其是那些经验较少的人。这是克莱芒及其同事进行的一项研究的目标（Clément and Ritsher，2005；Clément et al.，2007a，2007b）。研究的目的是确定和评价国际空间站飞行控制人员所面临的重大的来自文化和领导层面的挑战，并明确那些可以应对这些挑战的有效途径。

4.8.1　方法

对得克萨斯州休斯敦约翰逊航天中心参与各方面的飞行任务计划编制和国际空间站运行日常操控的 14 名高级和 12 名初级飞行控制人员进行了一次半结构式定性访谈。访谈中向受试者提出各种有关领导、文化的问题和挑战，以及这些受试者认为需要进一步加强训练的问题（Clément and Ritsher，2005）。这 14 名高级飞控人员包括 13 名男性和 1 名女性，大多在 40 岁左右，曾在多个项目中担当飞行任务控制人员，包括早期的航天飞机飞行、航天飞机赴和平号空间站飞行任务和国际空间站项目。而 12 名初级飞控人员包括 6 名男性和 6 名女性，大多 20 岁左右，主要服务于国际空间站项目。研究组收集分析受试者对这项研究所提问题的书面和口头回答，并根据其自然主题进行分类。根据回答类型的出现频率来寻找高级和初级飞控人员受试者之间的有意义的差异。

4.8.2　结果

高级飞控人员明显比初级飞控人员更强烈地认为，维持飞行任务控制环境中的团队士气和动机是领导方面的重大挑战，他们还感到变化是影响他们工作的一个因素。他们比那些资历低的同事更担心当前应用的两国（美国和俄罗斯）解决方案在未来的多国局势下可能无效。虽然不具统计学意义，但初级飞控人员似乎有一个更强烈的倾向，预见到语言不通是一个文化上的重大挑战，并认为扩大文化了解是迎接操作挑战的一个解决办法。两组受试者均认为文化差异、组织差异、团队成员跨时区的分散是重大的挑战。两组受试者还认为有效沟通、健康牢固的人际关系（特别是与相应岗位上的俄罗斯同事的关系）和思想开明是战胜工作中的各种挑战的重要解决办法。

4.8.3 结论

这些结果表明，日复一日地处理在轨航天飞行任务的操控工作充满了许多领导和文化方面的挑战。如何看待和应对这些挑战部分依赖于飞行任务控制人员的经验水平。已经参加过一些不同航天项目的高级飞控人员可能对计划改变和复杂性引起的团队士气的变化更敏感。相反，那些经验少、年纪轻、主要参加过一个项目的工作的同事往往更关注语言差异和文化感受性。但两组人员都承认文化和组织差异以及每个人都需要有效沟通都具有重要意义。

当然，认识到飞控操作中所面临的挑战是重要的，而提高这种意识的途径是加强在社会心理和文化方面的训练。然而，训练者需要清楚高级和低级飞控人员之间的态度差异，以便更有效地满足两组人员的训练需要。另外，管理人员应切实注意文化、语言和组织差异的重要性，他们需要将对团队士气和沟通有负面影响的不友好和生硬的人际互动降至最低。由于未来将有更多的国家参与到国际空间站飞行任务中来，从现有国际空间站的飞控人员那里获得反馈并考虑可供他们与来自其他国家的伙伴共同训练使用的成套训练教材将是十分重要的。这样，上述的许多问题就能暴露出来并在它们危害到任务的安全和成功之前被解决掉。

4.9 空间实验发现：航天飞机/和平号空间站项目中人的交互作用

4.9.1 方法

20 世纪 90 年代末，美国航空航天局资助的为期 4 年半的研究调查了很多上述的人际关系问题，这项研究评价了航天飞机/和平号空间站项目的一系列航天飞行任务中发生的紧张局势、凝聚力、领导角色和移置作用的影响①。该项目被视为国际空间站的第一阶段(其建设阶段和运行阶段分别被称为第二阶段和第三阶段)。航天飞机/和平号空间站项目给美俄航天员提供了在空间长期并肩工作的机会。在 4 年多的时间里总共有 7 名美国航天员和 17 名俄罗斯航天员参加了这个项目（Uri and Lebedev，2000）。

美国和俄罗斯赴和平号空间站飞行任务的发射在时间上是错开的，而通常在轨的飞行乘组都是由 1 名美国航天员和 2 名俄罗斯航天员组成的。乘组指令长一般由俄罗斯航天员担任。俄罗斯航天员与莫斯科飞行任务控制中心之间进行操作决策时通常使用俄语。空间站上的活动包括航天器的日常维护、材料科学和生命科学研究、地球观测、出舱活动及身体锻炼和适应。乘员们工作轮班是相同的，留出了供他们一起用餐的时间。业余时间的活动包括向地面传输电视图像和与地面的家人和朋友的电子邮件往来。和平号空间站上生命攸关的设备（如制氧机、冷却系统）的损坏和两次危及乘员生命的事故（一次是站上失火，一次是与进步号补给飞船发生碰撞）导致出现应激时段。但是这些问题最终得到了解决，总体上实现了飞行任务目标。

由于对研究移置作用和乘组与地面人员间的关系感兴趣，乘员和飞行任务控制人员共同参与有关研究。表 4.5 列出了许多重要的

---

① 国际课题研究小组成员包括来自加利福尼亚大学和旧金山退伍军人事务部医学中心的尼克·卡纳斯（Nick Kanas）医学博士（课题组组长）、查尔斯·马尔（Charles Marmar）医学博士、丹尼尔·韦斯（Daniel Weiss）哲学博士、艾伦·博斯特罗姆（Alan Bostrom）哲学博士、埃伦·格伦德（Ellen Grund）理科硕士和菲利普·珀蒂（Philip Petit）理科硕士；来自莫斯科生物医学问题研究所的维亚切斯拉夫·萨尔尼茨基（Vyacheslav Salnitskiy）哲学博士、瓦季姆·古申（Vadim Gushin）医学博士、奥尔加·科泽连科（Olga Kozerenko）医学博士和亚历山大·斯列季（Alexander Sled）理科硕士。这项研究课题由美国航空航天局出资，合同号为 NAS9－19411。

处理人际关系问题的正式假说。受试者都是自愿参加这项研究的，并签署了知情同意书。最后的研究样本包括 5 名美国航天员、8 名俄罗斯航天员，以及 42 名美国和 16 名俄罗斯飞行任务控制人员（包括航医、操作指挥人员、工程师、任务专家、飞船通信人员、硬件专家和心理支持人员）。乘员在和平号空间站上居留的时间为 4～7 个月不等。

表 4.5 航天飞机/和平号空间站项目中人的交互作用研究假说

1	乘组凝聚力将在飞行任务的后半期降低
2	乘组内关系紧张将在飞行任务后半期加剧
3	乘组对乘组领导者和飞行任务控制人员给与的支持的感知将在飞行任务后半期下降
4	飞行任务控制人员对飞行任务控制领导者和管理人员给与的支持的感知将在飞行任务后半期下降
5	乘组内关系紧张和烦躁不安的情绪将被转移到飞行任务控制人员身上
6	飞行任务控制人员间的关系紧张和烦躁不安的情绪将被转移到管理人员身上

通过填写一个研究问卷来评定受试者的情绪状态和人际关系，研究问卷上的条目取自 3 个著名的、标准化的评定工具，包括：7 个取自心境状态剖图的分量表（McNair et al.，1992）、10 个取自群体环境量表的分量表（Moos，1994a）和 4 个取自工作环境量表的相关分量表（Moos，1994b）。这项研究使用的分量表见表 4.6。还包括 1 个让受试者描述并评价过去一星期发生的重大事件的危机事件日志。受试者在任务前 4 次，任务中每星期 1 次，任务后 2 次填写这样的调查研究问卷，每次填写时间为 15～20 分钟。和平号空间站任务期的受试乘组填写一个计算机版本的调查问卷，并将他们的数据保存在一张光盘上带回地面。地面飞行任务控制人员受试者则喜欢使用硬拷贝版的问卷，并将其寄往旧金山的研究中心。项目研究组共计收到乘员的评价意见 212 条，飞行任务控制人员的评价意见 1 088条。他们使用回归、方差分析（ANOVA）和 T－检验方法对

数据进行了分析。由于总共分析了 21 个分量表，为了控制可能发生的 I 型误差（由于进行大量分析偶而会出现有意义的结果）而进行了校正（Benjamini and Hochberg，1995）。对于使用回归方法进行的分析，通常使用一种混合模型分析正常分布或变换的分量表（Delucchi and Bostrom，1999；Littell et al.，1996）。非正常分布的分量表被对分成高分和低分，并用一种广义评估公式进行分析（Liang and Zeger，1986）。

表 4.6 航天飞机/和平号空间站项目中人的互动研究使用的分量表

心境状态剖图（POMS）	
紧张一焦虑	疲劳一迟钝
抑郁一气馁	慌乱一迷惑
发怒一敌视	完全情绪紊乱
精力一活力	
群体环境量表（GES）	
凝聚力	自我发现
领导者支持	发怒和攻击
表达性	秩序和组织
独立性	领导者控制
任务取向	创新
工作环境量表（WES）	
监管者支持	管理控制
工作压力	身体舒适

4.9.2 结果

使用分段线性回归分析法，没有一个分量表检验出如假说 1、假说 2 和假说 4 所预言的后半段任务期间得分降低的有意义的结果。但是，用于检验假说 3 的两个分量表之一，即对乘员的“领导者支持”，显示出所预期的在任务后半段期间得分明显降低（Kanas et al.，2001c)。

除了使用回归方法测验乘员在任务前半段和后半段的表现外，还测验了对他们的时间效应。在整个飞行任务中，不管是在所有乘员还是仅在俄罗斯乘员中均未发现在任何分量表上的得分随时间推移的高一低一高“U”形曲线或整条直线的增减。但是，仅在美国乘员中，“秩序和组织”分量表显示出一条明显的三相U形曲线，这说明在任务开始时和结束时得分较高。此外，仅在美国乘员中发现，在任务中期和末期，“凝聚力”随着任务的进程呈明显的直线下降，“任务取向”和“自我发现”呈明显的非直线下降（Kanas et al.，2001b)。这些结果表明，美国乘员受到了新奇效应的影响，他们在任务的最初几星期内的几种测量上的得分较高，而后随着任务的进行和他们对自己的工作和空间站上的环境的熟悉而降低。

采用单向方差分析，检验了横跨任务4个阶段的21个分量表的得分，以找寻第三季现象（见4.3.1)，并看看是否任何一个阶段都有独特的分数。对于所有乘员或仅俄罗斯乘员均未显示出明显的阶段性差异（Kanas et al.，2001a，2001c)。美国乘员则在最初和最后阶段，在“任务取向”和“自我发现”两项上给出明显较高的平均分数，呈现出与上述回归分析中所描述的线性趋势相似的图形。

使用单向方差分析，对乘员在轨阶段对21个分量表的反应与他们在发射前的基准分数和他们返回后的分数进行了比较，不论是在各个阶段的比较中，还是在全体美俄乘员、仅美国乘员或仅俄罗斯乘员之间的比较中，心境分量表都没有显示出明显差异（Kanas et al.，2001b)。然而，飞行乘组乘员报告说，他们在发射前“自我发现”和“创新”的水平较高，在飞行任务期间的“工作压力”水平较高。

使用回归分析法发现对存在移置作用（假说5和假说6）的假说的支持很有力（Kanas et al.，2001c)。根据以前的空间模拟研究(Kanas et al.，1996)，移置作用在操作上被定义为在社会团体内部的关系紧张和烦躁不安达到在“紧张一焦虑”、“抑郁一气馁”、“发怒一敌视”、“完全情绪紊乱”、“发怒和攻击”及“工作压力”这6

个分量表中得分较高的程度时，根据“监管者支持”分量表的测量，乘组对外界管理人员提供的支持的感知水平有明显的降低。当同时对所有受试者进行分析时发现，所有这些分量表与“监管者支持”之间呈现出预期的明显负相关。表 4.7 显示，除了在“工作压力”上，乘组和地面受试者之间没有明显差异，在“工作压力”分量表上预期的负相关只对飞行乘员达到有意义的程度，而不包括飞行任务控制人员，但在预测方向上并非有意义的趋势。

表 4.7　显示与“监管者支持”的显著负相关的分量表（表明存在移置作用）

分量表	与“监管者支持”分量表的关系	
	飞行乘员	飞行任务控制人员
紧张－焦虑	显著负相关	显著负相关
抑郁－气馁	显著负相关	显著负相关
发怒－敌视	显著负相关	显著负相关
完全情绪紊乱	显著负相关	显著负相关
发怒和攻击	显著负相关	显著负相关
工作压力	显著负相关	负相关趋势（$p=0.087$）

注：p 值低于调整过的显著性水平阈值（$p=0.05$）。

(Benjamin and Hochberg, 1995)

采用双向方差分析对美俄航天员受试者之间和乘组与地面人员受试者之间的反应的总体差异进行了分析（Kanas et al., 2000a, 2000b）。在国籍方面，美国受试者对其人际关系和工作环境的满意度似乎低于俄罗斯受试者。如表 4.8 所示（参见 4.10.2），美国人在“工作压力”和“精力－活力”分量表测量上得分明显较高，而俄罗斯人则在“领导者支持”、“管理控制”、“任务取向”、“自我发现”和“身体舒适”分量表测量上得分较高。在所处场所方面，飞行任务控制人员受试者在“紧张－焦虑”、“疲劳－迟钝”、“慌乱－迷惑”和“完全情绪紊乱”这 4 项令人不愉快的烦躁情绪测量上的得分明显高于乘员受试者。但是，无论是乘组还是地面控制小组，在这些烦躁不安情绪分量表测量上的得分明显低于其他地面研究中的类似工作群体（Kanas et al.，2000a，2000b，2001b）。在国籍和场所相互作用方面，对于3个分量表（领导者支持、表达性和独立性），俄罗斯飞行乘组的得分比他们的美国伙伴高，而俄罗斯地面人员受试者的得分则比美国地面人员受试者低。在所有这3项重要分量表测量上，美国航天员的得分最低。

表4.8 显示美俄受试者间显著平均量表差异的分量表

分量表	航天飞机/和平号空间站（平均值）		国际空间站（平均值）	
	美国人	俄罗斯人	美国人	俄罗斯人
紧张一焦虑	4.97	7.10	4.11	**8.04**
工作压力	**7.75**	5.38	**6.63**	4.06
任务取向	7.43	**8.41**	7.94	8.31
管理控制	5.31	**6.75**	5.90	6.52
领导者支持	5.66	**7.51**	7.67	6.89
自我发现	2.01	**4.53**	3.79	4.22
精力一活力	**19.33**	17.41	15.07	15.27
身体舒适	1.49	**2.86**	未测试	

注：显示航天飞机/和平号空间站项目研究与国际空间站项目研究中的显著平均得分差异的分量表。表中以粗体显示的分数表示经过降低I型误差的概率的校正后明显稍高的数据。

(Benjamini and Hochberg，1995；Kanas et al.，2006)

对所有21个分量表的在轨数据都进行了T一检验分析，即将乘员平均得分与发表的来自地面类似工作群体的平均值进行了对比(McNair et al.，1992；Moos，1994a，1994b)。对于心境状态剖图的7种情绪状态变量中的6种来说，乘员承认的烦躁情绪的程度明显低于常模样本。只有“精力一活力”例外，在这方面两者没有差异。乘员在群体“表达性”、“独立性”、“发怒和攻击”和“创新”测量上的得分较低；在“凝聚力”、“领导者控制”和“管理控制”测量上的得分较高（Kanas et al.，2001b）。当与常模样本相比时，俄罗斯乘员和美国乘员与他们在这些分量表上的显著差异是相似的。

在此之后的一系列分析中，我们研究了领导者的任务角色和支持角色之间的关系及其对群体凝聚力的影响（Kanas and Ritsher，2005）。由于这两种领导角色在空间模拟任务都被认为是重要的（见4.6 节），我们预料到这两种角色都会与一系列前往和平号空间站的飞行任务中的“凝聚力”测量相互关联。利用一个混合模型线性回归程序，我们发现在乘员身上“领导者支持”和“凝聚力”之间存在显著的正相关关系，而“领导者控制”和“凝聚力”之间则没有这种关系。对于所有乘员，不论单就美国航天员还是单就俄罗斯航天员而言，结果均是如此。对于飞行任务控制人员，“领导者支持”与“凝聚力”之间和“领导者控制”与“凝聚力”之间存在显著的正相关关系。这些发现适用于所有任务控制人员，单就美国人还是单就俄罗斯人而言均如此。

对“危机事件日志”中的记录进行了一次内容分析（Kanas et al.，200la）。危机事件总数中，由乘员提供的占 4%，由飞行任务控制人员受试者提供的占 96%。值得注意的是，少数更多程度上是非书面回答的参与者给出了超过半数的回答。由于这种对回答的抽样检查的时间滞后，以及受试者有时在每份问卷中给出的回答不只 1 个的实际情况，我们无法对危机事件的影响进行统计学检验。不过，有一项描述性的分析给出一些发人深省的倾向。美国航天员报告的 13 起事件中有 7 起与影响他们群体的人际关系问题（如感到没有得到其他乘员的支持，不愿意帮忙，与飞行任务控制人员发生冲突）有关，另外 6 起属于发生在和平号空间站上的负面事件（如事故、设备故障）。仅有的 2 个来自俄罗斯航天员的回答是由同一个人提供的，他提到了发生在和平号空间站上的两起危及物理环境的负面事件。美国飞行任务控制人员受试者在问卷调查中报告的 106 起事件中，有 49 起事件与影响他们群体的人际关系问题（如相互之间、与领导者、与乘员或与俄罗斯同事发生争执）有关，有 16 起事件是发生在和平号空间站上的负面事件（如事故、设备故障）。在俄罗斯飞行任务控制人员受试者回答的总共 273 起事件中，有 86 起与和平号空间站上发生的负面事件（如事故、设备故障）有关，有 60 起是属于资源不足和因俄罗斯财政困难而未及时领到工资的事件。

4.10 空间实验发现：国际空间站项目中人的交互作用

4.10.1 方法

随着航天飞机/和平号空间站项目的收尾，在构建新的国际空间站（ISS）期间有机会重做这一研究。此外，因有吸收除美俄之外的国家的人员加入国际空间站乘组的扩编计划，研究语言和文化问题对在轨生活和工作的国际航天飞行乘组的工作效能和身心健康的影响就变得重要起来。为达此目标，航天飞机/和平号空间站联合飞行研究组成员（见 4.9.1 脚注）提交了对乘组－地面人员在构建国际空间站的飞行任务中的交互作用进行研究的方案。这项需历时多年的研究提案于 1998 年得到美国航空航天局的资助（＃NAS9－98093 和 ＃NCC－0161）。

为这项国际空间站的研究提出的许多假说和程序都与 4.9.1 中所提到的相类似，但有一点除外，根据航天飞机/和平号空间站项目的研究结果可以预言，将不会有乘组凝聚力和紧张关系上的后半期变化及乘组与任务控制人员对领导者和外部监管者的支持的领悟上的后半期变化。

航天飞机/和平号空间站上进行的研究和在国际空间站上进行的研究之间有很多不同。第一，在前一项研究中，美俄任务控制人员中的受试者全都在莫斯科的飞控中心（TsUP）工作，但在后一项研究中，还包括美国的两个飞控中心的任务控制人员：一部分在得克萨斯州休斯敦约翰逊航天中心（负责飞行任务的实施），另一部分在亚拉巴马州亨茨维尔马歇尔航天飞行中心（负责科研项目和其他有效载荷）。这样，所有地面受试者可在他们更熟悉的祖国参与研究。第二，某一特定飞行任务的国际空间站全体乘员一同升空并一同返回，而不是像航天飞机/和平号空间站任务中那样错开时间行动。这样就可以研究在整个飞行任务中始终在一起的闭群中的人际动态。第三，3 人国际空间站乘组在国家代表性上不同，有的乘组是由 2 名俄罗斯航天员和 1 名美国航天员组成，有的乘组则是由 2 名美国航天员和 1 名俄罗斯航天员组成。而航天飞机/和平号空间站项目中的 3 人乘组全部都是由 2 名俄罗斯航天员和 1 名美国航天员组成。这样，在轨执行飞行任务期间民族与少数民族地位的影响就不会被混淆，这在航天飞机/和平号空间站项目的研究中是不可能的。第四，有些国际空间站的飞行任务的指令长由俄罗斯航天员担任，有些则由美国航天员担任，而在航天飞机/和平号空间站项目中，指令长一直是由俄罗斯人担任。第五，由于哥伦比亚号航天飞机失事而中断了航天飞机的发射，暂时使用较小的俄罗斯联盟号飞船向国际空间站运送乘员。因空间所限，一次只能发射 2 名航天员。因而，所研究的一些国际空间站飞行乘组只有 2 名乘员（1 名美国人，1 名俄罗斯人），而另一些飞行乘组（哥伦比亚号航天飞机失事前）是 3 名乘员。最后，国际空间站飞行任务在操作上主要受美国的控制，而航天飞机/和平号空间站飞行任务则主要受俄罗斯控制。在航天飞机/和平号空间站项目和国际空间站项目之间存在这些差异的情况下，如果这两个研究的结果相似，那么就可以断定它们也将适用于未来的轨道飞行任务。如果结果不同，那么就需要更加密切地研究飞行任务的具体特点的影响。

与航天飞机/和平号空间站项目的研究一样，国际空间站飞行任务的持续飞行时间也是 4～7 个月，乘组至少包括 1 名美国人和 1 名俄罗斯人。由于哥伦比亚号航天飞机失事和其他耽搁而影响了国际空间站的建设进度，因而无法研究有既非美国也非俄罗斯乘员参与的在空间超过 1 个月的飞行任务，而 1 个月是研究协议中要求一名乘员参与的最低的时限。向 8 个国际空间站乘组就这项研究进行了简要的知情同意说明，有 7 个乘组同意参加。最终的研究样本即取自这些乘组：4 个 3 人乘组和 3 个 2 人乘组。总共抽取的受试者包括 17 名乘员（8 名美国人和 9 名俄罗斯人；15 男 2 女）和 108 名美国飞行任务控制人员和20名俄罗斯飞行任务控制人员。

与航天飞机/和平号空间站项目的研究一样，国际空间站项目中的乘员和飞行任务控制受试者每周采用心境状态剖图（POMS）(McNair et al.，1992)、群体环境量表（GES）（Moos，1994a）和工作环境量表（WES）（Moos，1994b）这3个量表的基本要素评定了他们的情绪状态和社会氛围。所用测试分量表同表4.6，但去除了“身体舒适”项。因为一些航天飞机/和平号空间站项目研究的受试者在任务汇报中认为这一项的问题与在轨空间站的环境不相干，所以在国际空间站项目研究中删除了这个分量表。利用其余的20个分量表的得分检验了国际空间站研究假说。在发射前的4星期、飞行任务期间和返回地面后的两个星期的每星期三，乘组和地面人员均填写问卷。飞行任务期间，乘员填写问卷的总按时完成率为82%。

采用类似于航天飞机/和平号空间站项目研究中使用的方法分析了后半期时间效应、移置作用、文化差异和领导角色。国际空间站变量数据中没有一个被要求转换，因为来自混合模型的剩余误差被认为是正常分布的。采用由本亚明伊和霍赫贝格（Benjamini and Hochberg，1995）推荐的程序进行修正以降低I型误差的风险。

4.10.2 结果

使用混合模型线性回归分析，测量出乘员在飞行任务的前半期和后半期中的“凝聚力”、“紧张”或“领导者支持”分量表的斜率没有任何变化；这就是说，没有出现显著偏离斜率为零的水平线的斜率（Kanas et al.，2007)。这些结果表明，在飞行任务后半期(和前半期）分量表数据没有降低。采用方差分析进行的深入分析发现，乘员在贯穿飞行任务全过程的4个阶段中的20个分量表的任何一个阶段中的平均得分没有差异。将第三阶段的平均分与其他3个阶段的总平均分相比，也没有显著差异。只有“独立性”分量表，在第三阶段的得分较高。然而，这一结果与预期验证的第三季现象的负面影响是相反的。未能再次发现与航天飞机/和平号空间站项目研究中得出的与时间有关的结果。

与航天飞机/和平号空间站研究不同，我们对国际空间站美国（或俄罗斯）乘员所做的研究中没有证据表明存在新奇效应。他们似乎适应国际空间站的环境，且未显示出飞行任务的最初几星期和其余阶段相比在分量表上有明显差异。

与航天飞机/和平号空间站研究不同的另一点是，国际空间站乘员在飞行任务中的心态比发射前还要积极（即他们在“紧张－焦虑”、“抑郁－气馁”、“发怒－敌视”、“疲劳－迟钝”、“慌乱－迷惑”和“完全情绪紊乱”这 6 方面的得分较低），他们的“工作压力”得分没有像航天飞机/和平号空间站飞行任务期间这方面的得分那样高。与航天飞机/和平号空间站乘员相同的是，他们在“自我发现”和“创新”上的得分比发射前要高，而他们的“管理控制”水平在飞行任务期间较高（Ritsher et al.，2007）。

为寻找个体平均量表分与飞行任务持续时间之间的潜在关系进行了试探性的分析。皮尔森相关系数表明飞行任务的时间长短（这项研究实例的持续时间是 4～7 个月）和在 20 个分量表测量的平均得分之间没有有效关联。从图形描述上看，没有一个相应的散布图显示出任何有意义的关系迹象。总之，这些分析表明，这项研究中的较长期任务和较短期任务之间不存在有差异的时间效应。

与航天飞机/和平号空间站项目的研究结果一样，国际空间站的研究结果中有证据支持移置作用（Kanas et al.，2007）。在对 I 型误差进行修正之后，用来测量紧张/消极情绪的变量与感觉到的来自外部监管人员的支持的变量之间的相关关系的所有这 6 个分量表都有预期的负面倾向。在评价这些关系是否在乘员和飞行任务控制人员之间有所不同的第二批分析显示，6 个关系中的 4 个关系（“紧张－焦虑”、“发怒－敌视”、“完全情绪紊乱”和“工作压力”）的相互作用数据具有统计意义，每一个都显示出对乘员的效应强于对飞行任务控制人员的效应。分别对乘组和地面受试者进行分析后的评价结果显示，对于所有这些变量，其效应既符合预期方向也具有统计意义。但飞行任务控制人员中的“紧张－焦虑”和“监管者支持”之间的关系除外，虽然符合预期方向但不具有统计意义。总之，这些结果表明，移置效应既存在于乘员中也存在于飞行任务控制人员中，但前者强于后者。

采用方差分析法测试了俄罗斯人一美国人和乘组一地面控制人员在所有分量表上的差异。在国籍方面的主要影响，航天飞机/和平号空间站项目和国际空间站项目的研究之间存在相似之处，均表明美俄受试者之间存在文化差异。这两项研究的对比参见表4.8，表中列出了具有统计意义的俄美受试者在分量表上的差异。虽然航天飞机/和平号空间站项目研究中有7个显著差异而国际空间站项目研究中只有2个，但在未达到显著差异程度的配对比较中基本都表现出相同的差异趋势，只有2个例外（国际空间站项目研究中的“领导者支持”和“精力一活力”两项）。也许如果受试者人数更多的话，这些差异趋势中有些就有可能推翻前面的结果而出现显著差异。

表4.9给出了航天飞机/和平号空间站项目和国际空间站项目研究中显示具统计意义的“处所”主效应的分量表。这两项研究之间再次出现许多相似的结果，尤其是在表4.9上部显示的烦躁不安分量表中。这表明乘员在他们的工作环境中经历的情绪不安程度低于飞行任务控制人员。国际空间站项目研究中的乘员也报告说他们具有更多的精力和创新体验，得到了更多来自于他们领导（任务指令长）的支持，虽然他们也承认从他们领导那里得到的与任务相关的指导不如从地面人员那里得到的多。

在航天飞机/和平号空间站项目研究中，有3个分量表显示出显著的国家与特定区域互动效应，即：“领导者支持”、“表达性”和“独立性”。这些结果在国际空间站项目研究中没有复现，相关分量表都没有显示出显著的互动效应。

国际空间站项目研究在领导角色上复现了航天飞机/和平号空间站项目研究的结果。采用混合模型回归方法发现，对所有乘员，“领导者支持”与“凝聚力”显著相关，而与“领导者控制”不显著相关。在单就美国航天员和单就俄罗斯航天员的研究中也发现了这种特点。而对所有飞行任务控制人员受试者，“领导者支持”和“领导者控制”同时与“凝聚力”显著相关；在飞行任务控制环境中，单就美国飞控人员或单就俄罗斯飞控人员的研究结果也是同样的。

表 4.9　显示乘员和飞行任务控制人员（MC）受试者之间的显著平均得分差异的分量表

分量表	航天飞机/和平号空间站（平均值）		国际空间站（平均值）	
	乘组	飞控人员	乘组	飞控人员
紧张－焦虑	4.18	**7.89**	3.81	**8.35**
疲劳－迟钝	2.01	**4.83**	1.79	**6.22**
慌乱－迷惑	1.87	**3.50**	1.95	**4.92**
完全情绪紊乱	－6.30	**10.48**	－7.29	**17.98**
发怒－敌视	2.54	5.84	2.03	**6.26**
发怒和攻击	2.06	3.89	1.12	**3.18**
精力－活力	18.09	16.32	**18.32**	14.36
创新	3.34	3.98	**4.53**	3.32
领导者控制	6.77	6.08	5.08	**6.27**
领导者支持	6.81	6.36	**8.12**	6.44

注：显示航天飞机/和平号空间站项目研究与国际空间站项目研究中的显著平均得分差异的分量表。表中以粗体显示的分数表示经过降低 I 型误差概率的校正后明显稍高的数据。

(Benjamini and Hochberg，1995；Kanas et al.，2006)

两个评价者分析了国际空间站乘员受试者写的飞行日志记录并将记录的内容整理编码，归成 17 类。来自美俄两国的 8 名受试者提供了 37 条记录，其中 22 条带有详细说明。飞行日志分类记录又被细分为共计 92 个评级编码。编码的评级被再次分类为或与正面/负面/中性属性有关，或与所预期的在轨事件有关。在这 92 个危机事件等级中，21％具有正面属性（如与乘组的节假日庆典和活动更加紧密联结），17％与预期的在轨事件有关联（如对接、舱外活动），55％含有负面属性的事件（如人际关系或心理问题），其余的 7％或是中性等级或信息不足以分析。在具有负面属性事件的那些日志中，

47%涉及人际关系问题（乘组内部、乘组与地面控制人员或与管理人员），18%涉及心理问题（如紧张、抑郁）。在回答危机事件对他们个人紧张水平有多大影响的问题时，乘员的得分平均介于“无变化”和“增大了一点”等级之间。当被问到危机事件对他们群体的紧张水平的影响程度时，回答是类似的。因为有53%的受试者未报告危机事件，而有一名受试者报告的危机事件占所有被报告事件的59%，所以在解释这些结果时必须小心。尽管如此，这些回答表明正面和负面事件均有发生，引起在轨个人和群体紧张程度的上升或下降，同时表明人际关系事件比心理或其他负面事件更为普遍。

4.10.3 文化和语言问卷调查结果

与航天飞机/和平号空间站项目研究不同，国际空间站项目研究包括一项评价各种文化和语言阅历及态度的影响的新量表，即文化和语言调查问卷。问卷中有4项是询问关于对共用语言的需要和所评定的每个受试者对方言差异的忍受性的李克特式问题，调查对象为航天飞行乘员和飞行任务控制人员双方。这些调查内容来自凯利和卡纳斯（Kelly and Kanas，1992）早先的一项研究。其他问题涉及这些答卷者会说几种语言和访问过几个不同的国家，他们对其他民族文化传统的了解和关注程度，他们对参与国际空间站建设的其他国家的人的认识程度。与这项研究中采用的每星期1次的其他分量表测量不同，这个问卷调查只在发射前的训练中进行1次。

对问卷的大部分项目进行因素分析，所得到的因素结构生成4个分量表，用来测量受试者自述的有关与其他文化社会接触、对国际空间站合作国的了解、游览过其他国家和具有外语技能的程度。这些分量表被总括起来得出一个衡量受试者“精于文化之道”的总分。这个分数不包括对凯利和卡纳斯的4个“语言适应性”问题的回答，对它们将另行分析。

在“精于文化之道”方面上的得分，平均算来，乘员高于飞行任务控制人员，俄罗斯人高于美国人。尤其是参加答卷的美国飞行任务控制人员的平均分数很低。在调查“精于文化之道”分数与20

个情绪与社会氛围变量之间的关联时，只有一个重大发现，即：飞行乘员的“精于文化之道”的平均得分与“监管者支持”分量表之间是负相关的。

“语言适应性”方面的结果显示，在有关飞行任务控制人员使用一种通用语言的重要性问题上美国人的得分明显高于俄罗斯人，他们同时强烈地认为乘组也应该使用同一种通用语言。

4.11　空间实验发现：航天飞机/和平号空间站和国际空间站项目中人的交互作用研究结论

国际空间站项目研究的结果复现了航天飞机/和平号空间站项目研究的主要结果。这增强了把这些结果普及到在轨飞行任务的信心，尽管乘员受试者人数较少，但这是空间站研究中的典型现象。研究结果还表明，类似的社会心理因素同样适用于持续时间为 4～7 个月的近地飞行任务。我们将按几个宽泛的分类来讨论这些结果。

4.11.1　时间效应

与航天飞机/和平号空间站项目的研究结果一样，国际空间站项目的研究发现，在空间心境或人际环境一般不随着时间的推移而发生改变。这与地面空间类似环境下的某些研究结果相反，但却支持另一些研究得出的结论（Kanas et al.，1996；Steel and Suedfeld，1991；Wood et al.，1999，2005）。这表明在轨生活和工作的人在飞行任务后半期并没有像其他情况下通常表现出来的那样紧张加剧或凝聚力降低，也没有显示出第三季现象。或许身处轨道的兴奋和潜在的危险对乘员的激励作用阻止了这种常见的衰减现象。这并非说乘员在某个特殊场合就不会显示出后半期效应或第三季效应（某些个别受试者就出现了这种情况）；而是说这些效应对于我们研究的航天飞行乘组来说并不典型。

对这种缺乏时间效应的另一种可能的解释是，乘员得到了飞控中心的航天心理学专家和航医的支持，他们采用各种对抗措施帮助乘员应对应激、厌倦和单调（见 6.7 节）。例如，乘员被鼓励通过音频一视频链接或电子邮件与在地面的家人和朋友通话或交流，通过补给飞行任务给他们送去家乡的礼物和信件。这些活动可以帮助减轻在轨飞行中的单调乏味和思乡病的影响。相反，在地面一些类似航天飞行的任务中一直难以维持这种强势的保障，如南极越冬期间通信和补给的机会受到了恶劣天气的限制。

对飞行任务的在轨飞行期间缺乏时间效应的最后一个解释是，这可能与美俄航天员在发射前经历的严格的选拔标准和高强度的训练有关系。这些人已习惯于以平稳的情绪和积极的态度应对应激，反应不稳定性要低于其他人群。实际上，比起地面工作环境中的人群常模样本，他们通常在负面分量表上的得分较低，在正面分量表上的得分较高（Kanas et al.，2001a）。此外，对他们的飞行前与飞行中情绪的对比分析显示，对于国际空间站乘员，他们的心境在飞行任务期间比在发射前更积极，他们的心境得分类似于地面飞行任务控制人员（Ritsher et al.，2007）。因而，由于个性和训练因素，一般说来，与地面潜艇或极地这样的空间类似环境下的人群相比，航天飞行乘员在长期飞行任务中没有出现极度的思乡病和其他消极情绪是可能的。实际上他们似乎在空间环境中健壮起来。

美国乘员在航天飞机/和平号空间站飞行任务中受到了新奇的影响，这或许反映了美国人在那个时候缺乏空间站飞行任务的经验。这种影响没有出现在国际空间站飞行任务期间，因为此时美国人和俄罗斯人在长期的共同轨道飞行中彼此都已更加熟悉和亲密。事实上，乘员在航天飞机/和平号空间站和国际空间站飞行任务前在报告“自我发现”和“创新”上较高的得分表明更多新的学习发生在发射前的训练期间而不是在轨飞行期间。虽然航天飞机/和平号空间站飞行任务期间“工作压力”的得分在发射后比发射前高，但在国际空间站飞行任务期间这种形象没有再现，这也许是因为国际空间站项目的“管理控制”水平高。另外，国际空间站项目中的事故和设备损坏要少于航天飞机/和平号空间站项目。

4.11.2 移置作用

与航天飞机/和平号空间站项目的研究结果一样，国际空间站的研究结果发现在乘员和飞行任务控制人员中均有移置迹象。这种作用似乎随着乘员孤独感的增加而增强。人们利用移置来应对紧张情绪，应对其他因他们自身的问题而责怪他人和感到他人对他们的否定态度引起的不愉快的情绪。虽然这样可以暂时获得安慰，但最后这种策略只会引起他与受到责怪的人之间的其他人际问题，而且没有从根源上解决最初的冲突。

如果参与航天飞行任务的人能学会识别引起心灵内部和社会团体内部应激的因素，并学会直接应对这些应激因素的策略，无疑是最好的。乘员及来自负责其飞行任务控制的保障团队的代表均需要在发射前接受培训，了解减少移置现象的对抗措施。这两班人马在执行任务的过程中都需要时间对他们的情绪和群体互动进行自我监控并消除心理和人际应激因素。

很可能在空间的乘员处于他们自己内部关系紧张之际得到来自飞行任务控制人员的支持实际并不多。然而在我们受试者所填写的危机事件日志中，在飞行任务控制人员的日报单上，或在飞行任务后的汇报中，几乎没有相关的迹象。因此，预期的紧张关系和空间的负面影响的测量与感到缺乏来自地面的支持之间的负相关多半是由于移置构成而非飞行任务期间发生的真实事件。

4.11.3 国家与组织文化

从涉及美国人和俄罗斯人之间的差异的研究结果来看，航天飞机/和平号空间站和国际空间站这两个项目的研究结果均表明，与美国人相比，俄罗斯人在工作上感到的压力较小，在国际空间站飞行任务中紧张情绪较高，在和平号空间站飞行任务中指导、支持和自我发现的评价较高。这些结果可能暗示了这两个群体之间的国家文化差异。例如，由于典型的美国人态度中的根深蒂固的对竞争和成就的在职期望，使美国受试者可能在完成任务时感到的压力大于俄罗斯人。

然而，还有可能的是，这些差异反映了这两个航天机构特有的组织文化。例如，已表明，比起美国航天项目，俄罗斯航天项目较少利用成文的规程，而更多地依赖地面专家的意见解决问题（Clément and Ritsher，2005；Committee on Space Biology and Medicine，1998；Ritsher，2005）。在航天飞机/和平号空间站项目中，和平号空间站上的活动受俄罗斯的指挥，总是由俄罗斯人担任指令长。美国航天员在 3 人乘组中占少数，较少参与与空间站运行相关的事务。此外，美国人那时在长期航天飞行任务上的经验还不如他们的俄罗斯同事。最终，由于大部分空间与地面的通信使用俄语，美国人会有一种不舒服和受孤立的感觉。因而，在和平号空间站项目中俄罗斯人会比美国人感觉更舒服和感觉得到了更多的地面支持是可以理解的。相反，国际空间站项目断然地采取了美国风格的运行。这些复杂的飞行任务主要是构建空间站设施，要完成如此繁重的建设目标，美国人肯定会感到很大的工作压力。而俄罗斯乘组和地面受试者所感到的紧张可能反映了他们对美国式操作任务和规程的不熟悉。

在航天飞机/和平号空间站和国际空间站这两个项目的研究中，乘员均报告说他们的烦躁不安的负面情绪的程度比飞行任务控制人员的低，而在国际空间站项目研究中乘组感到精力更充沛和更富有创新精神。这种心境结果可能可以用航天员与飞行任务控制人员之间的个性差异来解释，前者承认在对工作应激的反应上不像后者那样情绪紧张。另外，飞行任务控制人员得到的心理支持也比在轨乘员得到的要少。最后一点，在轨飞行和实现了到达太空的梦想所带来的极度兴奋使航天员更多体验到的是得意和工作满意，相比之下，地面工作人员的工作不如空间飞行那样新奇和令人兴奋。执行一项新的空间施工项目的机会也可能是国际空间站乘员在“精力”和“创新”上得分较高的原因之一。但尽管相互之间存在着这些差异，乘员和飞行任务控制人员在多数烦躁不安分量表上的得分仍比地面从事与航天活动无关的人群样本的得分低。

4.11.4　文化和语言的经验及态度

在文化和语言问卷调查中，国际空间站乘员在“精于文化之道”上的得分高于飞行任务控制人员，这可能是由于他们在各处训练并更多地与其他国家的人打交道的缘故。美国飞行任务控制人员的得分比其他群体低，而美国文化是多样性的，这让人有点不可思议，但这有可能反映了与他们的俄罗斯同辈相比美国人的相对隔绝，俄罗斯与多个欧洲和亚洲国家接壤，因而他们受到那些国家文化的熏染（也同时通过电视和电影受到美国文化的熏染）。

在乘员和飞行任务控制人员使用通用语言和相同术语的必要性方面，美国人的得分显著高于俄罗斯同事。美国人好像比俄罗斯人在使用非母语交流时感觉更不自在，这可能说明了他们对使用不同的工作术语感到不方便的缘故。这些结果令人想起在凯利和卡纳斯（Kelly and Kanas，1992）的研究中对美国航天员和国际航天员的对比结果。

4.11.5　领导角色

航天飞机/和平号空间站和国际空间站两个项目的飞行任务控制人员均认为领导的任务角色和支持角色均与群体的凝聚力有关系。这种情况是符合预期的，因为在其他应激环境下共同工作的人群的绩效上已显示出这两种领导特征的重要性（见 4.6 节）。

虽然在这两个空间站项目的研究中乘员都认识到领导的支持作用和群体凝聚力的关系，但他们没有看到凝聚力与领导的任务职责之间的关联。或许这反映了乘组人数的问题。在仅有两三个人的乘组中，每个人都具有专门的工作技能，使他或她成为与这些技能相关的活动中的领导者。没有多大的需要建立像大群体中那样的与工作挂钩的正式领导结构。此外，在这种小群体中一个人的社会支持体系是有限的，热忱和通融对于避免孤独感是很重要的。因而可以预计，群体凝聚力对来自领导的支持会比对与任务相关的活动更敏感。

4.11.6 危机事件

在航天飞机/和平号空间站项目研究中，所有受试组都把发生在老化的和平号空间站上的负面事件列为危机事件的重要源头。美国乘员和飞行任务控制人员也提出了人际问题的重要性，这或许是由于在由来自其他文化背景的人负责操纵管理的计划中工作的结果。俄罗斯飞行任务控制人员提及财力和薪水赤字的紧要，这反映了涉及俄罗斯政治变革的实际问题，事实上他们中许多人被拖欠工资。这些结果支持这样的观念，即比起个体的性格弱点，发生在长期航天飞行中的负面经历与飞行任务本身的应激因素引起的社会心理压力可能有着更大的关系，这表明可通过适当的训练和保障或通过空间舱环境的改善来防止负面经历的发生。

这可能就是在对国际空间站项目研究中，乘员的回答中几乎有一半都提到中性的甚至正面的事件的原因。多数负面事件是缘于人际关系和心理问题。绝大多数危机事件反映的是预计的操作问题(如对接、舱外活动)，与航天飞机/和平号空间站项目中的受试者的回答相比，值得注意的是国际空间站项目研究中很少有关于紧急事件或意外事件的回答。这些差异大体反映了与陈旧的和平号空间站相比国际空间站在环境上的更新和改善。问卷回答总数的增加可能是因国际空间站正面经历发生的频率较高，或许这反映了比起航天飞机/和平号空间站的受试者，国际空间站的受试者对把危机事件记入飞行日志的响应趋势更强。

4.11.7 对未来航天飞行任务的推论

以上这些结论提出了大量可供未来轨道航天飞行任务训练用的对抗措施。鉴于在这样的飞行任务中乘员和飞行任务控制人员是相互依赖的，他们应一起接受发射前的社会心理教育训练。具体的训练课题范围应包括：改善乘组与地面人员关系的途径，如何应对乘组紧张性和移置作用，国家和组织文化差异对飞行任务成功的影响，在适当的时间运用不同领导职能的方式。在飞行任务期间可在空间和地面安排计算机辅助训练作为对发射前接受的心理训练的提醒和延续。被选为飞行任务指令长的人应在以往的空间或类似空间环境中证明过其具有任务取向和支持的双重能力。对更多的轨道飞行任务对抗措施的讨论详见第 6 章。

但将这些结果扩大应用到未来地球轨道以外的远征飞行任务，如火星飞行任务时应当慎重。火星离地球相当遥远，这从根本上改变了任务的形式。将在第 7 章论述这种飞行任务的特殊对抗措施。

需要在空间进一步研究人际关系问题，特别是在为远征探险类的飞行任务做准备期间。除了地球上类似空间的环境（如隔离舱、极地基地），还有两个脱离地球的环境可作为进行有关未来远征火星和其他外空间区域的飞行任务的研究的良好环境。一个是国际空间站，它对于研究与行星际飞行任务的出行和返回阶段的微重力有关的心理和人际关系问题是一个绝佳的地点。另一个是月球基地，它是研究与某颗遥远的行星表面的部分重力、表面环境有关的社会心理问题的一个良好的环境。这种研究将使我们进一步界定重要的社会心理问题并研究出防止这些问题在未来远征火星及更远的深空飞行任务中发展成难以解决的大问题的对抗措施。

4.12　空间实验发现：国际空间站乘员面临的文化挑战

加拿大航天局在对国际空间站美国航天员、俄罗斯航天员和飞行任务控制人员的一项调查中研究了以上讨论过的一些文化问题（Tomi et al.，2007）。这项调查的目的是评价国际空间站项目的参与者的不同文化间的差异，以便防止在飞行任务中发生误解和冲突并提出有关跨文化训练的建议。

4.12.1　方法

从 2003 年至 2006 年总共调查了 75 名美俄航天员和 106 名地面支持人员。所有被调查人员中只有 20 名美俄航天员没有飞行经验。

受试者来自各种国际空间站合作机构和组织，包括加拿大航天局、美国航空航天局、日本宇宙航空研究开发机构、俄罗斯生物医学问题研究所、科罗廖夫火箭和空间公司以及加加林航天员训练中心。受试者要回答有关他们对跨文化训练和训练需求的观点和想法的各种多项选择题和自由回答的问题。

4.12.2 结果

乘组和地面人员受试者均把协调问题和/或负责任务实施的成员机构间的不信任评定为最大的问题，其次是因误解引起的沟通困难。其他共同的问题涉及语言风格和工作管理方式，及各地面控制和保障组间的错误传达和不信任。航天员把少数乘员经历过的文化孤立评为一个问题，而地面受试者把来自其他文化的小组成员的对动机和行为的怀疑评为严重问题。乘员和飞行任务控制受试者都认为对航天员和飞行任务控制人员进行跨文化训练是最重要的对抗措施。超过83％的答卷者认为特定任务的乘组和负责飞行任务控制的关键人员应一起接受某些训练，从而促进团队建设。被高度评价的内容材料包括：处理因不同文化间的差异引起的冲突，了解基于文化的管理和协同工作活动的差异，在团队成员间建立信任，了解在一个被封闭限制的多文化小团队内工作所面临的文化作用和其他工作挑战，以及确定特定的思想交流技能。通过对个案研究和危机事件的评价进行学习是得到高度评价的训练方法。虽然在不同机构的成员间的评价上还有一些差异，但受试者的回答已达到令人惊讶的一致。

4.12.3 结论

这些结果与早期报告的人的交互作用研究的某些结果相吻合。确认了国家文化和组织文化的差异。几乎所有答卷者都承认跨文化训练在准备进行多国参与的航天飞行任务中的重要性，且认为乘组和飞行任务控制人员都应参加训练，而飞行任务的关键成员也应一起接受某些这类训练。冲突处理和团队建设是这种训练的重要方面。受试者一致同意了解文化差异和学习在飞行任务中应对它们的办法具有重大意义。

4.13　本章要点

1）社会心理应激因素对于超过 6 星期的长期航天飞行任务比对短期航天飞行任务更具影响。

2）影响航天飞行乘组的重要人际关系问题包括：异质乘组（由于性别、文化、职业动机和经验及个性差异）、凝聚力改变、语言和方言的不同、乘组人数、领导职能，以及乘组与地面人员的交互作用。

3）飞行乘员和飞行任务控制人员之间的交互作用复杂，可导致缺乏移情作用、工作安排过度、乘组自治增强、心理封闭、将紧张和不愉快的烦躁不安情绪转移发泄到他人身上。

4）航天飞行乘组受到社会心理应激因素影响可能造成的负面结局包括：乘组内部关系紧张、替罪羊和“凝视”现象、疏远和领地行为、形成子群、人数少的乘组中少数派遭孤立、基于乘组人数而不能达成占多数的意见、领导职能混乱和不当的身份趋平、乘组与地面人员之间错误传达、感觉缺少地面的支持、不能解决乘组内部问题以及信息过滤。

5）美国的初级和高级飞行任务控制人员认识到他们的工作面临许多操作和文化的挑战，但未必是同样的挑战。训练计划需要考虑这种差异。

6）在航天飞机/和平号空间站项目和国际空间站项目中进行的两项人的交互作用研究的结果证明，可在实际航天飞行任务中在轨进行社会心理研究。有关研究结果如下：

a）与地面进行的一些空间模拟研究相反，两个项目研究中的结果几乎都不支持与时间相关的效应（如在任务后半程期间的衰减、第三季现象），虽然在航天飞机/和平号空间站（但不包括国际空间站）飞行任务中美国乘员中出现一种新奇效应。

b）在某些情况下，乘员可能对发射前训练期间的活动感到的应激大于对飞行任务本身活动的应激。然而，发射前在“自我发现”和“创新”分量测量上的得分较高表明训练期间发生的新学习多于在轨期间。

c）航天飞机/和平号空间站和国际空间站项目研究结果都强烈支持移置作用效应存在于乘员和飞行任务控制人员中。这种效应在被隔离的乘员中比在地面人员中更强。

d）在这两个项目的研究中，美国人均报告有明显较大的工作压力；在航天飞机/和平号空间站项目中，他们报告得到的指导和支持较少；而在国际空间站项目中他们报告紧张要低于他们的俄罗斯同事。不过，文化差异在这两个项目的研究中趋向类似，可能反映了组织及国家的特征。

e）在这两个项目的研究中，乘员的烦躁不安均低于飞行任务控制人员。然而，这两组人员都比地面其他工作环境中的人感到快乐。

f）虽然都认为航天飞行任务中需要使用一种通用语言，但美国人比他们的俄罗斯伙伴对使用通用语言的重要性的关注度更高。

g）在这两个项目的研究中，飞行任务控制人员都承认领导的任务和支持作用对群体凝聚力的重要性。然而，乘员只看到支持作用对凝聚力的促进，这或许是因为在所研究的小型乘组中的每个人都具有重要的任务领导角色。

h）许多受试者把负面的人际和心理问题列举为值得报告的危机事件。在和平号空间站项目的研究中，提到在这个设施老化的空间站上有一半的时间都在发生意外事故和设备故障，但在国际空间站上并不常发生这种事。实际上来自更新的和工效学更合理的国际空间站设施的有关危机事件的报告一半以上是正面的和中性的事件。

i）需要在空间展开进一步的研究，以验证这些研究结果是否普遍适用于其他长期航天飞行任务，如远征火星的探险飞行任务。

j）这些人的交互作用研究以及由加拿大航天局对美俄航天员和飞行任务控制人员进行的一项文化调查的某些结果都表明，对于一个特定的多国参与的航天飞行任务，需要对乘员和关键的飞行任务控制人员进行文化训练（有些情况下需要双方一起参加训练）。

参考文献

Bales, R. F. and Borgotta, E. F. 1966. Size of group as a factor in the interaction-profile. In: A. P. Hare, E. F. Borgotta, and R. F. Bales, eds. *Small Groups. Rev.* New York: Knopf and Company.

Bechtel, R. B. and Berning, A. 1991. The third-quarter phenomenon: do people experience discomfort after stress has passed? In: A. A. Harrison, Y. A. Clearwater, and C. P. McKay, eds. *From Antarctica to Outer Space*. NewYork: Springer-Verlag.

Belew, L. F. 1977. *Skylab, Our First Space Station*. Washington, D. C.: National Aeronautics and Space Administration, NASA SP-400.

Bell, L. 1981. Designing a village in space. *Futurist*. October: 36-46.

Benjamini, Y. and Hochberg, Y. 1995. Controlling the false discovery rate: a practical and powerful approach to multiple testing. *Journal of the Royal Statistical Society*. 57: 289-300.

Benson, J. 1996. Conversations with Norman Thagard. *Aerospace America*. January: 12-14.

Bishop, S. 2004. Evaluating teams in extreme environments: from issues to answers. *Aviation, Space, and Environmental Medicine*. 75 (7, Suppl.): C14-C21.

Bluth, B. J. 1984. The benefits and dilemmas of an international space station. *Acta Astronautica*. 11: 149-153.

Boeing Aerospace Company. 1983. *Space Station Nuclear Submarine Analogs*. CC0271. Grenada Hills, CA: National Behavior Systems.

Buckey, J. C., Jr. 2006. *Space Physiology*. New York: Oxford University Press.

Chaikin, A. 1985. The loneliness of the long-distance astronaut. *Discover 1985*. February: 20-31.

Chidester, T. R., Helmreich, R. L., Gregorich, E., and Geis, C. E. 1991. Pilot personality and crew coordination: implications for training and selection. *International Journal of Aviation Psychology*. 1: 25-44.

Clément, J. L, and Ritsher, J. B. 2005. Operating the ISS: cultural and leadership challenges. *Proceedings, 56th International Astronautical Congress*. IAC-05-A1.5.05. Fukuoka, Japan, October 17-21.

Clément, J. L., Boyd, J. E., Kanas, N., and Saylor, S. 2007a. Leadership challenges in ISS operations: lessons learned from junior and senior mission control personnel. *Acta Astronautica*. 61:2-7.

Clément, J. L., Boyd, J. E., Kanas, N., and Saylor, S. 2007b. Contrasting perspectives of junior vs. senior NASA ISS flight controllers on leadership and cultural issues. *Proceedings, 78th Annual Meeting of the Aerospace Medical Association*, New Orleans, LA., May 13-17.

Committee on Space Biology and Medicine. Space Studies Board. Commission on Physical Sciences, Mathematics, and Application. National Research Council. 1998. *A Strategy for Research in Space Biology and Medicine in the New Century*. Washington, D. C.: National Academy Press.

Cooper, H. S. F., Jr. 1976. *A House in Space*. New York: Holt, Rhinehart & Winston.

Delucchi, K. and Bostrom, A. 1999. Small sample longitudinal clinical trial with missing data: a comparison of analytic methods. *Psychological Methods*. 4: 158-172.

Dunlap, R. D. 1965. *The Selection and Training of Crewmen for an Isolation and Confinement Study in the Douglas Space Cabin Simulator*. No. 3446. Santa Monica, CA: Douglas Aircraft Co., pp. 1-52.

Ferguson, M. J. 1970. *Use of the Ben Franklin Submersible as a Space Station Analog. Vol. II: Psychology and Physiology*. OSR-70-5. Bethpage NY: Grumman.

Finney, B. 1991. Scientists and seamen. In: A. A. Harrison, Y. A. Clearwater, and C. P. McKay, eds. *From Antarctica to Outer Space*. New York: Springer-Verlag.

Garshnek, V. 1989. Soviet space flight: the human element. *Aviation, Space, and Environmental Medicine*. 60:695-705.

Gazenko, O. G. 1980. Psychological compatibility on Earth and in outer space. *Aviation, Space, and Environmental Medicine*. 51:622-623.

Grigoriev, A. I., Kozerenko, O. P., and Myasnikov, V. I. 1987. Selected problems of psychological support of prolonged space flights. Paper presented at the

38th Congress of the International Astronautical Federation, Stockholm, Sweden.

Gunderson, E. K. E. 1968. Mental health problems in Antarctica. *Archives of Environmental Health*. 17:558-564.

Gunderson, E. K. E. and Nelson, P. D. 1963. Adaptation of small groups to extreme enviroments. *Aerospace Medicine*. 34:1111-1115.

Gushin, V. I., Kholin, S. F., and Ivanovsky, Y. R. 1993. Soviet psychophysiological investigations of simulated isolation: some results and prospects. In: S. L. Bonting, ed. *Advances in Space Biology and Medicine, vol. 3*. London: JAI Press.

Gushin, V. I. and Pustinnikova, J. M. 2001. Mutual perception in national and international groups under prolonged isolation. In: V. M. Baranov, ed. *Simulation of Extended Isolation: Advances and Problems*. Moscow: Firm Slovo.

Gushin, V. I., Zaprisa, N. S., Kolinitchenko, T. B., Efimov, V. A., Smirnova, T. M., Vinokhodova, A. G., and Kanas, N. 1997. Content analysis of the crew-communication with external communicants under prolonged isolation. *Aviation, Space, and Environmental Medicine*. 68:1093-1098.

Gushin, V. I., Efimov, V. A., Smirnova, T. M., Vinokhodova, A. G., and Kanas, N. 1998. Subject's perceptions of the crew interaction dynamics under prolonged isolation. *Aviation, Space, and Environmental Medicine*. 69:556-561.

Gushin, V. I., Zaprisa, N. S., Pustinnikova, J. M., Smirnova, T. M., and Popova, I. I. 2001. Characteristics of Russian and non-Russian crew members' communication with external parties under prolonged isolation. In: V. M. Baranov, ed. *Simulation of Extended Isolation: Advances and Problems*. Moscow: Film Slovo.

Hartman, B. C., and Flinn, D. E. 1964. Crew structure in future space missions. *Lectures in Aerospace Medicine*. Brooks AFB, February 3-7.

Haythorn, W. W. and Altman, I. 1963. *Alone Together*. Research Task MR022-01-03-1002. Washington, DC: Bureau of Medicine and Surgery, U. S. Navy Department.

Helmreich, R. L.,. 2000. Culture and error in space: implications from analog environments. *Aviation, Space, and Environmental Medicine*. 71(9, Suppl.): A133-A139.

Inoue, N., Matsuzaki, I., and Ohshima, H. 2004. Group interactions in SFINCSS-99: lessons for improving behavioral support programs. *Aviation, Space, and Environmental Medicine*. 75(7, Suppl.): C28-C35.

Jackson, J. K., Wamsley, J. R., Bonura, M. S., and Seeman, J. S. 1972. *Program Operational Summary. Operational 90-Day Manned Test of a Regenerative Life Support System*. NASA CR-1835. Washington, DC: NASA.

Kahn, P. M. and Leon, G. R. 1994. Group climate and individual functioning in an all-women Antarctic expedition team. *Environment and Behavior*. 26: 669-697.

Kanas, N. 2005. Interpersonal issues in space: Shuttle/Mir and beyond. *Aviation, Space, and Environmental Medicine*. 76(6, Suppl.): B126-B134.

Kanas, N. and Feddersen, W. E. 1971. *Behavioral, Psychiatric, and Sociological Problems of Long-duration Space Missions*. NASA TM X-58067. Houston, TX: JSC7NASA.

Kanas, N. and Ritsher, J. 2005. Leadership issues with multicultural crews on the international space station: lessons learned from Shuttle/Mir. *Acta Astronautica*. 56: 932-936.

Kanas, N., Weiss, D. S., and Marmar, C. R. 1996. Crew member interactions during a Mir space station simulation. *Aviation, Space, and Environmental Medicine*. 67: 969-975.

Kanas, N., Salnitskiy, V., Grund, E. M., Gushin, V., Weiss, D. S., Kozerenko, O., Sled, A., and Marmar, C. R. 2000a. Social and cultural issues during Shuttle/Mir space missions. *Acta Astronautica*. 47: 647-655.

Kanas, N., Salnitskiy, V., Grund, E. M., Gushin, V., Weiss, D. S., Kozerenko, O., Sled, A., and Marmar, C. R. 2000b. Interpersonal and cultural issues involving crews and ground personnel during Shuttle/Mir space missions. *Aviation, Space, and Environmental Medicine*. 71(9, Suppl.): A11-A16.

Kanas, N., Salnitskiy, V., Grund, E. M., Weiss, D. S., Gushin, V., Bostrom, A., Kozerenko, O., Sled, A., and Marmar, C. R. 2001a. Psychosocial issues in space: results from Shuttle/Mir. *Gravitational and Space Biology Bulletin*. 14(2): 35-45.

Kanas, N., Salnitskiy, V., Grund, E. M., Weiss, D. S., Gushin, V., Kozerenko, O., Sled, A., and Marmar, C. R. 2001b. Human interactions in space: results from Shuttle/Mir. *Acta Astronautica*. 49:243-260.

Kanas, N. , Salnitskiy, V. , Weiss, D. S. , Grund, E. M. , Gushin, V. , Kozerenko, O. , Sled, A. , Bostrom, A. , and Marmar, C. R. 2001c. Crewmember and ground personnel interactions over time during Shuttle/Mir space missions. *Aviation, Space, and Environmental Medicine*. 72:453-461.

Kanas, N. A. , Salnitskiy, V. P. , Ritsher, J. B. , Gushin, V. I, Weiss, D. S. , Saylor, S. A. , Kozerenko, O. P. , and Marmar, C. R. 2006. Human interactions in space: ISS vs. Shuttle/Mir. *Acta Astronautica*. 59:413-419.

Kanas, N. A. , Salnitskiy, V. P. , Boyd, J. E. , Gushin, V. I, Weiss, D. S. , Saylor, S. A. , Kozerenko, O. P. , and Marmar, C. R. 2007. Crewmember and mission control personnel interactions during International Space Station missions. *Aviation, Space, and Environmental Medicine*. 78:601-607.

Kass, R. and Kass, J. 2001. Team-work during long-term isolation: SFINCSS experiment GP-006. In: V. M. , Baranov, ed. *Simulation of Extended Isolation: Advances and Problems*. Moscow: Firm Slovo.

Kelly, A. D. and Kanas, N. 1992. Crewmember communication in space: a survey of astronauts and cosmonauts. *Aviation, Space, and Environmental Medicine*. 63:721-726.

Kelly, A. D. and Kanas, N. 1993. Communication between space crews and ground personnel: a survey of astronauts and cosmonauts. *Aviation, Space, and Environmental Medicine*. 64:795-800.

Kelly, A. D. and Kanas, N. 1994. Leisure time activities in space: a survey of astronauts and cosmonauts. *Acta Astronautica*. 32:451-457.

Kring, J. P. 2001. Multicultural factors for international spaceflight. *Journal of Human Performance in Extreme Environments*. 5(2):11-32.

Lebedev, V. 1988. *Diary of a Cosmonaut: 211 Days in Space*. College Station, TX: Phytoresource Research Information Service.

Leon, G. R. 1991. Individual and group process characteristics of polar Expedition teams. *Environment and Behavior*. 23:723-748.

Leon, G. R. 2005. Men and women in space. *Aviation, Space, and Environmental Medicine*. 76(6, Suppl.):B84-B88.

Leon, G. R. , Kanfer, R. , Hoffman, R. G. , and Dupre, L. 1994. Group processes and task effectiveness in a Soviet-American expedition team. *Environment and*

Behavior. 26:149-165.

Liang, K. -Y. and Zeger. S. L. 1986. Longitudinal data analysis using generalized linear models. *Biometrika*. 73:13-22.

Littell, R. C., Milliken, G. A., Stroup, W. W., and Wolfinger, R. D. 1996. *SAS System for Mixed Models*. Cary, NC: SAS Institute Inc.

Lozano, M. L. and Wong, C. 1996. Concerns for a multicultural crew aboard the International Space Station. *CSERIAC Gateway*. 7:1-4.

Manzey, D., Schiewe, A., and Fassbender, C. 1995. Psychological countermeasures for extended manned spaceflights. *Acta Astronautica*. 35:339-361.

McDonnell Douglas. 1968. *60-Day Manned Test of a Regenerative Life Support System with Oxygen and Water Recovery. Part II: Aerospace Medicine and Man-Machine Test Results*. NASA CR-98501 Santa Monica, CA: McDonnell Douglas Astronautics Company.

McNair, D. M., Lorr, M., and Droppleman, L. F. 1992. *Profile of Mood States Manual (Revised)*. San Diego, CA: Educational and Industrial Testing Service.

Miller, J. W., Van Derwalker, I. G., and Waller, R. A. 1971. *Tektite 2: Scientists-in-the-Sea*. Washington, DC: U. S. Department of Interior.

Moos, R. H. 1994a. *Group Environment Scale Manual, 3rd Ed*. Palo Alto, CA: Consulting Psychologists Press.

Moos, R. H. 1994b. *Work Environment Scale Manual. 3rd Ed*. Palo Alto. CA: Consulting Psychologists Press.

Musson, D. M. and Helmreich, R. L. 2005. Long-term personality data collection in support of spaceflight and analogue research. *Aviation, Space, and Environmental Medicine*. 76(6, Suppl.): B119-B125.

Nelson, P. D. 1964. Similarities and differences among leaders and followers. *Journal of Social Psychology*. 63:161-167.

Nicholas, J. M. and Penwell, L. W. 1995. A proposed profile of the effective leader in human spaceflight based on findings from analog environments. *Aviation, Space, and Environmental Medicine*. 66:63-72.

Oberg, J. E. 1981. *Red Star in Orbit*. New York: Random House.

Palinkas, L. A., Suedfeld, P., and Steel, G. D. 1995. Psychological functioning among members of a small polar expedition. *Aviation, Space and Environ-*

mental Medicine. 66:943-950.

Palinkas, L. A., Gunderson, E. K. E., Johnson, J. C., and Holland, A. W. 2000. Behavior and performance on long-duration spaceflights: evidence from analogue environments. *Aviation, Space, and Environmental Medicine*. 71(9, Suppl.): A29-A36.

Peeters, W. and Sciacovelli, S. 1996. Communication related aspects in multinational missions: Euromir 94. *Journal of the British Interplanetary Society*. 49: 113-120.

Pollis, A. 1965. Political implications of the modern Greek concept of self. *British Journal of Sociology*. 16:29-47.

Raybeck, D. 1991. Proxemics and privacy: managing the problems of life in confined environments. In: A. A. Harrison, Y. A. Clearwater, and C. P. McKay, eds. *From Antarctica to Outer Space*. New York: Springer-Verlag.

Ritsher, J. B. 2005. Cultural factors and the International Space Station. *Aviation, Space, and Environmental Medicine*. 76(6, Suppl.): B135-B144.

Ritsher, J. B., Kanas, N. A., Ihle, E. C., and Saylor, S. A. 2007. Psychological adaptation and salutogenesis in space: lessons from a series of studies. *Acta Astronautica*. 60:336-340.

Rivolier, J., Cazes, G., and McCormick, I. 1991. The International Biomedical Expedition to the Antarctic: Psychological evaluations of the field party. In: A. A. Harrison, Y. A. Clearwater, and C. P. McKay, eds. *From Antarctica to Outer Space*. New York: Springer-Verlag.

Rohrer, J. H. 1958. *Some Impressions of Psychic Adjustment for Polar Isolation*. Washington, DC: Bureau of Medicine and Surgery, U. S. Navy Department.

Rohrer, J. H. 1961. Interpersonal relationships in isolated small groups. In: B. E. Flaherty, ed. *Symposium on Psychophysiological Aspects of Space Flight*. New York: Columbia University Press.

Rosnet, E., Jurion, S., Cazes, G., and Bachelard, C. 2004. Mixed-gender groups: coping strategies and factors of psychological adaptation in a polar environment. *Aviation, Space, and Environmental Medicine*. 75(7, Suppl.): C10-C13.

Sandal, G. M. 2000. Coping in Antarctica: is it possible to generalize results across settings? *Aviation, Space, and Environmental Medicine*. 71(9, Suppl.):

A37-A43.

Sandal, G. M. 2004. Culture and tension during an International Space Station simulation: results from SFINCSS '99. *Aviation, Space, and Environmental Medicine*. 75(7, Suppl.): C44-C51.

Sandal, G. M., Vaernes, R., and Ursin, H. 1995. Interpersonal relations during simulated space missions. *Aviation, Space, and Environmental Medicine*. 66: 617-624.

Santy, P. A., Holland, A. W., Looper, L., and Marcondes-North, R. 1993. Multicultural factors in the space environment: results of an international shuttle crew debrief. *Aviation, Space and Environmental Medicine*. 64: 196-200.

Smith, S. and Haythorn, W. W. 1972. Effects of compatibility, crowding, group size, and leadership seniority on stress, anxiety, hostility, and annoyance in isolated groups. *Journal of Personality and Social Psychology*. 22: 67-79.

Steel, G. D, and Suedfeld, P. 1991. Temporal patterns of affect in an isolated group. *Environment and Behavior*. 23: 749-765.

Stuster, J. 1996. *Bold Endeavors: Lessons from Polar and Space Exploration*. Annapolis, MD: Naval Institute Press.

Stuster, J., Bachelard, C., and Suedfeld, P. 2000. The relative importance of behavioral issues during long-duration ICE missions. *Aviation, Space, and Environmental Medicine*. 71(9, Suppl.): A17-A25.

Taylor, A. J. W. 1991. The research program of the International Biomedical Expedition to the Antarctic (IBEA) and its implications for research in outer space. In: A. A. Harrison, Y. A. Clearwater, and C. P. McKay, eds. *From Antarctica to Outer Space*. New York: Springer-Verlag.

Tomi, L. 2001. The role of cross-cultural factors in long-duration international space missions: lessons from the SFINCSS study. In: V. M. Baranov, ed. *Simulation of Extended Isolation: Advances and Problems*. Moscow: Firm Slovo.

Tomi, L., Kealey, D., Lange, M., Stefanowska, P., and Doyle, V. 2007. Cross-cultural training requirements for long-duration space missions: results of a survey of International Space Station astronauts and ground support personnel. Paper delivered at the *Human Interactions in Space Symposium*, May 21, 2007, Beijing, China.

Uri, J. J. and Lebedev, O. N. 2000. Phase 1 research program overview. Paper ♯IAF-00-T. 6. 02. *51st International Astronautical Congress*, October 2-6, 2000, Riode Janeiro, Brazil. Paris: International Astronautical Federation.

Vaernes, R. J. 1993. *EXEMSI '92 Executive Summary*. NUTEC Report 16-03. Paris: European Space Agency Long Term Programme Office.

Walford, R. L., Bechtel, R., MacCallum, T., Paglia, D. E., and Weber, L. J. 1996. "Biospheric medicine" as viewed from the two-year first closure of Biosphere 2. *Aviation, Space, and Environmental Medicine*. 67: 609-617.

Wood, J., Lugg, D. J., Hysong, S. J., and Harm, D. L. 1999. Psychologial changes in hundred-day remote Antarctic field. *Environment and Behavior*. 31: 299-337.

Wood, J., Schmidt, L., Lugg, D., Ayton, J., Phillips, T., and Shepanek, M. 2005. Life, survival, and behavioral health in small closed communities: 10 years of studying isolated Antarctic groups. *Aviation, Space, and Environmental Medicine*. 76(6, Suppl.): B89-B93.

航天飞行可使人产生与家人和朋友隔离和孤独的感觉。人在空间会觉得自己很渺小，产生焦虑、抑郁和思乡的情绪

上面的插图来自最早的大星图册《恒星编目》，该图册是1603年由约翰内斯·拜尔（Johannes Bayer）首次出版的。图中描绘的是宙斯之子珀尔修斯（Perseus）抓着女妖美杜莎（Medusa）的头。古希腊人把他奉为天神，从某种意义上说他是第一名“航天员”

（图片来自尼克·卡纳斯和卡罗琳·卡纳斯的收藏）

第 5 章　精神病问题

5.1　行为健康与健康机理

好奇心促使人类冒险进入空间。这一行动可能面临严峻的心理风险，这些风险源于与家人和朋友的长期分离、被限制在封闭狭小的空间内以及在低重力和辐射条件下的危险和有害环境里的求生。下面我们将了解一下研究人员近期所做的有关空间飞行对行为健康的潜在益处的研究，尽管这种研究几乎从未被讨论过和广泛地进行过。

健康机理的观念，即一种有挑战性的境地具有促进健康、增强成长过程的作用，是一种比较现代的观念。该术语是指非常体验促进或带来健康和个人成长的过程。有些人能从成功应对个人危机中获得力量和智慧；因为，消极的应激因素可以产生积极的变化（Cordova et al.，2001；Wilson and Spencer，1990），积极的应激因素也可以产生积极的变化，特别是慎重地找出积极的体验时。

隔离和限制环境可以促进健康成长。帕兰卡斯（Palinkas，1991）和聚德费尔德（Suedfeld，1998）均论述过在极地环境里发现了有些人所具有的对不利条件的健康机理反应，如坚忍不拔、坚定不移、独立自主、自力更生、聪明才智、同志之谊的提高和紧张不安及抑郁沮丧的降低。卡纳斯等人（Kanas et al.，1996）发现，3 名参加在莫斯科和平号空间站模拟器中进行的 135 天隔离实验的乘员在隔离期间所体验到的紧张程度比在隔离之前训练期间体验的明显降低，而表达力和自我发现则明显增强。一些美俄航天员在空间曾报告说，他们在空间俯瞰地球并置身于浩瀚的宇宙后，有了玄奥的体验，对宗教有了深刻的领悟，对人类的统一和谐有了更深切的认识（Connors et al.，1985；Kanas，1990）。俄罗斯航天员瓦连京·列别杰夫（Lebedev，1988）在他的日记中说，他从礼炮号空间站拍摄地球的经历对他来说是一种安享和进化，他希望这种经验能够在他完成211天的飞行任务返回地面后有助于他获得一个高级学位。因而，参与长期航天飞行任务和处在相关的环境里对某些人可以有相当积极的作用。聚德费尔德（Suedfeld，2005）主张我们应在为未来载人航天飞行任务制定实施规划时对积极心理学和健康机理说给予更多的关注。

5.2　空间实验发现：航天飞行对心理的积极作用问题

关于空间环境对人的心理具有积极作用的理念，轶事趣闻较多而真正的科学研究较少。在凯利和卡纳斯（Kelly and Kanas，1992，1993）的问卷调查研究中，他们报告有54名执行过航天飞行任务的美俄航天员把由任务引发的普遍兴奋看做是提高乘组内部和乘员与地面飞行任务控制人员之间的交流沟通的最强烈的因素之一。这很重要，因为对于长期在轨飞行任务期间乘组的安全和任务的成功，良好的沟通是必须的。聚德费尔德和魏斯拜克（Suedfeld and Weiszbeck，2004）报告了他们对4名美国航天员的自传所做的主题内容分析，发现航天飞行经历影响了他们的价值观体系。例如，这4人均称提高了对精神性的认识，有3人称提高了对普救说（即理解和感激所有的人和自然事物的意识）的认识。

5.2.1　**方法**

为进一步研究航天飞行的积极作用，伊勒和她的同事（Ihle et al.，2006）对至少参加过1次航天飞行任务的美俄航天员进行了一次问卷调查研究。以不具名方式征集受试者，他们分别来自：空间探险家协会（ASE）和目前位于约翰逊航天中心（JSC）的美国航空航天局航天员团队。最终参与答卷的有39人：10名来自ASE，

29 名来自 JSC。这两组受试者在回答方式上没有明显区别。不是所有受试者都全部填写了问卷的人口统计学部分，但是那些全部填写的人中多数是美国人（在 37 人中占 34 人），男性（在 37 人中占 32 人），曾参加过 1 次以上的航天飞行任务（36 人中占 24 人），但在空间居留的总时间不超过 30 天（36 人中占 20 人）。

应答者填写“在空间的积极效果”（PEBS）问卷，该问卷由实验者编制，包含 36 个项目的调查表，用以评价其在经历了空间飞行后，受到积极影响的个人成长经验。许多项目是获准摘自泰代斯基和卡尔霍恩（Tedeschi and Calhoun，1996）编制的“创伤后成长调查表”（PTGI），另外特意根据从轶事文献中找到的主题增加了与空间旅行有关的项目。该问卷旨在评估空间飞行给个人成长带来的变化，受试者采用 6 级制的利克特量表给各项打分，分数从 0 分（“我没有经历过这种变化”）到 3 分（“中度”）到 5 分（“极高度”）。自由回答的问题置于末尾，给应答者提供让他们对自己的经历发表个人评语的机会。完成的问卷的内在有效性和可靠性都很好（Ihle et al.，2006）。

5.2.2　结果

每个应答者都报告了若干空间飞行产生的积极改变。正如表 5.1 所示，这 39 个应答者报告的变化的平均等级分为 1.72，即按利克特量表的 0～5 级评定法变化程度介于“非常小”和“小”之间。在 8 个 PEBS 分量表中记录的最大程度的变化是“对地球的感悟”一项（平均变化等级分为 2.94，即“中度”）。一般线性模型多变量分析显示在表 5.1 所列举的分量表分数中，至少有 1 个显著不同，而一组 7 个按序排列的 T－检验（经邦费罗尼校正）显示，“对地球的感悟”是唯一与其他分量表显著不同的分量表。

应答者中有 10 人表示，他们至少有 1 项内容没有变化，因为不可能进一步变化（即已有的体验对他们来说已是最佳的，即使身在空间也不可能再有什么变化）。这个通常被认为不可能改变的项目，按出现频率依次为“我对于空间探险变得更加兴奋”、“我对心灵问题有了更深的理解”和“我有了更强烈的宗教信仰”。因为后两项都属于“心灵的变化”分量表的项目，导致对这一分量表的变化评分较低。

表 5.1 PEBS 分量表与平均得分

分量表	平均得分
对地球的感悟	2.94
对空间的感悟	1.97
可能发生的新事物	1.84
对生命的珍惜	1.79
个人力量	1.69
日常生活的变化	1.34
与他人的关系	1.30
心灵改变	0.89
分量表平均评分	1.72

(Ihle et al.，2006)

研究组一致认为，在对问卷的项目进行分类时，若它体现的是某种内心体验（思想或情感状态）就把它归为“态度”类，若它体现的是某种表面的过程或活动就把它归为“行为”类。据此划分出了 26 个“态度”项和 10 个“行为”项。实验人员在开始研究之前曾预测 5 个态度的变化会伴随 5 个行为变化，而这些预测中有 4 个成为现实。其中，有 3 个态度项（“我意识到我对地球有多珍爱”、“我充分意识到地球的脆弱”和“我更加珍惜地球的美好”）与行为项“我增强了对环境事业的参与”显著关联。第 4 项，“我更加懂得了人类团结”，也与预测的“我与家庭的关系更加增强”相关联。然而，最后一个预测却未被证实，即态度项“人类的团结”未与行为项“我加强对政治活动的参与”关联起来。

上述结果在性别、国家文化、执行过的飞行任务的次数或在空间度过的日子上都没有统计学意义上的差别。不过，对评分的聚类分析显示应答者分为两类。利用 T－检验，在所有 8 个分量表评分总分上和多数个人项目评分上，“高变化”类显著高于“低变化”类。而且，在这两类应答者均给“对地球的感悟”分量表打出最高分之后，这两类应答者在后面的分量表等级评定中产生不同意见。例如，较敏感的应答者把“对空间的感悟”排在第二位，而不太敏感的应答者则把“对生命的珍惜”排在第二位。

5.2.3　结论

这一研究结果表明，空间旅行对于这些受试者是一种有意义的经历。每个应答者对身处空间都有正面的反应。最频繁被认为能够发生变化且变化程度最大的是“对地球的感悟”分量表的项目。其中，“我更加珍惜地球的美好”得到的平均分最高，平均评级显示变化为“高度”。这意味着在空间工作的人对他们的地球家园产生了一个新的观念，更加在意它的美好和脆弱。问卷上的一些定性的回答支持了这一点，这表明观看地球激发了一种崇敬和神奇感而非心灵的唤醒（这也得到对“心灵改变”项评级低的结果的支持）。或许这反映了因感觉空间居住舱的狭小封闭和枯燥乏味而对自然环境的熟悉的慰籍的珍惜和渴望。虽然应答者承认在其他所有的 7 个分量表上都有正性变化，但对这些变化的平均评级均介于“非常小”和“小”之间，没有给人留下如此深刻的印象。

研究结果支持了对态度和行为间的关联的多数预测。明确地说，对美丽而脆弱的地球的更加珍惜带来了投身环境事业的更大激情。虽然这项研究没有跟踪应答者在返回地球后的活动，来看看他们是否真地如其打算的那样坚持到底，但这些结果仍表明在空间的态度改变和这些应答者声称他们回家后按这些改变行动之间有关联。或许自愿把这些正性体验带来的变化付诸行动会有助于维持长期飞行乘员的士气，并有助于他们飞行后重新适应社会。

尽管未在人口统计学方面发现在应答者中有具统计学意义的差异，但聚类分析显示这些受试者分成高、低变化两组。这种区别可能源自于个性或认知方式不同，还需要进一步探索，因为这可能影响其应对方式，并且在计划进行的火星飞行任务中，因为不能再感悟到美丽的地球而变得重要起来（见第 7 章）。也许更敏感的高变化组会比不够敏感的低变化组从对空间和环境的全面感悟中找到更多的安慰，因为前者把这个因素的变化评定排在他们对感悟地球重要性的后面。相反，对于敏感性较低的后者，宇宙的浩瀚可能不是启发他们灵感的同一源泉，他们可能更多地从聚焦内心的活动收益并把注意力贯注于珍惜生活中的点滴小事。通过对进行长期航天飞行的乘员的这些正性体验的最优化和个性化维护可提高乘组的士气，从而有益于他们的心灵和提高飞行任务成功的概率。

5.3 空间中的精神病问题

载人航天飞行任务中发生过精神病问题。据谢潘涅克（Shepanek，2005）报告，1981 年至 1989 年在航天飞机飞行任务飞行后健康情况汇报中有 34 起负面行为征兆和症状的汇报，1995 年至 1998 年有 2 起影响到参加和平号空间站飞行任务的 7 名美国航天员的精神病事件。这些问题既有焦虑和抑郁，也有记忆力和解决人际冲突、冷漠问题能力的衰退等。有些情况下生产力受到负面影响。

在长期航天飞行任务中更常发生的难题似乎是一些精神病问题。虽然很多有关精神病问题只是轶事传闻，未对其进行过实验研究，但对这些问题进行讨论依然是重要的，因为只有这样才能为未来的航天飞行任务中乘员及地面控制人员鉴别和治疗这些精神疾病提供策略。此外，了解这些问题可推动在空间进行针对进一步鉴别和治疗策略的精神病问题的研究。

以下是对这类严重疾病的描述。所采用的体系摘自《精神病诊断与统计手册》第 4 版，简称 DSM－IV（American Psychiatric Association，1994），这是在美国最常用的诊断体系。然而，在世界其他地区（如欧洲、俄罗斯和亚洲）采用的是《世界卫生组织疾病和相关健康问题国际统计分类法》第 10 版，简称 ICD－10（World Health Organization，1992）。DSM－IV 提供了这两种体系间的代码对照表，见表 5.2。

表 5.2 DSM－IV 与 ICD－10 诊断代码对照表

障 碍	DSM－IV 相应代码	ICD－10 相应代码
适应障碍	309	F43
躯体障碍	300，307	F44，F45
心境障碍	296，300，301	F30～F34
精神分裂症及其他思维障碍	295，297，298	F20，F22～F25

5.3.1 适应障碍

适应空间的应激因素可能会很难，而适应障碍就是一种最常见的困扰长期空间旅行者的精神病问题。DSM－IV 概括这种疾病的关键临床特征，见表 5.3。

表 5.3 适应障碍的临床特征

对一种或多种可以确认的心理社会应激因素反应时的情绪或行为症状
应激因素开始后 3 个月内逐渐形成的症状
由此引起的苦闷超过正常预期程度的悲伤或导致对社会或职业功能的重大损害
排除其他障碍（如焦虑或心境障碍，丧亲之哀）
症状通常在应激因素终止或进行治疗的 6 个月内消除

注：引自 DSM－IV（APA，1994）。

曾有轶事报告暗示航天员在空间飞行中出现适应障碍。例如，俄罗斯航天员列别杰夫（Lebedev，1988）列举了他在适应礼炮 7 号空间站上的单调环境的过程中出现的几个问题，包括失望、退缩以及与同乘组伙伴关系紧张。在和平号空间站上发生了一系列不幸事件和事故之后，一名俄罗斯航天员指令长抱怨说他经受了紧张、疲劳和心律不齐，不得不调整他的工作职责，还开了镇静剂药方(Carpenter，1997)。因乘员个性、背景和态度的不同而引起的关系紧张也会导致适应问题。事实上，空间旅行者高度看重他们与其同乘组伙伴的共性。凯利和卡纳斯（Kelly and Kanas，1992）在对 54 名参与过航天飞行的美俄航天员的问卷调查中发现，在整个飞行任务期间拥有共同经历的感觉和分享相互之间的激情被认为是显著增强乘员在空间的相互交流的两个因素。

5.3.2　躯体障碍

被选中执行航天飞行任务的人在身体上的应激反应可能要比在心理上的大。在DSM－IV中，这些反应被归于躯体障碍的范畴，其特征见表5.4。

表5.4　躯体障碍的临床特征

存在一种不能被完全用真的疾病解释的身体症状
不能用一种物质的直接效应或另一种精神障碍解释的症状
可能造成显著精神紧张或社会或职业功能损害的症状
非有意或自主控制的症状（即不是由于诈病引起的）

注：引自DSM－IV（APA，1994）。

例如，礼炮6号空间站的一名俄罗斯航天员在日记中生动地表露了害怕在执行飞行任务期间突发阑尾炎的心情，他报告说他做了一个牙疼的梦，醒来后就开始牙疼（Chaikin，1985）。据说礼炮7号空间站的一名俄罗斯航天员因疲劳、倦怠和感觉前列腺发炎并担心发生阳萎而引起心身性焦虑，导致工作效率低下而不得不让他提前返回地面（Harris，1996）。

心身失调症状还曾发生在空间类似环境中。在潜艇和南极的人员中就常常出现紧张性头痛、疲劳及其他心理生理反应（Lugg，1991；Rivolier et al.，1991；Weybrew，1991）。例如，勒格（Lugg，1991）在他对澳大利亚南极科考队的长达25年的研究报告中列出了最为常见的心理问题，精神性痛（紧张性头痛）被纳入其中。韦布鲁（Weybrew，1991）在一份有关潜艇经验的报告中指出，执行潜艇任务的人中平均每天有四分之一的人感觉头痛。虽然在密闭环境中大气压力和毒素可能会造成头痛这样的身体症状，但单是这类因素并不能解释心身失调问题的高发率和在空间类似环境中报告的那些身体问题。

5.3.3　心境和思维障碍

未曾有报告将心境和思维障碍作为航天飞行任务中经常出现的问题。表 5.5 列出了心境障碍的某些临床特征，表 5.6 列出了精神分裂症和其他精神病的思维障碍的特征。

表 5.5　心境障碍的临床特征

突出特征是有临床重大意义的心境障碍
抑郁症的特点是有与抑郁相关的症状，而且有至少持续 2 星期或 2 星期以上的一段严重的抑郁情节（严重抑郁障碍）或至多持续 2 年或 2 年以上的心境郁闷史（心境恶劣障碍）
躁狂抑郁症的特点是有与至少一段躁狂经历及通常严重郁闷经历（双向 I 型障碍）或者至少一段严重抑郁情节和至少一段轻度躁狂情节（双向 II 型障碍）相应的症状
可能造成显著忧伤或社会或职业功能损害的症状

注：引自 DSM－IV（APA，1994）。

表 5.6　精神分裂症和其他精神障碍的临床特征

重要的症状包括信念扭曲（妄想）、显著幻觉、说话条理性差、紊乱的或紧张症的行为，以及负面症状，如情感贫乏和做事消极
取决于发作的持续时间，出现并发情绪紊乱和其他临床特征，种类包括精神分裂症、精神分裂症样精神障碍、情感分裂性精神障碍、妄想性精神障碍和短时精神障碍
这些症状可能引起显著痛苦或社会或职业功能的减退

注：引自 DSM－IV（APA，1994）。

这些问题在空间较少发生很可能是因为许多这类障碍具有遗传和体质上的病因，并可能出现在成年期的较早阶段。由于航天员候选人是经过仔细的精神病筛选鉴定合格后才进入航天员队伍的，估计在航天员群体中易受这些疾病攻击的人不会很多。在美国航天项目中，采用复杂的心理测试和精神病访谈方法淘汰那些具有易患病体质或曾因心理健康问题而对其在空间履行飞行任务职责的能力带来过负面影响的人（Santy，1994）。桑蒂（Santy，1997）报告说，在一项对 223 名航天员申请人的研究中发现，精神病障碍发生率为

9%。这 20 个有问题的人中，5 人主要是有家族史，4 人有性格障碍，3 人有生活境遇问题，2 人经历过丧亲之哀、焦虑障碍、适应障碍或严重抑郁的困扰，所有这些人中没有患过精神分裂症的。

在空间很少出现酒精或药物滥用等其他可导致心境改变或精神病思维的精神病问题，这是因为在空间无法得到这些使人犯错的东西。在空间也不太可能发生基于某种潜在疾病的精神病，因为美俄航天员在发射前都经过精心的体检。

在没有进行过特别仔细筛选的空间模拟研究受试者人群中出现过严重情绪问题。一项对美国 5 个南极科考站人员越冬情况的研究中，行为问题与居留时间的长短相关（Rasmussen and Haythorn，1963）。表 5.7 列出了对其中 1 个南极站的研究结果。据冈德森（Gunderson，1968）报告，驻扎在南极的海军人员中有 3%出现了精神病问题，而驻扎在其他执勤点的类似人员的发病率仅为 1%。据奥利弗（Oliver，1991）报告，1977 年在南极麦克默多海峡站越冬的 31 人中，多数人都能很好地适应环境，但是在仲冬时，睡眠问题、负性情绪报告和思乡病达到高峰。勒格（Lugg，1991）在回顾澳大利亚南极探险经历中得出结论，精神障碍占到总发病率的 4%～5%，严重精神病和神经病的发病率远低于 4%。精神疾病最常发生在越冬期间。据里沃利耶及其同事（Rivolier，1991）的研究报告，在由 12 名生物医学专家组成的赴南极国际生物医学科考队进行的为期 72 天的横跨南极考察中发生了几次严重情绪紧张和群体关系紧张事件，甚至有一个队员因极度焦虑、抑郁和想家而不得不中途退出科考队。

表 5.7 在美国南极基地 1 年期间发生的情绪问题

问题	分阶段统计的事件次数		
	0～4 个月	5～8 个月	9～12 个月
焦虑	3	8	19
猜疑	0	7	16
不合作	1	2	13

（Rasmussen and Haythorn，1963）

最后，有关在南极越冬的精神病障碍的最新研究结果已由帕兰卡斯及其同事发表（Palinkas，2001；Palinkas et al.，2001）。他们的数据是基于在南极站或麦克默多海峡站度过澳大利西亚冬季的 313 名军人和平民的情况汇报。在这些汇报中，有 5.2%的受试者所说的症状符合 DSM－IV 关于精神病障碍的标准。最常诊断出的是心境障碍和适应障碍（占所有障碍的 31.6%），以后依次是与睡眠相关的障碍（占 21%）、与药物相关的障碍（占 10.5%）和人格障碍（占 7.9%）。所有这些障碍中没有一个与年龄、性别和以前的越冬经验相关。令人感兴趣的是，尽管所有受试者在被派遣远赴南极执行任务之前都通过了精神病和心理学的筛选，但仍然出现了这些精神障碍。

在潜艇任务中也发生过精神障碍。塞尔克斯纳尔（Serxner，1968）在他关于北极星号潜艇的两次巡游的报告中指出，严重的精神病问题（如焦虑、抑郁、精神症）的发病率为 5%。韦布鲁（Weybrew，1991）在对过去 30 年核潜艇研究的回顾中得出的结论是，在长期任务中急性和慢性精神病理性事件的发生率为 1%～4%。焦虑和抑郁反应最为频繁，其次是反社会及其他性格问题和精神生理反应。一篇对核潜艇任务的综述（Boeing Aerospace Company，1983）指出，潜艇人员中有 1.2%的人出现严重精神病问题，其中 50%的人发生严重焦虑，39%的人发生人际关系困难，29%的人发生抑郁。

5.3.4 任务后效应：个性改变和婚姻问题

如前所述，许多航天员在空间都有过超然的或虔诚的体验，或者想到他们在茫茫宇宙中的渺小而感到自卑。结果，许多空间旅行者显示出个性改变、态度不同或对人类需要返回地球的敏感。另一些航天员有过更负面的体验，如神经官能症状、抑郁及婚姻问题。美国阿波罗计划的航天员布兹·奥尔德林（Buzz Aldrin）在完成登月任务后仍未摆脱这些精神障碍的影响，不得不接受精神病治疗的干预（Aldrin，1973）。在一名参加过为期 90 天的密闭舱空间环境模拟实验研究的受试者身上也发现了隔离后的焦虑和猜疑（Seeman and MacFarlane，1972）。

这些问题已影响到那些长期不在家的人的家庭。伊赛（Isay，1968）研究了432名住在某潜艇基地的军人妻子，发现她们中大部分人已经适应了丈夫不在家。然而，当她们的丈夫出海巡逻归来并试图重申其在家庭中的角色时，有近三分之二的妻子感到抑郁，从而打破了家庭的平静。伊赛把这称为“潜艇人员妻子综合征”。珀尔曼（Pearlman，1970）同样也发现了在丈夫们完成潜艇巡逻任务回来后家庭出现的严重婚姻问题。

有报告称，南极科考队员回家后也出现了家庭问题。奥利弗（Oliver，1991）发现从南极回来的29人中有26人经历了重新适应家庭环境的困难。据泰勒（Taylor，1991）报告，国际生物医学科考队的12名成员中至少有3人在返回后的16个月内经历了与他们伴侣的关系破裂。因而，长期分离给家庭敲响了警钟，即使是在家庭成员重新团聚之后。

5.4 衰弱症

5.4.1 一种常见空间综合征吗

5.4.1.1 文化问题

根据俄罗斯心理专家和航医的经验，长期航天飞行任务期间主要影响俄罗斯航天员情绪状态的是衰弱症（有时称为“衰弱化”）（Kanas，1991）。对这种病症的定义是：“神经或精神脆弱，自身表现为疲劳……和迅速丧失力气、低感觉阈、心绪极度不稳和睡眠障碍。（衰弱症）可能由躯体疾病造成，也可能由过度的心理紧张或身体劳损、长时间的负面情绪体验或冲突造成。”（Petrovsky and Yaroshevsky，1987）[28]。衰弱症被看做比神经衰弱症轻微的一种衍生病症，可在ICD－10分类系统中找到，是需要治疗的一种严重精神障碍。神经衰弱症的重要临床特征见表5.8。

表 5.8　神经衰弱症的临床特征（参照 ICD—10）

轻微脑力或体力活动之后持续不断的、痛苦的精疲力竭或疲劳感觉
至少出现以下一种症状：肌肉疼痛、头昏眼花、紧张性头痛、睡眠障碍、无法放松或易怒
简单休息或普通娱乐无法减轻症状
持续时间 3 个月或更长
以上症状均非因任何其他身体或情绪障碍引起

（Sadock and Sadock，2000）

执行过长期航天飞行任务的美国航天员曾在轶事报告中提出过可提示衰弱症的症状和征候（Burrough，1998；Freeman，2000；Harris，1996）。但是，衰弱症和神经衰弱症都未被列入美国精神病学协会的 DSM－IV 的诊断基本要素中，因此美国心理健康专业人员无法利用该手册在他们的患者中诊断这一病症。在美国，许多衰弱症的症状被诊断为调整障碍、精神抑郁障碍，或严重抑郁障碍，或慢性疲劳综合征。

这很具讽刺意味，因为神经衰弱症的起源可追溯到一名美国医生乔治·比尔德，他生活在 1839 年至 1883 年（Beard，1905/1971；Kanas et al.，2001b）。他观察到很多病人诉说的一些不明原因的症状，如疲惫、病态性恐惧和焦虑、绝望、精神过敏、难以集中注意力、健忘、头痛、失眠、做噩梦、身体疼痛和性功能障碍。他认为潜在的生理障碍是形成这种征候群的原因，他将这些症状定性为神经疲惫或神经衰弱症。他把神经衰弱症看做美国人特有的疾病，尤其为上层社会的人所易患。他概括出许多治疗神经衰弱症的方法，包括通常所吃的食物和草药、药物治疗、休息、按摩和局部电疗。神经衰弱症的概念逐渐扎根和流传于欧洲、俄国和亚洲（Carlson，1991）。第一次世界大战之后，这种病症在美国的流行已不那么普遍，然而它在其他国家继续被诊断出来并持续至今。

这令参与对长期航天飞行乘组实施保障的航医和心理专家左右

为难。有没有一种经常发生的，能让使用DSM－IV和使用ICD－10进行诊断的人同时可以做出判断的具有疲劳特征的病症呢？或有没有存在文化差异，使不同文化和国家背景的人处于空间时的心理反应的表露也不同呢？解答这个问题还需深入的临床和实验研究（见5.4.3）。

5.4.1.2 俄罗斯人对空间衰弱症的看法

俄罗斯专家通过分析乘员与飞行任务控制人员之间的语言交流，审查体检的数据资料和用临床量表测量进行疲劳、身体症状、睡眠质量和心境的评定，以此来诊断和监测空间中发生的衰弱症。有几位专家还撰写了有关这种病症在空间环境下的特征的文章，例如，米亚斯尼科夫和扎马列特季诺夫（Myasnikov and Zamaletdinov，1996）认为，从执行4个月以上的航天飞行任务的俄罗斯航天员身上能看出衰弱症的基本要素（如疲劳、情绪不稳和睡眠障碍）。这种衰弱症加剧了工作效能的下降、乘员之间的冲突和误操作。这种身体不适的状态似乎是一种随时间的推移而形成的累积性疲劳。

亚历山德罗夫斯基和诺维科夫（Aleksandrovskiy and Novikov，1996）认为，许多俄罗斯航天员在飞行1～2个月后出现一种轻度形式的衰弱症（即乏力）。他们把这种体力不足状态看做是一种抑制过程占优势，表现为疲劳、工作能力降低、睡眠障碍、焦虑、自主障碍（如心悸、出汗）、难以集中注意力及对亮光和高音噪声的敏感度增强的状态。空间旅行者还根据经验报告过知觉的变化。在对54名参加过空间飞行的美俄航天员的一次问卷调查研究中，受试者说无论是工作还是闲暇时他们在空间观看和收听的活动明显增多（Kelly and Kanas，1992）。这使人想起在礼炮6号和礼炮7号空间站项目期间发现的知觉敏感度在3～5个月后发生改变的情况，一些俄罗斯航天员还提到他们对飞行任务控制人员的高声说话和言辞表达方式越来越厌烦（Grigoriev et al.，1988；Lebedev，1988）。

亚历山德罗夫斯基（Aleksandrovskiy，1976）描述了衰弱症的3个阶段。第一阶段是乏力，对外部刺激的敏感度普遍增强，导致觉醒过度、活动性增加、情感易激惹、急躁、注意力和集中力差、记忆困难、疲倦、头痛、出汗、脉搏和血压不稳及睡眠障碍；第二阶段是中间阶段，应激性虚弱，易激惹和情绪不稳发展到严重疲劳、负面情绪反应和嗜眠；第三阶段是感觉减退，变得冷漠、持续疲劳、唯命是从和缺乏工作能力。

最近，米亚斯尼科夫等人（Myasnikov et al.，2000）对地面上的临床衰弱症和空间中的衰弱症进行了对照，他们认为前者是需要采用药物治疗的具有神经病特性的一种障碍。然而，后者一般比前者轻微，一来是因为俄罗斯航天员都经过精心的精神病筛选，二来是因为在空间时乘员受到监测，一发现有心理问题的迹象就会立即采取对抗措施。因此，一般不需要进行药物治疗。在空间发生的衰弱症被看做是航天飞行任务期间的心理应激水平和个人应对策略不足这两个方面的反映。因此，当提到空间中的这一病症时，作者更喜欢用“精神衰弱”这个词。

以上讨论的某些要点见表 5.9。

表 5.9　空间衰弱症或衰弱化的特征

身体或情感上的疲劳或虚弱
活动减退
易激惹和紧张
情绪不稳
食欲和睡眠成问题
注意力和记忆力减退
疏远他人和领地行为

注：引自俄罗斯各种消息来源（见正文）。

5.4.2 空间实验发现：衰弱症与航天飞机/和平号空间站项目

5.4.2.1 方法

上述临床和实际航天飞行的数据资料表明在空间环境下可能发生衰弱症。为了探究是否有经验证据证明在实际航天飞行任务中出现过衰弱症，研究人员对历时 4 年半的航天飞机/和平号空间站项目中人的交互作用研究（见第 4 章）的数据进行了回顾性的调查（Kanas et al.，2001b)。此项研究并非专为评定衰弱症而设计，因此，为了评价空间乘员中出现的衰弱症，对使用心境状态剖图自评量表问卷调查方法获得的数据进行了重新分析。3 名研究人员独立分析了心境状态剖图（McNair et al.，1992)，确定了具有衰弱症第一阶段特征的项目。由于空间中这种病症的情况会触发地面心理保障人员采取许多对抗措施，预计不存在衰弱症更高阶段的一些特征。3 个评定者均选出了 8 个项目作为衰弱症第一阶段的特征：高度紧张和心神不定（紧张项)；不满和恼怒（易激惹项)；健忘和注意力不集中（认知项)；厌倦和疲乏（精力不足项)。为研究衰弱症，收集 13 名在轨乘员在这 8 个项目上的每星期数据进行分析。

让 6 名熟悉衰弱症特征并有着 10 年以上与航天员直接共事经历的俄罗斯航天专家将自己当作遭受第一阶段衰弱症侵袭的航天员填写了一个俄文版的心境状态剖图自评量表。对由美俄航天员给出的心境状态剖图自评分数与俄罗斯专家给出的具有临床意义的原型分数进行了比较，以调查是否有证据支持空间中存在衰弱症。

对心境状态剖图上的所有“衰弱症”项目均采用 T－检验法来评定乘员与俄罗斯专家之间、美俄航天员之间打出的平均分的差异。为了控制与多种显著性检验关联的 I 型错误率的夸大，在所有分析中均采用了由本亚明伊和霍赫贝格（Benjamini and Hochberg，1995）编制的错误发现评定程序。

5.4.2.2 结果

表 5.10 显示的是在轨乘员和 6 名专家对衰弱症 8 个项目的平均

打分的对照。采用 T－检验法表明，乘员对衰弱症 8 个项目中的 7 个给出的分数都明显低于专家给出的分数，只在“心神不定”项目上没有出现差异显著的结果。乘员给出的所有平均分均小于 1，使这些分数分布在心境状态剖图中的“全无”到“有一点”的等级中，而专家原型的平均分在“有一点”到“很多”的等级内。还采用 T－检验法对乘员在空间的打分与其在发射前 4 星期地面训练期间可供对比的打分进行了比较，结果是心境状态剖图的 8 个项目中没有任何一项具有差异显著性。为了寻找时间效应，对每个受评者在 8 个项目中的每一条都按任务的 4 个阶段计算阶段平均分。对每个项目采用变量分析，得出的 F－检验值均不具差异显著性。最后，采用 T－检验对美俄乘员所有 8 个项目的打分进行了比较，两组之间也没有显著差异。

表 5.10　乘员与俄罗斯专家在心境状态剖图的“衰弱症”项目上的平均评分比较

心境状态剖图条目	乘员平均分	专家平均分
紧张不安*	0.25	2.50
不安静	0.39	1.00
怨恨*	0.08	2.17
苦恼*	0.29	2.00
健忘*	0.17	2.50
注意力不集中*	0.05	1.83
困乏*	0.42	2.33
疲劳*	0.59	2.67

*——p 值低以致调整过的显著性水平极限为 $p=0.044$（Benjamini and Hochberg, 1995）。

(Kanas et al., 2001b)

5.4.2.3　结论

对在轨乘员的分数与来自俄罗斯航天专家构建的衰弱症原型的

分数或与乘员在发射前训练期间的分数进行比较的结果都不支持空间中出现衰弱症的说法。然而应该注意的是，既然心境状态剖图主要是评定情绪状态而不是生理状态（如血压、心率、睡眠特征）或构成衰弱症征候群的身体疾病的一种方法，它只能评价这种综合病症的一部分。而且，也许衰弱症的操作型定义所使用的 8 个心境状态剖图项目对于鉴别该综合征的特点还不够敏锐。

乘员在评定衰弱症时不容置疑地将其项目列入“全无”到“有一点”的等级内，这表明他们并没有经历过任何严重到可以察觉到的衰弱症状。但是另有报告称（Kanas et al.，2000a，2000b，2001a，2001c），乘员在测量（包括心境状态剖图自评量表测量）中的得分通常逼近分量表的正端，比起地面常模样本的反应，他们的反应是更具有适应能力的反应。因而，他们似乎比地面其他群体人员更乐观地感知他们的情绪和人际环境。8 个衰弱症项目的这些结果同时适用于美俄航天员，因为他们在得分方式上往往是类似的。

尽管没有发现空间的衰弱症，但是衰弱症的概念证明对其进行深入研究是有充分根据的。应对这种症候群进行更好的定义，有必要研究专门针对衰弱症的测量方法并在临床上及航天员人群中进行验证。如果进一步的研究确定空间中有衰弱综合征出现，那么就应该扩大应对其后遗症问题的发射前的训练计划和加强飞行中的对抗措施，以增进参与未来长期航天飞行人员的身心健康。

5.4.3 空间实验发现：在轨心境状态模式上的文化差异

虽然上述结果不支持存在空间在轨衰弱综合征的构想，但这并非说不存在类似衰弱的模式。以前做过同样研究的小组采取了一个新的途径。在完成了国际空间站项目的研究后，实验人员很想知道美俄乘员表现出来的心境状态模式是否存在差异。推理是，在俄罗斯文化中，衰弱被认为是一种综合病症，沮丧情绪和疲劳之间会有某种关联，因为根据衰弱症模型这两种状态应该是共生的。相反，在美国文化中，基于神经病的抑郁被认为与焦虑共生，可根据美国使用的诊断系统对此进行预测（American Psychiatric Association，

1994）。

研究组首次使用混合模型线性回归法对航天飞机/和平号空间站项目和国际空间站项目的乘员分别测试了这些关联（Boyd et al.，2007；Ritsher，2005），结果有些模棱两可。为了获得统计学意义，实验人员将航天飞机/和平号空间站和国际空间站两个项目的数据集结合起来，这似乎有道理，因为这两项研究的其他结果相似（见第 4 章）。在结合的样本中（13 名美国航天员和 17 名俄罗斯航天员）发现，正如先前对俄罗斯人的预测，抑郁和疲劳显著相关，而抑郁与焦虑之间的关联不明显（Boyd et al.，2007）。对于美国人也正如预测的那样，抑郁与焦虑间的关联显著，而抑郁与疲劳之间的关联不明显。两组数据中，抑郁评分均与对愤怒的评估相关，而对美国乘员，抑郁同时与心理混乱的状态有关。没有发现其他的显著相关关系。

这些结果证实了俄罗斯乘员是在疲劳的情境下体验抑郁，这与早期衰弱化症状一致。相反，美国人是在焦虑的情境下体验抑郁的，这支持与美国神经病型抑郁模型一致的一种与文化密切关联模式的心境。两组研究结果均把抑郁与愤怒关联，这有意义，因易怒是两种文化的不良应激模型共有的特征。心理混乱与抑郁的共生也会有意义，因集中注意力困难是美俄双方不良应激模型的另一个共同特征，但这种关联仅在美国受试者中表现显著。这些结果表明，乘员的情绪状态模式反映国家文化标准，在这个令人关注的方面需要进一步的研究。

5.5　治疗考虑

5.5.1　心理咨询与心理治疗

发射前，应就长期飞行中可能发生的心理应激因素和精神病问题向乘员进行扼要的陈述。飞行期间，应对乘员进行精神病障碍发展中的症状和迹象的监测。在近地飞行任务中，可通过私密的双向视听链路在乘员和临床医学专家之间开展心理咨询、危象干预或者简短的支持性心理治疗。在特殊情况下，可能需要更进一步的以探明实情为目的的心理治疗。在深空飞行任务（如飞往火星）期间，飞行的距离导致通信延迟，无法从地球送去鼓舞士气的补给品和礼物。因此，治疗的对抗措施将依赖在轨乘员所练就的心理咨询、心理治疗和服用精神治疗药物的技能。还需要有能在轨使用的将可能有自杀、暴力或冲动倾向的乘员隔离和禁闭的设施。

在空间站、月球基地或火星之旅计划的初期飞行任务中，还不可能有精神病医师或临床心理医师作为乘组成员。但乘组中有可能有一名医生或其他受过医学培训的人。正如卡纳斯曾经描述的那样(Kanas，1998)，这种乘员应该具备以下几方面的知识：① 个体精神病理学和小群体行为学；② 预测飞行任务期间应激因素对个体和人际关系的影响；③ 有关危象干预技术、个人心理治疗、增强集体意识和团队建设的技能；④ 镇定剂和其他心理药物的适当使用及它们在微重力下的有效性和副作用。

为了防止心理咨询人员没有能力解决某种精神病难题而造成负面结局，让另外一名乘员接受横向训练以处理相关问题将会是明智的做法。同样，所有乘员都应对长期航天飞行任务中可能发生的重大精神疾病和人际关系问题以及解决这些问题的基本干预手段有敏锐的察觉能力。

5.5.2 精神治疗药物

载人航天飞行任务中随航天器内配备的医药箱里装有帮助乘员治疗空间运动病、疾病和外伤的药品。选择什么样的药物装进这些医药箱取决于飞行任务持续的时间、飞行任务的目标以及有无随行医生等因素。精神治疗药物一直是药品手册中规定配备的药物。这些药物的品种列于表 5.11。例如，航天飞机飞行携带有可口服和注射的地西泮（安定）等抗焦虑药；可待因和吗啡等镇痛药；氟胺安定和羟基安定等安眠药；右旋安非他命等兴奋剂；氟哌丁苯等抗精神病药；肌内注射普鲁米近等抗空间运动病药（Pavy-Le Traon et al.，1997)。

表 5.11　精神治疗药物的品种

抗焦虑药（如地西泮、劳拉西泮）
抗抑郁药（如氟苯氧丙胺、丙咪嗪）
抗躁狂剂和情绪稳定剂（如锂、丙戊酸）
安定药（如奥氮平，氟哌丁苯）
镇痛药（如可待因、吗啡）
安眠药/催眠药（如唑吡妲、扎莱普隆）——见上述抗焦虑药
兴奋药（如咖啡因、右旋安非他命）
抗空间运动病的普鲁米近

桑蒂及其同事（Santy et al.，1988）的报告指出，有 78％的航天飞机乘员在空间服用过药物，主要为了治疗空间运动病（30％）、头痛（20％）、失眠（15％）和背痛（10％）。俄罗斯航天飞行携带的医药箱里所装的精神治疗药物包括地西泮和非那西泮等抗焦虑药；阿密曲替林等抗抑郁病药；“双苯斯酮胺”等精神兴奋药；氯丙嗪和氟哌丁苯等安定药；伽马氨基丁酸类似物的吡烷酮醋胺（Aleksandrovskiy and Novikov，1996)。正在增加更新的精神治疗药物，如通常称做“非典型的”安定药（如奥氮平、利培酮）和选择性 5－羟色胺重吸收抑制剂（SSRI）抗抑郁病药（如氟苯氧丙胺、舍曲林)。由于微重力和其他空间效应造成的生理变化可能改变精神治疗药物的药物动力学特性，从而影响药物的用量和给药的途径（Saivin et al.，1997)。部分生理效应见表 5.12。在微重力下，上身的血流量增加，下身的血流量减少；相应的肌肉群废用也可能引起肌肉萎缩。作为这两种效应的结果，可用的血液和注射部位发生的肌肉萎缩量将影响肌肉注射药物的生物药效率。例如，在空间通常在上臂肌肉而不是在臀部肌肉注射普鲁米近，而且发现这样做对于治疗空间运动病非常有效，尚未报告有什么副作用（如镇静作用、头昏眼花、精神运动性能衰减）(Pavy-Le Traon et al.，1997)。

表 5.12 可能影响精神治疗药物的吸收和药物动力学的微重力生理效应

血液和体液向上身转移
选择性肌肉群萎缩
胃排空降低
肠内吸收率减少
肝内首过效应降低
血液中蛋白结合改变
肾排泄率改变

其他生理变化也可能影响药物的吸收和代谢。例如，口服药物从胃的排出运动可能会因为在空间胃内含物的失重而减少，从而导致到达肠内的这些药物的有效性降低。肠内吸收率也可能因血液和其他体液向身体其他部位转移而减少。特别预计要受影响的药物是那些在地面实验中观察到的吸收率易改变的药物，如氯丙嗪、氟胺安定和吗啡。体液转移还可能影响对肝内首过效应敏感药物的生物药效率（肝是人体的代谢器官），如地昔帕明、丙咪嗪、吗啡、去甲替林和普萘洛尔（Saivin et al.，1997）。血液蛋白结合和肾排泄率也可能受微重力的影响，因而，许多精神治疗药物的效力和副作用可能受空间环境的影响。要完全描述这些生理效应影响的特性需要进行更多的实验研究，包括在空间的研究和在地面的卧床和水浸等微重力模拟研究（Cintron and Putcha，1996）。

考虑到未来的长期航天飞行任务，桑蒂（Santy，1987）在其专著中认为，一个合理的精神病治疗药典应当包括每种主要精神病治疗药物，即抗焦虑药、抗抑郁病药、安定药、催眠药和抗狂燥及其他情绪起伏不定的药物的使用，每一类中提供几种药品。应严密监控精神治疗药物的使用情况，因为许多这类药物都有可能被滥用，而且在空间环境中还可能出现异常效应。例如，在一次俄罗斯航天飞行任务中，指令长患了失眠症，在未告知飞行控制中心的医生的情况下服用了很多安眠药，随后他因此举出现了许多问题（Aleksandrovskiy and Novikov，1996）。因此，由地面专家或在空间的接受过医学培训的乘员对在航天飞行中精神治疗药物的使用进行监督是很重要的。

5.6　空间中的精神病研究

以上描述的许多问题依据的都是从地面进行的空间类似研究的推论。这些研究不可能重现第 1 章所提到的所有在空间发现的应激。此外，对隔离和限制环境的精神病反应与每种模拟环境的特性和模拟体验的心理意图都密切相关。航天飞行任务也是如此。例如，一个人对持续几星期的航天飞机近地轨道飞行的心理反应可能与经历一次历时 3 年的火星飞行任务的人的心理反应截然不同，火星离地球有好几千万英里远。帕兰卡斯和他的同事（Palinkas et al.，2005）讨论了在进行与空间有关的行为研究时和在设计以需要和证据为基础的行为健康对抗措施时考虑实际需求的重要性。

现在是该在空间对更多的心理社会问题，尤其是精神病学领域问题进行研究的时候了。研究能够帮助确定在空间是否会发生衰弱化，如果是，衰弱化的发生是否与个人的文化背景相关。还需要研究微重力对精神治疗药物的药效和副作用的影响。此外，可就声音分析和远程医疗技术在精神病诊断和通过私密双向视听通道进行的心理咨询和精神疗法治疗精神病的效能进行研究。国际空间站的长期飞行任务将能为完成其中某些研究提供机会，预计研究的结果将有助于未来航天飞行人员应对长期航天飞行任务的应激并使他们在飞往月球、火星或更远的宇宙空间时彼此合作更有成效。

5.7　本章要点

1）许多航天飞行人员发现他们在空间的经历对他们是非常有益的，促进了他们成长。

2）美俄航天员身处空间时一般都有正面的反应，特别是在看到地球并认识到它的美丽和脆弱时。在空间形成的态度的改变返回地面后转化成行为的改变。根据空间旅行者报告的发生变化的程度似乎可以把它们分成两类。

3）已有报告称适应性和躯体性障碍影响在空间飞行的乘员，心境障碍和思维障碍比较罕见。

4）飞行任务后个性改变和婚姻问题也影响到返航后的航天飞行人员和他们的家庭。

5）俄罗斯航天专家将衰弱症（一种轻微神经衰弱症的表现形式）视为空间常见问题。然而，人们公认的是，神经衰弱症在美国精神病诊断术语中并不是一个定义明确的综合病症，是否存在衰弱症？如果是，其表现症状是否受文化因素影响？这些仍是悬而未决的问题。

6）在航天飞机/和平号空间站项目期间进行的人的互动的研究结果不支持航天飞行中存在衰弱症的观点。但是，研究采用的量表（心境状态剖图）只能对这种综合征进行情绪方面的评定，不能进行生理和身体方面的评定。同时，乘员一般在得分上趋向这一测量分量表的正端。

7）然而，将航天飞机/和平号空间站和国际空间站的数据集结合起来时，有迹象表明存在与文化关系密切的心境模式，俄罗斯人把抑郁与疲劳关联（以衰弱模型预测），美国人把抑郁与焦虑关联（以美国神经症性抑郁症的诊断模型预测）。

8）应训练乘员采用心理咨询、心理疗法、隔离与禁闭和精神治疗药物解决长期航天飞行任务中发生的精神病问题。

9）微重力的生理效应可能改变精神治疗药物的吸收和药物与人体的相互作用。

10）需要在空间环境下，如在国际空间站的飞行任务期间开展研究以评价精神病问题。

参考文献

Aldrin, E. E. 1973. *Return to Earth*. New York: Random House.

Aleksandrovskiy, Y. A. 1976. *States of Psychic Deadaptation and their Compensation*. Moscow: Nauka Press(In Russian).

Aleksandrovskiy, Y. A. and Novikov, M. A. 1996. Psychological prophylaxis and treatments for space crews. In: A. E. Nicogossian, S. R. Mohler, O. G. Gazenko, and A. I. Grigoriev, eds. *Space Biology and Medicine Ⅲ: Humans in Spaceflight. Book 2*. Reston, Va: AIAA.

American Psychiatric Association(APA). 1994. *Diagnostic and Statistical Manual of Mental Disorders. 4th ed*. Washington DC: American Psychiatric Association.

Beard, G. M. 1905/1971. *A Practical Treatise on Nervous Exhaustion (Neurasthenia). Its Symptoms, Nature, Sequences, Treatment. 5th ed*. New York: E. B. Treat & Company(1905). Reprinted by the Kraus Reprint Company, New York: Kraus-Thomson Organization Limited(1971).

Benjamini, Y. and Hochberg, Y. 1995. Controlling the false discovery rate: a practical and powerful approach to multiple testing. *Journal of the Royal Statistical Society*. 57: 289-300.

Boeing Aerospace Company. 1983. *Space Station/Nuclear Submarine Analogs*. CCO271. Grenada Hills, CA: National Behavior Systems.

Boyd, J. E., Kanas, N., Gushin, V. I., and Saylor, S. 2007. Cultural differences in patterns of mood states on board the International Space Station. *Acta Astronautica*. 61: 668-671.

Burrough, B. 1998. *Dragonfly: NASA and the Crisis Aboard Mir*. New York: HarperCollins.

Carlson, E. T. 1991. Introduction. In: G. M. Beard. *A Practical Treatise on Nervous Exhaustion (Neurasthenia). Its Symptoms, Nature, Sequences, Treatment. 2nd ed*. New York: William Wood & Company (1880). Reprinted by The Classics of Psychiatry & Behavioral Sciences Library, Birmingham AL: Gryphon Editions.

Carpenter, D. 1997. Are blunders on Mir signs the stress is too great? *San Francisco Examiner*, July 18, 1997, p. A-1.

Chaikin, A. 1985. The loneliness of the long-distance astronaut. *Discover 1985*. February: 20-31.

Cintron, N. M. and Putcha, L. 1996. Pharmacokinetics in flight. In: A. E. Nicogossian, S. R. Mohler, O. G. Gazenko, and A. I. Grigoriev, eds. *Space Biology and Medicine III: Humans in Spaceflight. Book 2*. Reston, Va: AIAA.

Connors, M. M., Harrison, A. A., and Atkins, F. R. 1985. *Living Aloft: Human Requirements for Extended Spaceflight*. NASA SP-483. Washington DC: NASA.

Cordova, M. J., Cunningham, L. L. C., Carlson, C. R., and Andrykowski, M. A. 2001. Post-traumatic growth following breast cancer: A controlled comparison study. *Health Psychology*. 20: 176-185.

Freeman, M. 2000. *Challenges of Human Space Exploration*. Chichester, UK: Springer-Praxis.

Grigoriev, A. I., Kozerenko, O. P., Myasnikov, V. I., and Egorov, A. D. 1988. Ethical problems of interaction between ground-based personnel and orbital station crewmembers. *Acta Astronautica*. 17: 213-215.

Gunderson, E. K. E. 1968. Mental health problems in Antarctica. *Archives of Environmental Health*. 17: 558-564.

Harris, P. R. 1996. *Living and Working in Space: Human Behavior, Culture and Organization. 2nd ed*. Chichester, England: John Wiley & Sons.

Ihle, E. C., Ritsher, J. B., and Kanas, N. 2006. Positive psychological outcomes of spaceflight: An empirical study. *Aviation, Space, and Environmental Medicine*. 77: 93-101.

Isay, R. A. 1968. The submariners' wives syndrome. *Psychiatric Quarterly*. 42: 647-652.

Kanas, N. 1990. Psychological, psychiatric, and interpersonal aspects of long-duration space missions. *Journal of Spacecraft and Rockets* (AIAA). 27: 457-463.

Kanas, N. 1991. Psychological support for cosmonauts. *Aviation, Space, and Environmental Medicine*. 62: 353-355.

Kanas, N. 1998. Psychosocial training for physicians on board the space station. *A-*

viation, Space, and Environmental Medicine. 59:456-457.

Kanas, N., Salnitskiy, V., Grund, E. M., Cushin, V., Weiss, D. S., Kozerenko, O., Sled, A., and Marmar, C. R. 2000a. Social and cultural issues during Shuttle/Mir space missions. *Acta Astronautica*. 47:647-655.

Kanas, N., Salnitskiy, V., Grund, E. M., Gushin. V., Weiss, D. S., Kozerenko. O., Sled, A., and Marmar, C. R. 2000b. Interpersonal and cultural issues involving crews and ground personnel during Shuttle/Mir space missions. *Aviation, Space, and Environmental Medicine*. 71(9, Suppl.): A11-A16.

Kanas, N., Salnitskiy, V., Grund, E.. M., Weiss, D. S., Gushin, V., Kozerenko, O., Sled, A. and Marmar, C. R. 2001a. Human interactions in space: results from Shuttle/Mir. *Acta Astronautica*. 49:243-260.

Kanas, N., Salnitskiy, V., Gushin, V., Weiss, D. S., Grund, E. M., Flynn, C., Kozerenko, O., Sled, A., and Marmar, C. R. 2001b. Asthenia: does it exist in Space? *Psychosomatic Medicine*. 63:874-880.

Kanas, N., Salnitskiy, V., Weiss, D. S., Grund, E. M.. Gushin, V., Kozerenko, O., Sled, A., Bostrom, A., and Marmar, C. R. 2001c. Crewmember and ground personnel interactions over time during Shuttle/Mir space missions. *Aviation, Space, and Environmental Medicine*. 72:453-461.

Kanas, N., Weiss, D. S., and Marmar, C. R. 1996. Crew member interactions during a Mir space station simulation. *Aviation, Space, and Environmental Medicine*. 67:969-975.

Kelly, A. D. and Kanas, N. 1992. Crewmember communication in space: A survey of astronauts and cosmonauts. *Aviation, Space, and Environmental Medicine*. 63:721-726.

Kelly, A. D. and Kanas, N. 1993. Communication between space crews and ground personnel: A survey of astronauts and cosmonauts. *Aviation, Space, and Environmental Medicine*. 64:779-800.

Lebedev, V. 1988. *Diary of a Cosmonaut: 211 Days in Space*. College Station, TX: Phytoresource Research Information Service.

Lugg, D. J. 1991. Current international human factors research in Antarctica. In: A. A. Harrison, Y. A. Clearwater, and C. P. McKay, eds. *From Antarctica to Outer Space*. New York: Springer-Verlag.

McNair, D. M., Lorr, M., and Droppleman, L. F. 1992. *Profile of Mood States*

Manual (Rev.). San Diego: Educational and Industrial Testing Service.

Myasnikov, V. I., Stepanova, S. I., Salnitskiy, V. P., Kozerenko, O. P., and Nechaev, A. P. 2000. *Problems of Psychic Asthenization in Prolonged Space Flight*. Moscow: Slovo Press (In Russian).

Myasnikov, V. I. and Zamaletdinov, I. S. 1996. Psychological states and group interactions of crew members in flight. In: A. E. Nicogossian, S. R. Mohler, O. G. Gazenko, and A. I. Grigoriev, eds. *Space Biology and Medicine III: Humans in Spaceflight. Book 2*. Reston, Va: AIAA.

Oliver, D. C. 1991. Psychological effects of isolation and confinement of winterover group at McMurdo Station, Antarctica. In: A. A. Harrison, Y. A. Clearwater, and C. P. McKay, eds. *From Antarctica to Outer Space*. New York: Springer-Verlag.

Palinkas, L. A. 1991. Group adaptation and individual adjustment in Antarctica: a summary of recent research. In: A. A. Harrison, Y. A. Clearwater, and C. P. McKay, eds. *From Antarctica to Outer Space*. New York: Springer-Verlag.

Palinkas, L. A. 2001. Psychosocial issues in long-term space flight: Overview. *Gravitational and Space Biology Bulletin*, 14: 25-33.

Palinkas, L. A., Allred. C. A., and Landsverk, J. A., 2005. Models of research-operational collaboration for behavioral health in space. *Aviation, Space, and Environmental Medicine*. 76(6, Suppl.): B52-B60.

Palinkas, L. A., Glogower, F., Dembert, M., Hansen, K., and Smullen, R. 2001. Psychiatric morbidity after extended isolation and confinement in an extreme environment: The antarctic-space analog program. *Proceedings of the 2nd Biennial Conference on Bioastronautics, Galveston, Texas, January 16, 2001*.

Pavy-Le Traon, A., Saivin, S., Soulez-LaRiviere, C., Pujos, M., Guell, A., and Houin, G. 1997. Pharmacology in space: pharmacotherapy. In: S. L. Bonting, ed. *Advances in Space Biology and Medicine. Vol. 6*. Greenwich, CT: JAI Press.

Pearlman, C. A. Jr. 1970. Separation reactions of married women. *America Journal of Psychiatry*. 126: 946-950.

Petrovsky, A. V. and Yaroshevsky, M. G. 1987. *A Concise Psychological Dictionary*. Moscow: Progress Publishers.

Rasmussen,J. E. ,and Haythorn,W. W. 1963. Selection and effectiveness considerations arising from enforced confinement of small groups. *Second Manned Space Flight Meeting*. Dallas,TX:AIAA.

Ritsher,J. B. 2005. Cultural factors and the International Space Station. *Aviation, Space, and Environmental Medicine*. 76(6,Suppl.):B135-B144.

Rivolier. J. ,Cazes,G. ,and McCormick,I. 1991. The International Biomedical Expedition to the Antarctic: psychological evaluations of the field party. In: A. A. Harrison, Y. A. Clearwater, and C. P. McKay, eds. *From Antarctica to Outer Space*. New York: Springer-Verlag.

Sadock,B. J. and Sadock, V. A. ed. 2000. *Kaplan & Sadock's Comprehensive Textbook of Psychiatry, Vol. 1, Seventh Edition*. Philadelphia: Lippincott Williams & Wilkins,p. 1530.

Saivin,S. , Pavy-Le Traon, A. , Soulez-LaRiviere, C. , Guell, A. , and Houin, G. 1997. Pharmacology in space: pharmacokinetics. In: S. L. Bonting, ed. *Advances in Space Biology and Medicine. Vol. 6*. Greenwich,CT:JAI Press.

Santy,P. A. 1987. Psychiatric components of a health maintenance facility(HMF) on space station. *Aviation, Space, and Environmental Medicine*. 58: 1219-1224.

Santy,P. A. 1994. *Choosing the Right Stuff: The Psychological Selection of Astronauts and Cosmonauts*. Westport,CT:Praeger Scientific.

Santy,P. A. 1997. Behavior and performance in the space environment. In: S. E. Church, ed. *Fundamentals of Space Life Sciences. Vol. 2*. Malabar, FL: Krieger Publishing Company.

Santy,P. A. ,Kapanka,H. ,Davis,J. R. ,and Stewart,D. F. 1988. Analysis of sleep on Shuttle missions. *Aviation, Space, and Environmental Medicine*. 59:1094-1097.

Seeman,J. S. and MacFarlane,T. G. 1972. *Results of Post-test Psychological Examinations of the Crewmen from the 90-day Manned Test of an Advanced Regenerative Life Support System*. NASA CR-112019. Huntington Beach, CA:McDonnell Douglas Corporation.

Serxner,J. L. 1968. An experience in submarine psychiatry. *American Journal of Psychiatry*. 125:25-30.

Shepanek,M. 2005. Human behavioral research in space: quandaries for research subjects and researchers. *Aviation, Space, and Environmental Medicine*. 76(6,Suppl.):B25-B30.

Suedfeld,P. 1998. Homo invictus:the indomitable species. *Canadian Psychology*. 38:164-173.

Suedfeld,P. 2005. Invulnerability,coping,salutogenesis,integration:four phases of space psychology. *Aviation,Space,and Environmental Medicine*. 76(6,Suppl.):B61-B66.

Suedfeld,P. and Weiszbeck,T. 2004. The impact of outer space on inner space. *Aviation,Space,and Environmental Medicine*. 75(7,Suppl.):C6-C9.

Taylor,A. J. W. 1991. The research program of the International Biomedical Expedition to the Antarctic (IBEA) and its implications for research in outer space. In:A. A. Harrison,Y. A. Clearwater,and C. P. McKay,eds. *From Antarctica to Outer Space*. New York:Springer-Verlag.

Tedeschi,R. G. and Calhoun, L. G. 1996. The Posttraumatic Growth Inventory: Measuring the positive legacy of trauma. *Journal of Truamatic Stress*. 9:455-471.

Weybrew,B. B. 1991. Three decades of nuclear submarine research: implications for space and Antarctic research. In: A. A. Harrison, Y. A. Clearwater, and C. P. McKay,eds. *From Antarctica to Outer Space*. New York:Springer-Verlag.

Wilson, S. R. and Spencer, R. C. 1990. Intense personal experiences: Subjective effects, interpretations, and after-effects. *Journal of Clinical Psychology*. 46:565-573.

World Health Organization. 1992. *International Statistical Classification of Diseases and Related Health Problems, Tenth Revision*. Geneva: World Health Organization.

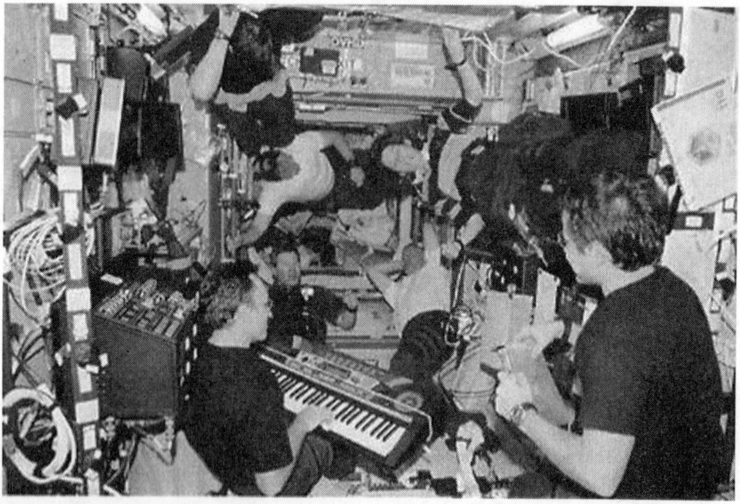

在空间，闲暇时的娱乐活动很重要，它有助于抵御厌倦和单调情绪的滋生，并可作为乘员在有积极意义的活动中相互促进的一种方式

图为航天员、国际空间站第4考察组飞行工程师卡尔·E·沃尔兹（图中左下方弹琴者）在国际空间站的命运号实验舱内组织同乘组人员自娱自乐……

（照片及引用的图题由美国航空航天局提供）

第 6 章　心理对抗措施

6.1　概况

心理对抗措施包括所有能减轻航天飞行中极端严峻的生活和工作条件对乘组绩效和行为影响的活动和措施。这些措施可降低因认知能力、心身健康和乘员交互作用受到损害所带来的风险。原则上，两类互补性的对抗措施是卓有成效的。第一类对抗措施的核心是在航天飞行期间使环境条件迁就人的特定（心理）需求和实际能力。这类对抗措施包括被归入“适居”或“环境工程”类目下的硬件和软件设计（Fitts，2000），还包括航天飞行期间的工作计划和作息时间安排的组织因素。这类对抗措施走的不完全是心理学的途径，更多的是涉及航天飞行的工效学和人的因素问题。人被定义为具有特定优缺点的一个不变元素，而让环境条件尽可能地去顺应这些特征，以保障人的最佳绩效。

第二类对抗措施采取的是一个相反的视角，其主要核心是使人尽可能适应航天飞行的特定生活条件和工作要求。因而，环境条件被视为不变的，这类对抗措施主要是去发现和塑造能在这些条件下表现最佳的人。这类对抗措施包括那些被应用于选拔最适合作航天员的人，组建其成员最能和谐相处的乘组，按照飞行任务的心理要求对单个乘员和全乘组进行训练以及为使在空间的个人和乘组达到最佳绩效而在航天员执行飞行任务的同时，对他们进行监测和提供保障等方面的特定的心理对抗措施（Kanas et al.，2002；Manzey et al.，1995）。可按照应用这些措施的时间对它们进行分类（见图6.1）。尽管飞行前已经在地面采取了乘员选拔、乘组构建及训练这些对抗措施，但乘组在空间飞行的同时还要对他们进行监测和提供保障。此外，帮助航天员在完成航天飞行任务后重新适应地面生活而提供的保障性活动也被视为一种心理对抗措施，因为这些保障活动有助于防止航天飞行产生的不利心理影响遗留的后效应。

尽管适居环境的人类工效学改造、作息时间安排和对航天员的初选等第一类措施对于长期和短期航天飞行都是重要的心理对抗措施，但对于持续时间超过 6 星期的长期航天飞行任务，在过了第一阶段的适应期之后，第二类措施中的多数心理对抗措施都是最适用的（见第 2 章）。这被俄罗斯的经验所验证，他们在实施礼炮号空间站计划期间，从长期航天飞行任务一开始就一直在采取飞行中监测和保障这样的心理对抗措施（Grigoriev et al.，1987；Kanas，1991）。尽管采取这些对抗措施不可能完全避免乘员个人和整个乘组工作绩效的下降，但采用这些对抗措施已成功地防止了这些问题对飞行任务的完成和安全造成的威胁。

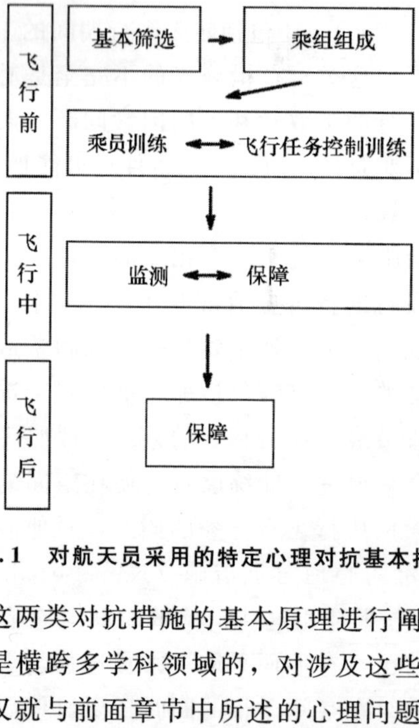

图 6.1　对航天员采用的特定心理对抗基本措施

下面，将对这两类对抗措施的基本原理进行阐述。不过，由于适居和施工设计是横跨多学科领域的，对涉及这些跨学科领域的对抗措施的描述将仅就与前面章节中所述的心理问题直接相关的那些方面展开论述。本章的重点将放在与选拔、组建乘组、训练、监测和保障相关的特定心理对抗措施上。

6.2　适居因素

适居是个定义非常宽泛和模糊的概念，一种定义认为，它涵盖了与“使用者与系统/环境之间的物理界面”或与通常所说的“环境的合用性”相关的所有方面（Novak，2000）[A131]。根据这个模糊的定义，适居概念囊括了很多不同的方面就不奇怪了。表 6.1 所列出的项目通常被认为代表了航天飞行的重要适居因素。这些因素中多数具有相当的心理学意义，一个设计精良的生活和工作环境有利于提高航天员和整个乘组的工作绩效和身心健康。例如，设计良好的工作站可有助于减少乘组在操作任务上的错误，降低噪声可使乘员感到更加安宁，设计精良的卫生间或淋浴间可大大提升乘组的生活舒适度。从这个意义说，所有这些方面的设计都可被视做航天飞行期间的心理对抗措施。然而，多数这些问题并不全是心理学问题，也不全是航天飞行所特有的，而是工效设计和人因工程学的一般问题（Wickens et al.，1998）。就拿为航天应用而进行的工作站和人一机界面设计方面的重要问题来说，即使这些设计的某些方面不得不考虑在空间发现的特殊制约因素（如航天员在作业中需要固定体位而使用约束或限制装置或在飞行早期阶段可出现精细手动控制能力下降的实际情况），但其他很多方面所涉及的实际是无异于地面应用的人一机互动方面的更常见的人－机或人－计算机交互问题（如显示器设计中的兼容性基本原理或软件适用性问题）。

详尽论述所有航天飞行的人因工程学问题会超出本书的论述范围。所幸的是，在各航天机构的一些有关标准化和设计要求的文件中已对多数航天飞行人因工程学问题有适当的阐述。最著名的就是美国航空航天局 1987 年首次明确定义的《人－系统整合标准》（MSIS）（NASA－STD－3000），现在可通过互联网（因特网）获取这些标准的修订版（NASA，1995）。尽管目前正在再次修订中，但这些标准是用于解决大量与航天飞行活动有关的人因工程问题的宝贵的信息资源和指导方针。这些标准也已被欧洲航天局所采用(ESA，1994)，并为国际空间站的适居设计标准在国际上达成一致意见奠定了一个重要的基础（International Space Station Program，1995)。

表 6.1 重要的适居因素和实例

适居因素	实 例
建筑风格	总体布局、转移通道、窗户、内部装饰、照明设备、门、舱口、位置编码、机动辅助装置和约束限制装置
居住舱设计	乘组的个人居住区、乘组集体起居和会议设施、游憩设施
工作站设计	显示器、控制器、人一计算机界面连接、自动控制问题、软件可用性、标识和编码
后勤服务设施	厨房、洗衣间、垃圾管理、仓库
个人卫生	卫生室、淋浴间、人体废物处理
特定装备	工具、台架、专用限制装置、乘组个人装备
环境因素	噪声、振动、空气质量、辐射、温度
健康管理	营养和食品系统、睡眠设施和作息安排、微重力对抗设施、空间医疗设施
设备管理	内务管理工具设计、库存控制系统
舱外活动	航天服、工具和工作站设计

考虑到在前面章节已就确定的心理问题进行了阐述，本节将仅选少数几个看来普遍受到关注的适居问题进行阐述。第一个问题是关于个人空间和提供及设计独立的乘员居住区。没有私人空间和总有他人在场是长期航天飞行中最不利于心理健康的应激因素，来自其他类似环境下的研究报告已提到这种应激因素对个人心理健康的损害（Connors et al.，1985)。假设人在长期隔离和限制下对个人空间的需要增强并出现领地行为，那么提供充足的个人空间和私密住处就是一个重要的心理对抗措施。对个人空间的需求随着飞行任务持续时间的延长而增加，但可能会因技术上的制约而不得不放弃这

种需求。然而，有关航天飞行期间能令每个乘员合意的最小居住容积尚缺乏确切的数据资料，最新的研究仍要回溯到 20 世纪 60 年代 (Fitts，2000)。此外，可以料想，每个人对空间的需求有很大的不同并取决于文化问题，这就很难提出任何普遍适用的建议（Raybeck，1991)。比考虑空间居住舱的大小还要重要的是考虑让每个乘员都有自己的个人宿舍。同乘组工作的乘员定期相互回避似乎至少在某种程度上对生活在受限环境中的群体是一种有益于健康的对抗策略，而这要通过为每个乘员提供个人宿舍才能实现（Connors et al.，1985；Stuster，1996)。这样的住宿区所能提供的重要功能和活动见表 6.2，在美国航空航天局和欧洲航天局的文件里规定了一些这样的乘员宿舍的最小尺寸（ESA，1994；NASA，1995)。

表 6.2　乘员个人宿舍应提供的重要功能和活动（按优先考虑顺序）

有效隔离外界视线和声音
不受干扰的睡眠
个人环境调节（如可调的灯光、温度）
通过音像传输和电子邮件进行私人通信
穿脱个人衣服
存放个人物品
个人娱乐（即可使用不占空间的娱乐设备）
个人可调装饰（如屏风上的绘画、照片，可调的灯光颜色）
从居住舱向外观景

也许乘员个人宿舍的最重要的特点是有效遮挡视线和隔音，尽管遮挡视线已能满足基本隐私需要，但隔音对睡眠来说很重要。如果在空间有睡眠紊乱的问题，设计能有效保障睡眠不受干扰的乘员个人宿舍就属于适居方面的最重要的对抗措施。除了隔音外，还需要准备合适和舒适的睡眠用约束装置（如睡袋），提供调节睡眠区温度和调暗光线的可能。

另一个涉及隐私的问题是考虑提供不仅能与地面亲友通信还能与其他知己朋友（如负责为乘组提供保障的医生或心理专家）通信而第三者又无法监听的私密专用通信线路的可能（参见后面的6.7节）。这种私密专用通信线路可包括双向视频和音频传输及电子邮件，最理想的传输是能方便地从乘员个人宿舍或至少不受干扰的通信区域进入。

最后一点，乘员个人宿舍应提供穿脱衣服、存放个人物品、个人娱乐和某种个人装饰风格（如家庭照片）的可能。乘员个人宿舍有窗户当然是件美事，但如果空间居住舱别处有窗户，用起来又很方便，也不是非有不可。

除了乘员个人宿舍，居住舱的设计应为整个乘组的公共聚会和休闲活动提供方便。这对于保障乘组的凝聚力似乎是一个重要的适居因素。最起码的设施应包括一张桌子，桌子周围有能坐下全体乘员的足够空间。这样的桌子可作乘组共同娱乐活动或开讨论会用，还可作公共就餐的餐桌用。大家在一起吃饭已被发现是促进乘员间相互沟通的一个重要因素，能有助于防止乘组凝聚力的削弱（Stuster，1996）。

另一个适居因素是舱内装饰，这可弥补因空间居住舱内活动范围缩小带来的负面心理暗示。尽管有轶事证据表明内部装饰（如颜色、绘画、照片）可对长期处于受限和隔离环境下的人的身心健康产生影响，不过几乎没有实证研究提及这种影响（Stuster，1996）。然而，却有一致的意见认为应避免使用多种不同的颜色，因为这可导致视觉在若干时间后过饱和。另外，应在小面积内限制使用暗色和很深的颜色。最适宜的做法是使用限制种类的中等亮度和饱和度颜色。推荐使用肉桂色、浅褐色、奶油色、玉米色、麦秆色、象牙色、白色、浅黄色和蓝色（NASA，1995）。

颜色的一个重要功能是用做场所或位置的代码。倘若在缺乏重力暗示的空间，视觉线索对于空间定位的意义增强，利用颜色指示出一个清晰的居住舱垂直结构，可作为防止在空间居住舱里出现空间定向和导航障碍的一个很有效的对抗措施。此外，使用不同颜色可使工作区和生活区所具有的不同心理功能得以加强。例如，雷贝克（Raybeck，1991）提出只应在工作区使用令人兴奋的颜色（如红色、橙色、黄色），在休息区则应使用令人宁静的颜色（如绿色、蓝色）。

有关内部装饰的其他方面的最详细的研究可回溯至美国航空航天局艾姆斯研究中心的一项研究计划，该计划以“实用美学”著称，并已就受限封闭环境下最优先选用的绘画和照片的主题和布局提出了建议（Clearwater and Coss，1991）。例如，这项研究提出，在封闭狭窄环境里可挂上一些描绘地球上的开阔风景的照片以增强心理慰藉作用。未来有关特定内部设计的优先选择及其对人的行为和效能的影响的研究应在隔离和限制环境下进行，并应逐步提出全面的设计建议。对于多文化乘组，这项研究必须要考虑可能存在的文化差异。

窗户是适居方面的另一个因素，可以明确地把它归为心理对抗措施之一。窗户可通过降低单调感及限制和隔绝感来促进身心健康，窗户还可防止出现幽闭恐惧症反应（Haines，1991）。许多轶事报告支持这一观点。例如，从东方号和水星号飞船首次进入空间以来，美俄航天员历来对观看航天器舱外的景色持欣赏态度（Haines，1991），且众所周知，美国航空航天局首批航天员曾竭力说服工程师们在水星号飞船上加装一扇窗户。虽然这一要求与美国航空航天局这 7 名首批航天员是飞行员出身，习惯于驾机飞行时有窗户有关（Wolfe，1980），但结果证明窗户的确具有重要的心理作用，特别是在长期航天飞行任务中。对此，俄罗斯航天员瓦连京·列别杰夫在他 211 天的礼炮 6 号空间站飞行任务期间所记的日记就是一个很好的印证，他在日记中描述了从空间站的舷窗观看地球可以起到放松身心的作用（Lebedev，1988）。在空间飞行大约 2 个月后他在日记中写道：“飞行渐渐困难起来，目视观测使我平静下来”（Lebedev，1988）[154]。这进一步得到凯利和卡纳斯（Kelly and Kanas，1992）调查结果的支持，他们调查了 54 名执行过航天飞行任务的俄美航天员。他们发现，航天员都提到“观察”活动在航天飞行中越来越重要。因而，在空间居住舱这样一种封闭受限的环境里，窗户不仅是居住舱建筑结构的一个“宜人的”特色，而且必须把它们看做具有非同一般的心理意义的不可缺少的一个要素。

6.3 工作设计问题

工作设计和日程安排可在 3 个方面充当心理对抗措施以有效防止损害个人健康和降低工作绩效。第一个方面是为航天员规定适当的每日工作量（即避免航天员在空间飞行期间工作量过大或不足）。工作量过大的问题尤其会发生在短期航天飞行和长期航天飞行的最初几星期，这种时候通常会因操作任务和实验者对调查初步适应空间问题的兴趣而忙碌。例如，天空实验室 4 号的飞行经历就是一个例证，在航天飞行的最初 3 星期中乘组感到工作大大超负荷(Stuster，1996)。瓦连京·列别杰夫的飞行日记一开头也证实了这种超负荷，在他 211 天的航天飞行任务的第一星期后的日记中写道：“今天医生告诉我们说，我们已缺乏睡眠 7 小时，过度工作 20 小时，我们必须设法补偿。”（Lebedev，1988）[39-40]。造成这样的超负荷常常是因强制乘组将时间花在做尽量多的工作上，加上对适应空间环境和完成某些任务所需时间的估计不足。正如几项研究所证明的，即使发射前在地面已全面练习过的任务在空间完成时也可能需要更多的时间，至少是在最初几天感觉运动系统还没有充分适应微重力时（Kubis et al.，1977）。

超负荷的工作量和班次轮换的拖延可导致身心疲惫，并增大乘员失误的风险。地面研究表明，工作 8 小时后失误的概率大大提高(Nachreiner et al.，2000)，对乘员在航天飞行期间失误的调查也显示乘员失误与工作量相关（Nechaev，2001）。因而，在时间安排上充分考虑航天员对空间特定制约条件的适应和避免航天员过度劳累，以制定出适当的时间表，这是保护航天员身心健康和维护工作绩效的一个重要的心理对抗措施。

在长期航天飞行任务期间，最初几星期一过，一切都趋于平常，厌倦和单调情绪就会盛行起来，克服这种感觉的一个最有效的对抗措施就是做一些有意义的工作。许多来自航天员及在类似环境下生活和工作过的人员的轶事报告证实了这一点（Stuster，1996）。这些轶事报告表明，厌倦可加剧限制和隔离环境产生的负作用，而连续不断的工作反而有助于克服厌倦情绪。正如俄罗斯航天员柳明（V Ryumin）所言，“……工作是治疗焦虑和抑郁的最好办法”（Bluth and Helppie，1986）[Ⅲ-22]。据首名参加过和平号空间站长期飞行任务的美国航空航天局航天员诺曼·萨迦尔德（Norm Thagard）说：“长期航天飞行中唯一最重要的心理因素是有意义的忙碌。如果忙得有意义，其他很多事情就都自然好办了”（Herring，1997）[44]。因而，在长期飞行任务中工作对心理的影响可有很大变化。尽管必须限制每日工作时间并在飞行最初的阶段多给航天员时间休息以降低他们的工作负荷，但在长期飞行任务中过多的休息时间和缺乏有意义的工作也可能变成一个心理问题。

在空间工作的第二个方面的对抗措施是保持 24 小时作息制度的惯例不变。正如俄罗斯航天飞行经验所表明的，稳定的作息时间表（即不变的睡眠和起床时间）可对乘员的身心健康和工作效率起积极作用。已有报告说，严格的、符合地面条件的 24 小时作息时间表提高了乘员的工作绩效，反之，违背和搅乱这种严格的 24 小时作息制度的作息时间表会产生不利效果（如乘组失误风险增大）（Litsov and Shevchenko，1985；Nechaev，2001）。这其中一个原因可能与作息时间表对生理节奏系统的影响有关。如第 2 章所述，在空间缺乏自然的白日时间暗示（“给时者”授时因子）可能影响生理节奏系统并促发睡眠障碍。然而，从未有报告提到节奏的自由运行，这可能被作为缺乏自然时间暗示可由外界授时因子将生理节奏系统维持在 24 小时睡一醒制度下而得以有效补偿的证据。在空间最有效的外界授时因子之一是严格的作息时间表，维持一个恒定的 24 小时作息时间表可防止因生理节奏和睡眠被打乱而使工作绩效下降。但是在航天飞机、联盟号飞船和国际空间站运行期间，由于操作上的制约（如将乘组的作息时间调整到与预定的着陆时间一致，或将国际空间站乘组的作息时间调整到与访问乘组的作息时间一致）而可能有必要在空间实行轮班睡眠制。为了避免对健康和工作绩效产生不利影响，须依靠轮班管理制度，谨慎安排和实施这种轮班睡眠制度（详见第 2 章）。

第三方面是解决可能降低在空间的工作乐趣和动机问题的对抗措施，这种对抗措施是给乘组尽量多的自由，让他们自主计划和安排工作任务。虽然这在短期航天飞行中是不可能的，因为短期航天飞行的任务重，需要对任务进行严格的时间排序；但在长期航天飞行中其意义的重大甚于短期飞行。为使飞行任务的时间顺应乘员当前的工作量，给他们一些自主权可能有助于避免工作量过大或不足，对此很难从地面进行估计。应根据优先顺序对任务进行分类，乘组应在遵守任务时间表的前提下，自主决定何时执行操作时间不紧迫的“令人愉快领受的”任务。这是从天空实验室飞行任务中吸取的一个重要教训，在时间最长的天空实验室飞行任务（天空实验室 4 号）中，采取这种方式帮助提高了乘组的工作效率（Douglas，1991）。俄罗斯航天飞行任务也有类似的经验报道。我们再来看列别杰夫的日记：“根据计划今天是我们的体检日，但 FCC（即飞行控制中心——作者注）决定放我们的假。不过我们自己把这一天弄成了一个真正辛苦的工作日。……我们享有充分全面的主动性。我们利用对空间站和设备性能的熟知，以及对实验目标的理解，有效制订活动计划，拍摄我们想要拍摄的照片。以前在我们不得不坚决遵守由地面制订的严格的日程计划时浪费了许多时间；有时我们的工作会比预定的进度提前完成，但不到日程计划表中规定的时间就不允许我们开始下一步的工作，所以我们只能闲待着（和）浪费宝贵的时间、燃料和资源。”（Lebedev，1988）[279-280]

6.4 航天员选拔和乘组构成

6.4.1 一般问题

在航天员选拔中重要的是对个体的评价，不仅要确定申请人不具有负面特质（如易患精神病的体质、心理病理特征、人际关系困难），而且要评价其所具有的正面特质（如相应的操作技能和训练、成熟、应激耐力、与他人和睦相处的能力）。因此，航天员选拔在这两个不同方面一直是有分别的（Santy，1994；Santy and Jones，1994）。第一方面的选拔专注于采用精神病评价和心理测验进行心理病理的评定，中心是选出（即淘汰——译者注）那些具有可能在空间行为健康上冒风险的特质的申请人。第二方面的选拔包括的心理评定旨在选入（即录取——译者注）最符合特定的正面心理标准的候选人。

虽然精神病访谈和心理测验是有效的筛选手段，但一个人对空间模拟环境、特定的群体训练和应激测验的反应也是有启迪作用的，因为在这些情况下可产生类似于在空间的体验。苏联和俄罗斯传统上一贯采用这些方法选拔航天员，在他们的航天员选拔中，心理因素的考虑从载人航天飞行一开始就发挥了重大作用（Beregovoy et al.，1987；Bluth and Helppie，1986；Garshnek，1989）。日本（Endo et al.，1994；Sekiguchi et al.，1994）和欧洲航天局（Fassbender and Goeters，1994）也采用类似的选拔方法成功地选拔出了他们的航天员候选人。

相反，美国航空航天局的航天员选拔的焦点则一直主要集中在采用心理测验和精神病评定的选出方法上。即使在早期的水星号计划期间对航天员候选人进行过少许的选入式的心理测验，但随着航天飞机时代的到来停用了这种选拔方式（Santy，1994）。20 世纪 80 年代后期，美国航空航天局的一个内部工作组开始为航天员选拔制定心理选入标准（Santy，1994）。然而，花了几年时间才最终实现了航天员心理选入工具系统的升级，这主要是针对即将来临的长期航天飞行任务（Galarza and Holland，1999a）。当前，所有参与国际空间站运行的航天机构在征募各自航天员的过程中都采用选出法和选入法相结合的精神病和心理选拔策略对各自的申请人进行航天员候选人的筛选。

关于选拔的另一个问题是要选出最能和谐相处的人来组建飞行乘组。这对于长期航天飞行任务尤为重要，这也是俄罗斯（苏联）从最初长期航天飞行计划——礼炮 6 号空间站开始以来就一直关心的问题（Bluth and Helppie，1986；Gazenko，1980）。由于乘组的乘员一般事先就已经互相熟识，这就使得在地面进行集体训练时能观察他们之间的相互作用。但是，如果在未来的飞行任务（如国际空间站）中乘组的构成是交错的，让某些乘员在空间居留数月，同时不时地把另一些乘员送上空间站加入到他们中间，就有可能出现特别问题。这种情况有可能造成危及飞行任务成功的人际冲突。需要做的工作是研发用于评价潜在不相容性的简易、快速的方法。倘若这样的措施可用，就有可能在发射前对有望入选的乘员进行测验，在将要进行重大的人员调整时，可对这些测验结果进行分析，以发现在所提议的新乘员组合中有可能存在的心灵内部和人际关系问题的迹象。

6.4.2 选出：防止发生心理病理问题

精神病筛选的重点是比照已制定的精神病标准选出（淘汰）看来可能不合格的航天员申请人。从特色上，这种方式包括了旨在从所有申请人中鉴别出那些在个人病史或家族史中有过一段心理病理疾病经历的，已有文件证明患过心理病理疾病的，或在具有空间环境特征的条件下可能代谢失调的少数人的筛选程序。这些问题中有许多已在第 5 章中论述过。

这些精神病评价一般遵循在航空和航天医学领域已使用过几十年的通用医学准则。通行的方法包括结构性临床访谈，内容包括以 DSM 或 ICD 的疾病分类法为依据的详细精神病病史调查（Endo et al.，1994；Santy et al.，1993)。另外，还可使用专门针对心理状态的方法及检测心理病理障碍的临床心理测验（如明尼苏达多相人格调查表这类人格问卷或罗夏墨迹测验这类投射式测验)。然而，由于通常航天员申请人就已经是从普通人群中精选出来的，其心理病理疾病流行率本来就低，所以通常只有少数候选人是因精神病原因不合格而被选出。例如，根据 DSM－IIIR 的疾病分类法对 106 名美国航空航天局航天员候选人进行结构性临床访谈的精神病筛选，最终只有 9 名（8.5%）申请人符合精神疾病标准（见表 6.3)，而其中仅有 2 名（1.9%）申请人的不合格纯属精神病原因（Santy et al.，1993)。日本选拔航天员候选人采用了类似的程序，其结果是，45 名（4.4%）申请人中仅有 2 名不合格（Endo et al.，1994)。尽管如此，必须将精神病评价的选出法作为目前航天员选拔的一个重要和不可缺少的要素。精神病选出法对于将来特殊的探险类飞行任务（如飞往火星或更远）的航天员选拔会变得更为重要，对于这类探险飞行任务，可能要对候选乘员进行特别的详细审查，因为行为和精神疾病风险将可能随所预计的飞行任务持续时间的延长和非同寻常的应激因素而增加（见第 7 章)。

表 6.3　根据 DSM－IIIR 对 106 名航天员申请人的诊断结果

DSM－IIIR 诊断结果	申请者人数
轴 Ⅰ	
梦焦虑障碍	1
严重抑郁障碍（单次发作）	2
轴 Ⅱ	
人格障碍，NOS（回避和依赖特征）	1
V 码	
生存境况问题	2
丧亲之痛（悲伤反应）	1
婚姻问题	2
总计	9（占群体 8.5%）

(Santy et al.，1993)

6.4.3 选入："所需必备素质"

要研发出从健康申请者人群中选拔最佳人选进入航天员队伍的评价工具更难。选入方法旨在鉴别有望能在基本能力、人格特征和人际技能方面符合（长期）航天飞行任务特定的操作和社会心理要求的人。具有这种用途的评价工具可包括操作测验、个性问卷、传记资料分析、在特定的集体行动中的行为观察和访谈（Beregovoy et al.，1987；Fassbender and Goeters，1994；Santy，1994；Sekiguchi et al.，1994）。此外，在俄罗斯一直把候选人对心理生理反应和对特定应激因素（如跳伞、隔离室测验）的个体应激耐受能力的分析用于其选入目的（Beregovoy et al.，1987；Garshnek，1989）。比较俄罗斯、日本、加拿大、欧洲和美国所采用的选入方法的不同，他们似乎一致认为，在评价适于航天飞行的心理时至少需要考虑以下方面：动机、传记中的相关阅历、认知和心理运动能力、与应对应激相关的人格特质、与人际行为相关的人格特质、人际和协同工作技能，尤其与国际空间站相关的跨文化的能力。然而在这些不同方面进行的衡量，可能会因具体的申请者人群和要招募的航天员候选人的专业职能不同而不同。例如，如果要招募普通的科研人员来执行以后可能必须进行的空间操作任务，那么对其进行认知和心理运动能力的测验就很重要；但如果要从富有经验的试飞员人群中招募航天员，则可以认为他们在这类能力上已有很好的提高而可予以免试。

然而，当前用于选拔航天员候选人的多数选入方法还不是建立在对最能预示航天员在空间高效工作的个体特征的系统研究的基础之上的（Santy，1994）。相反，目前规定用于航天员选拔的选入因素的多数尝试主要凭借的是专家评判，这看似有理，往往无须验证，但通常缺乏经验实证。目前，美国航空航天局使用的这类因素的最新一组列于表 6.4。这组选入因素所根据的是对类似环境下的可用研究和轶事报告，以及 20 名俄罗斯、欧洲和美国的航天员及飞行任务保障专家的评级的分析（Galarza and Holland，1999a，1999b）。桑蒂（Santy，1994）对俄罗斯、日本和欧洲采用的心理选入标准做了全面的回顾。

表 6.4　长期和短期航天飞行任务要求的关键心理因素

心理因素	选定的能力测试样本	对长期飞行的关键程度	对短期飞行的关键程度
心理/情绪稳定性	无精神障碍、情绪稳定、自制、自信	1	2
应激条件下的工作绩效	能在危及生命的重压和应激条件下完成任务、具有灵活性和适应性、能应对极限个人应激	2	1
群体生存技能	群体生存和交互作用技能、对乘员背景多样性的适应性、多文化适应性	3	7
协同工作技能	冲突消解和合作、团队目标高于个人目标、追随技能	4	4
家庭问题	能应对长期与亲朋好友的分离	5	6
动机	成就动机、内在工作动机、百折不挠、目标取向	6	8
判断/决策	运用正确判断、情境意识和警觉	7	3
严谨性	严谨性、注意细节、正直	8	5
沟通	人际沟通技能	9	9
领导能力	团队领导能力、有效资源管理、责任心	10	10

注：关键程度指专家就这些因素分别对长期和短期飞行任务的重要性的评分等级。

(Galarza and Holland，1999b)

在个体特征与短期或长期航天飞行期间的实际行为和工作绩效之间的关系上现仍缺少以经验为根据的纵向研究，假如国际空间站飞行任务中的乘组人数依然保持为 2～3 人，未来仍很难有足够数量的受试者参与这样的研究。但是，目前已经进行和以后将要继续进行的是在类似背景或环境（即南极、模拟研究）下的相应研究（Palinkas et al.，2000a，2000b；Rosnet et al.，2000；Sandal et al.，1996）。另一个途径专注于采用出自同伴评定和管理人评定的短期航天飞行任务期间和训练期间的航天员有效性标准来验证可能存在的选入因子（McFadden et al.，1994；Rose et al.，1994）。

这项研究提出的主要问题是：什么样的人具有能经受严酷的长期航天飞行任务考验的最佳个性，即通常所称的“所需必备素质”？对个性的分类方法之一是按积极和消极的工具性和表达性特质分类。工具性特质（I）与寻求目标和成就动机有关。就积极的工具性特质（I+）而言，它包括坚定的目标取向和高度的进取需要。消极的工具性特质（I−）则反映出在为工作目标奋斗中的傲慢自大、专横跋扈和自私自利等。表达性特质（E）与人际关系中的行为特征有关，积极的表达性特质（E+）包括仁慈、热心和富于感情，消极的表达性特质（E−）包括言辞挑衅和消极交往（如卑躬屈膝、顺从、易受骗）（Spence et al.，1979）。

按这些特质对人进行归类的方法学已形成，并发现这一方法对航空和航天人群均有用（Chidester et al.，1991；McFadden et al.，1994；Musson et al.，2004；Musson and Helmreich，2005）。已出现3种重要的人格分组，第一组是积极工具性/表达性特质群集，这一组的人显示出高工具性和积极表达性特质，他们的特征是既努力工作追求目标，同时又重视他人的需要和愿望。第二组是消极工具性群集，其特征是个体一方面显示出高工具性特质和相当高水平的竞争性，但另一方面又显示出低水平的积极表达性特质。这种人可为他们的目标而努力奋斗，但是不能在集体行动中与他人配合或合作。第三组是低动机群集，这一组的人一般表现出低水平的积极工具性和表达性特质。

研究这些群集可以明确他们各自的强项，并把它们与航空飞行员的心态、指挥职责、应激源认别和训练联系起来（Chidester et al.，1991）。研究发现，具有积极工具性/表达性特质的人应能在某种军事背景和短期航天飞行模拟情境下有能力应对应激（Sandal et al.，1996，1998）。例如，桑达尔等人（Sandal et al.，1996）研究了分别参加为期30天和60天的高压舱隔离实验的乘组，具有积极工具性/表达性特质的人表现出超凡的善于应对困难的能力，这反映在其在隔离期间较高的自陈幸福感和较低的焦虑。关于这种特质对航天员工作绩效的预测性，麦克法登等人（McFadden et al.，1994）提供了更直接的证据。他们在研究中按照不同特质群集对 65 名航天员进行了分类，根据对航天员有效性的不同方面（即人际能力、技术能力、领导能力、总工作绩效）进行的同伴评定和管理人评定，将他们的特质与这些评定进行了比对。研究结果表明，积极工具性/表达性特质与工作绩效和人际能力的同伴评价较高有关联。结果还表明，尽管单凭个人特质可能不能推测出其技术工作能力，但通过与其人际敏感性和关切性相关的表达性特质的确可以推测出其在同伴中所能够获得的人际能力的评级。

根据上面的航天员数据，分析了同伴和管理人对航天员有效性的评级与 5 个完全人格特质之间的关系，这 5 个特质又被称为“大五”特质（Rose et al.，1994）。这 5 个人格特质包括神经质（即情绪不稳、神经紧张、焦虑不安、抑郁忧伤、敌对恶意）；外向性（即善于交际、健谈、易冲动、过分自信）；开放性（即好奇、睿智、独创）；愉悦性（即合作、脾气好、宽容）和严谨性（即成就取向、负责、有条理）（Digmann，1990；McCrea and Costa，1987）。分析结果见表 6.5。

表 6.5 “大五”人格特质和航天员有效性之间的双变量相关性

	同伴评定			工作绩效的管理人评定
	人际能力	技术能力	领导能力	
神经质	−0.119	−0.107	−0.092	−0.205
外向性	0.124	0.040	0.033	0.147
开放性	0.220	−0.376*	−0.335*	−0.277*
愉悦性	0.408*	0.268*	0.328*	0.286*
严谨性	−0.109	−0.147	−0.133	−0.173

注：数据样本采集量为 65；*——$p<0.05$。

(Rose et al.，1994)

上述数据表明，愉悦性是人际能力的一个很好的预测因子，也是表中显示的同伴评定和管理人评定的其他方面的可靠预测因子。这与上述的表达性特质的推测值的结果非常相符，也与来自新近一次对航天员选拔的研究数据一致，这项研究显示愉悦性与积极表达性密切相关（Musson et al.，2004）。但其他关系就不那么直截了当了。例如，开放性和管理人评定的工作绩效之间的反相关令人费解。此外，严谨性与工作绩效之间没有关系，这与前述的积极工具性/表达性与工作绩效相关的发现相悖（Musson et al.，2004），并且在其他工作领域严谨性也被认为是工作绩效的一个可靠的预测因子（Barrick and Mount，1991）。这些差异可能与这项研究中相对小的数据样本采集量有关。另外，由于所有参与这些研究的航天员仅有短期航天飞行经历，这些结果是否能适用于推断长期航天飞行任务尚不明确。

对可预示能有效应对和适应长期航天飞行的人格特质的另一种鉴别方式包括对在一个南极站越冬的657人的档案数据进行二次分析（Palinkas et al.，2000a）。这些分析的预测因子包括：社会/人口统计学特征（如年龄、婚姻状况）、按照“大五”人格特质体系分类的人格特质和人际特征（如人际需求）。个人工作绩效评定则取自于同伴和管理人评定、他们被他们的同伴提名为越冬的理想候选人的次数和自陈抑郁症程度。这项研究的结果表明，在限制和隔离条件下执行长期任务的理想候选人应具有低水平的神经质、外向性和严谨性，以及表现出对获取他人好感的欲望低。这些结果与罗斯内特等人（Rosnet et al.，2000）的研究结果部分相符，他们发现在外向性和愉悦性上得分较低的人更能适应在南极的越冬任务。对帕兰卡斯等人（Palinkas et al.，2000b）的数据的另一个分析显现出越冬期间人格特质与工作绩效之间的深层关系。在其他结果中，命令需要与情绪稳定性及领导才能的同伴和管理人评定呈负相关，成就需要显示出与社会和谐性评定呈负相关。然而，人格特质的预测力很弱，个人特质差异仅占不同标准偏差的2%～4%。而且，虽然南极的确是一个模拟空间的好地方但绝不是完全类似的地方，这些结果是基于对一个特定人群（即所有人均来自同一国家）的较早数据（即 20 世纪 60 年代和 70 年代的数据）的分析，因此这些结果对当代长期航天飞行任务是否具有决定性仍然是个问题。

尽管如此，与这些研究或麦克法登等人（McFadden et al.，1994）和罗斯等人（Rose et al.，1994）的研究相似的研究在如何确定长期航天飞行任务的“所需必备素质”方面迈出了第一步，提供了实证数据。这方面还需要在航天飞行中、地面模拟中和为制定基于可靠经验的选拔航天员用的选入法所选择的类似环境中做更多的工作。

6.4.4 乘组构建：人际相容性问题

根据建议，必须组建“心理相容的”乘组来执行长期航天飞行任务，以保证在限制和隔离的条件下乘组能有良好的工作绩效及和谐的人际互动关系。但什么是“心理相容性”呢？心理相容性的一个重要方面指的是受封闭环境制约的乘员在个性特征即他们的需要、特质、心态和能力（见第 4 章）上的协调一致。不过，这种人际相容性是一个尚未完全搞清楚的非常复杂的问题（Kubis，1972；Manzey et al.，1995；Morgan and Lassiter，1992）。

一个有影响的理论研究方法是海索恩及其同事提出的需求相容模型（Haythorn，1970；Haythorn et al.，1972）。根据这个模型，乘员的心理相容性取决于在需要个体相互满足需要（如亲善关系需要或成就需要）有相似性的那些方面的一致性，以及在不同的需要结构通向相互满足需求（如支配与服从需要）的那些方面的互补性。依照这一模型，必须要避免可能导致的小群体中人际关系紧张和公开冲突的竞争需要。许多模拟研究都支持这一观点（如，Altman and Haythorn，1967；Smith and Haythorn，1972）。例如，这方面的研究获得的结果一致显示，如果两个或更多的乘员有高度的支配需要，就会对乘组人员之间的互动作用产生消极影响。在新近的航天飞行地面模拟研究中已发现这种负作用引起人际争斗、小派别形成，甚至个别乘员被孤立起来（Sandal et al.，1995）。

对一般群体的研究结果得出心理相容性的另一方面。有几项研究关注于一个工作团队内的“大五”人格特质的搭配如何影响团队的凝聚力和工作绩效的问题（Barrick et al.，1998；Barry and Stewart，1997；van Vianen and de Dreu，2001）。虽然没有得出确切的结论，但研究指出假如团队成员都有较高的责任感和包容心，就会促进团队的凝聚力、良好沟通和工作绩效。同样，如果团队内外向性格与内向性格的人能够很好地配合，没有人自闭到极端程度的话，团队的凝聚力也能得到很好的维护。后面这种情况与前述的领导者与下属维持和谐共融，充分考虑下属的需求问题有关（Barrick et al.，1998；Barry and Stewart，1997）。而且研究结果显示，脾气很坏和高度神经过敏的人对群体尤具破坏性，导致工作绩效、凝聚力和坦率沟通的程度下降和更多的冲突。然而，由于在这方面已进行的所有研究对象是普通工作团队，这些研究结果是否能普遍适用于在隔离和限制条件下共同生活和工作的乘员尚待分晓。

最后，要了解心理相容性可能还要知道些常识。例如，可以假定共同的兴趣、共同的价值观和准则体系或相互的积极情感态度这类因素将对乘组的凝聚力和工作绩效产生积极作用。对于多文化乘组，乘员能流利使用一种通用语言无疑是人际关系和谐的一个基本要求（Kelly and Kanas，1992）。

可能影响心理相容性的一个初步但远非全面的人格因素和其他个体特征列表见表6.6。

表6.6 影响相容性的重要人格因素

相容性因素	说明
人格特质的同质性	乘员具有相似的（高水平的）“愉悦性”和“公正严谨性”
互补需要	乘员有不同的互补需要（如支配与服从）
一致需求	乘员有相似的能相互满足的需要（如联盟、自治、成就）
共同兴趣	乘员分享共同兴趣的范围（如读书、游戏、音乐、政治、体育）
共同价值观和准则	乘员共有的共同价值观、信仰和行为准则体系的范围
相互情感态度	乘员相互喜欢和尊重的程度
通用语言	乘员能适当地以一种通用语言表达他们自己的情感和思想

表中所列的相容性因素有一部分与俄罗斯航天心理学家在组建航天飞行乘组时考虑的个性观点相符。桑蒂认为这些方面包括，“乘员拥有相似的价值观；对执行任务的社会和动机态度；互补人格和性格特征与具有卓越的积极人格特质和品质的指令长的结合；互补的客观/建设性的认知方式；互补的职业相关技能；乘员相互之间的积极情感态度；能快速和有效学习的乘员”（Santy，1994）[193-194]。然而，所列出的这些因素的理论和实践经验依据薄弱。西方学者大力开展的有关相容性问题的研究可回溯至 20 世纪 60 年代和 70 年代，这方面的研究大多针对的是被隔离相对较短期的单一文化的二人组和三人组，此后很少进行系统的研究。

一个相关的难题关系到对心理相容性的评价。根据对人格特质和需求相容性理论的研究结果，组建乘组可采取的一个方式是依据候选乘员在标准人格或态度问卷上的回答。例如，在调查人际需求相似处的相容性研究中一贯采用的一种问卷调查是“基本人际关系倾向一行为（FTRO－B）”测验（Dunlap，1965；Ferguson，1970；Haythorn and Altman，1963；Palinkas et al.，2000a），有多种语言的心理测量问卷可用于“大五”人格特质的评定（如“大五”人格个性调查表 NEO－PI－R）（Costa and McCrae，1992）。但是，这种方式仍限于对个体问卷数据的分析，并未包括相容性的行为方面，如乘员相互有效配合地工作或以透明和合作的方式相互沟通的能力。因此，俄罗斯航天心理专家不仅将他们的相容性评价建立在对个体的人格特征测验图的分析基础之上，而且建立在对有潜力的乘员在他们训练期间以“内衡”测验一类的相容性测验观察他们交互作用的基础之上（Gazenko，1980；Novikov，1991；Santy，1994）。

采用行为观察评价相容性的另一种方式和源自评定中心（AC）选拔方法的技术有关。这些方法包括行为训练（如集体讨论、角色扮演、表达），与此同时由富有经验的鉴定人组成的小组根据一套特定的评价标准对个体或群体进行评定。特别是 AC 方法常用于评价申请管理职位的候选人的人际关系技能或团队合作技能（Thornton and Byham，1982）。不过，这些方法还可用于评定即将在限制和隔离环境下生活和工作的乘组的心理相容性。欧洲航天局就曾经应用AC方法，从10名候选人中选出4名最能和谐相处的乘员参加其组织的一次为期60天的限制实验（Manzey et al.，1995）。在这种方式中，由2名心理专家、1名有经验的航医和1名以前参加过类似模拟实验的指令长组成的评价小组，对正在进行不同行为演练的各类候选人群进行观察。这些行为演练包括两种不同的集体讨论、一次角色扮演、一次发言练习和一次建筑演习，在做建筑演习时给候选人出一道他们必须通力合作才能解决的建筑难题。基于他们在这些演练中所观察到的乘组的交互作用、工作绩效和一套明确规定的评价标准，评价人员通过这些候选人在人际和领导技能方面的表现对他们的心理相容性做出评定，最终选出4人组成了这项模拟实验的主乘组（Manzey et al.，1995）。

然而，个人特征的相容性仅是乘组构成的一个方面，还必须考虑的其他因素，包括乘组人数的多少、男女性别的搭配和文化背景的构成等，这在第4章中已有相当详细的论述。还应特别注意乘组构成中的少数民族乘员的地位，以免乘员因出身民族、性别或工作职责等原因而感到被孤立。如果因乘组人数少和飞行任务操作上的考虑而在乘组选拔中顾及不了这些方面的平衡，那么在发射前的训练中需要格外注意就出现的各种变化和文化差异问题进行商讨。无论如何，应在发射前的飞行任务模拟和其他有关的集体活动中对有可能获选的乘组进行观察，以检验他们的心理相容性和工作绩效。

有几个与飞行任务本身相关的因素可影响航天乘组的相容性和凝聚力。在凯利和卡纳斯（Kelly and Kanas，1992）对已执行过航天飞行任务的54名美俄航天员进行的调查中，他们着眼于与在空间增强乘组内部相容性的沟通有关的问题。9个被认为可能影响乘组内部沟通的因素中有4个被视为是有重大促进作用的，即共同经历、航天飞行的激情、近距离接触和远离地球，另有3个被认为会阻碍沟通的因素是：脸部肿胀、飞船环境噪声和空间运动病。这些调查结果表明，亲密人际关系体验可能发生在那些身体相互靠近、有共同经历，并以一种积极、激情满怀的态度参与同一活动的空间旅行者中间。

6.5　训练

训练的目的在于使航天员候选人或乘员达到航天飞行的心理要求。训练是乘组选拔程序的补充，主要作用是进一步提高航天员特种职业要求的行为与绩效。然而，与航天员选拔相比，航天员心理训练经验是有限的。俄罗斯航天员在准备执行航天飞行任务中总是要接受心理训练，但有关训练情况却很少公开。根据一些消息来源，这些心理训练的焦点主要集中在应激管理技术上，如在生存训练或跳伞这类现场演练中的放松训练和熟悉应激事件（Garshnek，1989；Santy，1994）。美国在航天飞机/和平号空间站项目中的做法是向乘员及其家庭就心理和精神病问题提供纯理论性的咨询，而这也仅限于少许几次。在欧洲，为一组 5 名德国航天员提供心理训练，作为他们基础医学训练的一部分（Manzey and Schiewe，1992；Manzey et al.，1995）。目前国际空间站项目已把更多的注意力转到心理训练方面。当前，几乎所有参与国际空间站运行的合作机构和组织都着手对他们的航天员实施某种基本的心理训练，甚至在特定的现场（如野外或隔离舱内）演练期间提供更高级的训练。下面将就航天飞行的心理训练方面的 3 个问题进行阐述，即哪些人应接受训练？应训练什么？可使用什么样的训练方法？

6.5.1　哪些人应接受训练

多数心理训练活动主要是针对有可能成为航天飞行乘组成员的航天员的。但为了航天飞行乘组和地面控制人员之间的有效合作，似乎有必要让双方人员都参加飞行任务前的训练，间或进行联合训练，因为这两组人马在执行航天飞行任务的活动中是要相互依赖的。因此，让双方人员了解飞行任务的目标和进行相互透明的沟通是很重要的。必须重视的是与长期航天飞行期间空间飞行人员和地面控制人员之间可能发生沟通上的障碍有关的一些问题（见第4章）。例如飞行任务控制人员对于空间中的特定情境的移情作用。航天员要求地面给予更多的关注，并抱怨飞行任务控制人员缺乏对他们在空间所面临的困难的体会和理解（Gushin et al.，1997）。另外，工作在隔离和限制环境下的乘员可能会经历他们无法公开化解的紧张局势和不利于适应的人际关系。结果，他们可能相互冷淡并表现出领地行为，他们还可能将紧张局势和消极情绪转嫁到正在监测他们行为的“外部群体”，也就是飞行任务控制人员身上。正如第4章所提到的，这种移置作用可能影响飞行乘组与地面控制组之间的关系并导致内部群体/外部群体之间的沟通问题。因而，与飞行乘员互动的飞行任务控制人员对飞行任务中可能出现的不同心理问题应有敏锐的察觉。经过个别训练可能达到一定程度的这种敏感化，但要促进双方感情融通，应考虑让乘员和负责为他们提供保障的关键飞行任务控制人员一起训练。

6.5.2 关于航天员胜任特征模型

有效的航天员（和飞行任务控制人员）心理训练要求确定与飞行任务相对应的行为职能（有关的知识、技能和态度）并被应用于训练课程。从理想的角度而言，这些职能应基于理论分析以及从实际航天飞行任务吸取的相关经验和教训。最近国际空间站任务实施指导组首次尝试对一套详尽的行为职能进行了定义。在国际空间站项目的国际训练管理委员会（ITCB）的配合下，一个由不同学科的专家和专业人员（如航天员、训练工程师、心理学家）以及所有国际空间站主要国际合作伙伴代表组成的工作组被委以研制名为“国际空间站人的行为和绩效胜任特征模型”的任务（ISS Mission Operations Directorate ITCB HBP Training Working Group，2007a）。这个模型包括总计7类25种明确的行为职能，对每种行为职能又进一步规定了不同的行为指标（即按照直接看得见的和可评价的行为所描述的）。另外，确定了与这些行为职能相对应的知识、技能和态度（ISS Mission Operations Directorate ITCB HBP Training Working Group，2007b)。虽然目前的这个模型基本只是为发展航天员训练课程研制的基础模型，但它的部分功能仍有重大作用且易为负责训练任务的管理人员使用。

该模型的总体情况及其包括的行为职能总架构和所选的行为实例见表 6.7。为该模型所设想的前 4 类胜任特征（自我照顾与管理、协同工作与集体生活、领导才能、跨文化）包括与长期航天飞行任务显著关联的胜任特征类型，而这种长期航天飞行任务的特点又是其乘组规模小且乘员来自不同国家，他们将在隔离和限制环境下一起生活和工作。现在我们就来详细讨论这几类胜任特征。

表 6.7 国际空间站人的行为与绩效胜任特征模型的行为类别与能力

行为类别与能力	行为标志（实例）
自我照顾与管理	
· 提高自我意象的精确性	寻求正式与非正式反馈了解自己的行为对他人的影响
· 应激管理	采取行动以防止和减轻应激、消极情绪和士气低落
· 律己	维持社会关系
· 维持效率	保持秩序有条
协同工作与集体生活	
· 积极的团队参与	行为是合作的而非竞争的
· 人际关系	为乘员提供情感支撑
· 集体生活	平衡自身需求与他人需求
领导能力	
· 行使指定的领导者的职权	领导风格适应形势
· 导师技能	提供所需的指示、信息、反馈和鼓励与教练
· 追随品质	拥护领导
· 工作量管理	计划和区分工作的优先次序

续表

行为类别与能力	行为标志（实例）
跨文化	
·表现出对其他文化（国家的、职业的、组织的）的尊重	表示尊重和欣赏团队成员的文化和观点
·了解文化和文化差异（国家的、职业的、组织的）	承认文化优势对乘组交互作用的影响
·建立和维护社会和工作关系	表示对文化差异和多义性的宽容
·不同文化间的交流和语言技巧	努力使用和学习同事的语言
·投入跨文化工作	把“航天文化”放在个人的国家、机构和职业的文化之上
信息交流	
·使信息交流最佳化	清晰、简明地交流信息；提供建设性的反馈
·保证得到理解	“积极主动”听取信息；核实信息
冲突管理	
·防止冲突	防止争执影响个人和专业人员关系
·冲突消解	采取冲突管理策略消除不和
处境意识	
·保持对局势的准确洞察	监控人、系统和环境
·信息的处理	鉴别和解决相冲突的数据或信息之间的不一致之处
决策与解决问题	
·决策与解决问题的方法	采取符合局势需要的方法
·决策准备	汇集实际情况；考虑不同的选择；评估风险和利益
·决策执行	执行决策；检验决策结果，如有必要，重新运用这个步骤

(ISS Mission Operations Directorate ITCB HBP Training Working Group，2007a)

“自我照顾与管理”包含应对长期航天飞行对个体层面的要求和应激，以保持整个飞行任务期间的工作效率所需的胜任特征。它包括 4 个确定的胜任特征：在空间特定的生理和心理应激因素的影响下在操作能力方面的一个现实的自我形象认知（“提高自我意象的精确性”）；有助于应对空间应激的多种技能（“应激管理”）；维持良好的情绪和行为健康的能力（“律己”）及航天飞行中的高工作效能（“维持效率”）。与这类胜任特征有关的特别训练技能包括：时间管理技术及涉及放松、冥想、生物反馈的技术，或使自己在高工作负荷或紧张情况下沉着镇静和通过控制自主神经系统功能降低焦虑唤醒的自律训练。后者还可能避免在空间应激期间使用药物，甚至有助于控制空间运动病（Cowings and Toscano，2000）。

“协同工作与集体生活”包括反映在与协同工作有关的态度和技能上的强烈的团队取向（“积极的团队参与”），如将共同目标置于个人需要之上的预备状态，合作性而非竞争性的工作态度，以及与在工作中主动支持其他乘员工作相关的技能。另外，建立和维持与他人的积极和信任的关系并积极关心所有乘员的融合需要多种技能（“人际关系”）。“集体生活”能力主要涉及在隔离和限制下共同生活必需的态度和技能。重要的因素包括在空间共同生活期间使个人需要与他人需要平衡的预备状态，以及维持乘组内部积极向上的团队精神和良好的团队凝聚力的技能。

“领导才能”胜任特征涉及对航天飞行乘组指令长的特别要求。一个重要的能力指的是“行使指定的领导者的职权”。这包括多种管理技能以及使领导行为符合特殊情况需要的机动灵活性。后者主要反映在良好的任务协调和安排，以及支持性的领导作用上（见 4.6 节），这也成为从以往的航天飞行任务和地面类似环境实验中吸取的一个重要教训（Nicholas and Penwell，1995；Stuster，1996）。这一类别的其他胜任特征还包括：“导师技能”，如通过反馈、咨询和鼓励指导其他乘员；“追随品质”，这主要涉及对职权的服从和接受方面，包含对乘组领导的支持；“工作量管理”，这涉及有效的人力调配、派遣和乘组内工作量的均衡（Helmreich and Foushee，1993）。

由于国际空间站的国际合作建设，“跨文化”能力在最近10来年具有了特别的重要性。正如4.2.2中所述，国际空间站运行的“多文化”方面并非限于乘员和飞行任务控制及保障人员的不同种族或国家背景，还涉及由来自不同航天机构和不同职业背景的参加者混编在一起引发的问题。这些人不仅在执行航天飞行任务期间相互之间有影响，而且在发射前的训练中可能要长时间地待在其他国家并与其他机构形成合作互动。这类胜任特征的主要能力是指尊重差异和信息，以便理解来自其他国家、机构和职业的人的行为（“表现出对其他文化的尊重”；“了解文化和文化差异”）。其他的能力包括与有其他文化背景的成员建立关系和进行沟通的技能（“建立和维护社会和工作关系”、“不同文化间的交流和语言技巧”）和为集体利益超越特有的文化问题（“投入跨文化工作”）的态度。

表6.7中的其余4类包括有效应对航天飞行任务的实际要求所需要的能力（如引航、操作技术系统、做实验、应对紧急情况）。实际上它们与航空领域被称为机组资源管理（CRM）的技能及其他操作环境下的技能有很多相似之处（见下文6.5.3.3）。

“信息交流”能力包括为确保在共同操作中高效的人际沟通而对知识和技能的运用。这些能力包括发送和接收信息均需要的特种技能。例如，良好的“发送者”能力（“最佳交流”）的特点在于以及时和准确的方式提供重要信息，以建设性的方式回馈他人，或积极主动地请求接收他人的信息。“接收者”一方的能力（“保证理解”）反映在积极主动地倾听他人意见的技能，对接收到的信息的肯定应答和确认，主动尽力识别和克服可能的误解根源。

“冲突管理”涉及在操作活动中“防止冲突”和在防止失败后对人际关系问题的“冲突消解”需要的知识、技能和态度。这些能力包括特有的沟通及情绪控制方面的技能。另外，“建立和维护一个理性的和相互尊重的氛围”是必不可少的。

“处境意识”能力涉及对操作处境的适当评价和评估。起初该术语被引用来描述操作者与动态的技术系统相互配合的情形（Endsley，1995）。在这个胜任特征模型中，此概念被扩大，考虑的不仅是与技术系统有关的方面，而且包含与其他个体有关的方面。这包括两种出众的能力，一是适度感知和监视特定的操作处境中所有有关情况的能力（“保持对局势的准确洞察”），如监视航天器上可利用的所有重要的信息源，以及监控自身的工作状态和其他乘员的状态；二是理解这些信息并在形势背离正常情况时采取适当行动的能力（“信息的处理”）。

“决策及解决问题”是构成各种各类操作的重要的基本要素之一。这方面包括两个基本能力和相关的行为技能，即“决策准备”和“决策执行”。这些技能受到 FOR－DEC 模型的高度影响，该模型是一个启发式的决策法，最初是为应用于飞机驾驶而研制的(Hoermann，1995)。根据这个模型，做出的有效决策包括 3 个步骤：所有与决策相关的实际情况的集取；对各种现有选择的系统分析；对每种选择的风险和利益的评估。在这个基础上，进一步决策涉及决定本身，将其落实到具体行动上并检查这些行动是否最终获得希望的结果。

不可能在一个单一的训练事件中培养上述的所有能力。因此，需要对哪些能力可能被认为是理所当然的进行一个慎重的评价（如有效心理选拔的结果），这可以在职培训（如作为技术培训的一部分），也可能需要经历特定的心理训练。这些训练最终还应包括另一个考虑，即对航天员和飞行任务控制人员均有效的心理训练种类。

6.5.3　训练种类

可用于教授和训练胜任特征模型确定的相应能力和有关的知识、技能和才干的互补心理训练方式至少有 3 种是卓有成效的：① 情况通报、讲座和研讨会；② 现场演练；③ 面向乘组的敏感性和团队建设的训练。

6.5.3.1　情况通报、讲座和研讨会

情况通报、讲座和研讨会是最普通和最易实现的训练方法。与军事飞行员一起共事的经验表明，与其他形式的信息交换相比，面向操作的航天员和飞行任务控制人员尤其更喜欢聚焦问题和面向直

接行动的情况通报（Picano，1990）。这些方法实际上可能是最佳选择，特别是对于获取一般知识和端正态度有关，而与将要执行的特定飞行任务无关的基础训练和高级训练而言。因此，必须将它们视为训练上述不同类别能力的重要训练组成。以涉及“自我照顾与管理”的能力为例，可采用特别情况通报和研讨会使航天员明白自己在空间保持心境和工作效率的责任。另外，可以教航天员使用不同的行为技巧来提高他们在这一特殊领域的能力（如时间管理和放松技巧）。第二个例子涉及“跨文化”技能训练。情况通报和讲座可能不仅用来提高对因文化差异引起的问题的基本了解，而且还能提供有关其他国家、组织和职业文化的知识（Kealey，2004）。此外，可以向乘员和地面人员简要介绍具有不同国家、组织和职业背景的人所认为的正确的和令他们满意的行为（Tomi et al.，2001）。

到目前为止所进行的大部分航天员心理训练依赖的都是这种课堂教学。一般采用的方法包括混合了情况简介、讲座和圆桌讨论会的课堂讨论会或专题研讨会。但可以预计，未来计算机辅助训练（CBT）方法将变得越来越重要。例如，卡特和他的同事（Carter et al.，2005）正在研制一种旨在培训沟通和冲突管理方面的特殊能力的新的、自动导向的、交互式的多媒体程序。根据这一领域专家的录像讲课，通过简要声像描述的举例和示范，鼓励乘员提出预防、评估和处理在实际长期航天飞行任务中可能出现的社会心理问题的策略。这种方法的优点之一是它也可成为航天员乘航天器遨游空间时的一种训练或复习手段。

这些方法的主要局限与其理论特性有关。虽然它们是为提供信息和提高对某些问题的基本了解而选用的方法，但它们远不适用于特定行为技能的建立和训练。后者要求更为实用的方法，如现场演练。

6.5.3.2 现场演练

现场演练是指用来为有可能成为乘员的航天员提供在一个与实际航天飞行有着共同重要特征和需要的环境里的自我管理、团队作业、领导能力、多文化问题及所有与乘组资源管理（CRM）有关的能力的来自经验的训练。包括野外训练（如在荒野的徒步旅行）、特殊的生存训练、水下居住舱的短期驻留（见下文）或隔离舱训练。这类活动在对俄罗斯航天员的培养和训练中发挥了重大作用（Bluth and Helppie，1986；Garshnek，1989）。在国际空间站的运行中，美国航空航天局和其他国际合作伙伴也一直把这样的训练途径视为对长期航天飞行可能的任务分派所要求的高级训练中的重要组成部分。美国航空航天局借鉴这种训练的一个例子是美国国家野外领导教育学校（NOLS）在落基山脉或类似地区提供的特别野外训练。这一训练包括航天员乘组由教练陪同在野外一起工作和生活 2 星期，教练负责提供与这些极端条件下的自我管理、团队作业和领导能力有关的输入和反馈。

现场演练的主要优势是其可以同时和综合训练所要求的大部分能力。另外，它为乘员在一个类似飞行任务的情景中面对自身的优缺点和确定个人应对极端需求的策略提供了机会。为此，在演习中接受有经验的教练和同辈的指导和反馈是很重要的。可以预计，如果将这些演习用做通过课堂讨论和专题研讨会提供所有相关领域的基础知识和技能后的第二步训练，可以使演习所带来的收益最大化。

6.5.3.3 面向乘组的敏感性训练和团队建设

前面所论述的训练途径可用于尚未被指派执行某一特定飞行任务的作为个体存在的航天员或控制人员。即使这种训练能使航天员达到长期航天飞行的一般要求，也还需要用对某一乘组整体和被指派负责某一飞行任务的地面保障人员中的关键人物进行特别的补充训练。尼古拉斯及其同事描述了能影响乘组构成和行为的重要人际关系问题，他们建议让乘员一同训练以增强乘组的职能（Nicholas，1987，1989，1997；Nicholas and Foushee，1990）。更明确地说，尼古拉斯（Nicholas，1989）提出，这种训练应集中在 3 个目标上：提高人际技能，提高社会支持技能和提高乘组协调技能。现已有具体的训练计划来训练人们如何通过观察相互之间的作用、讨论发生的情况和提出促进相互沟通和提高凝聚力的方式来作为一个团队一起工作。几十年来这种敏感性训练和团队建设已广泛用于许多与工作相关的环境（Beckard，1969；Dyer，1995；Skopec and Smith，1997）。

曼蔡等人（Manzey et al.，1995）描述了一个用于整个乘组的全面训练计划，其主要目标是：① 支持团队建设过程；② 发展乘组有效协调技能；③ 确定解决这个特定乘组在共同执行飞行任务期间可能发生的心理问题的策略。团队建设过程对于有效发挥乘组职能的重要性已得到俄罗斯航天员的确认。在谈到预期的行星际航天飞行时，他们说，“……一个行星际飞船乘组的组建不仅应建立在精挑细选的基础上，而且乘组要在飞行前共同经历乘组建设和发展的每个阶段”（Leonov and Lebedev，1975）[66]。

一个乘组要想最有战斗力，就需要这个乘组掌控团队建设的不同时期，这些时期被称为组建期、动荡期、规范期和工作期（Tuckman，1965，1977）。组建期是团队建设的第一阶段，在这个时期团队成员相互认识并开始一起工作。动荡期是最关键的时期，因为每个乘员都在努力表明他们个人在乘组内扮演的不同角色。这一时期最常见的特征是形成小圈子和团队成员间在乘组内部自治和管理问题上的争斗。这一时期团队的中心任务是建立一个被团队每个成员接受的正式或非正式的群体结构，这是保证随后的两个时期团队绩效的一个重要条件。在规范期，必须明确规定团队共同的规范、目标和技能，而后在工作期才能达到最高程度的团队凝聚力、效率和工作取向。只有进入了最终的工作期的乘组成员才有望在执行航天飞行任务期间不把时间和个人精力浪费在人际争斗和冲突上，从而团结、高效地工作。要达成这样的目标所需要的是构建一个结构清晰而明确的乘组，乘组应在形成团队共同规范和对实现飞行任务目标的共同奋斗中得到加强，这是乘组凝聚力的重要前提条件。在团队建设的各个不同时期对乘组进行训练和指导，显然为培养和应用上述胜任资格模型所提出的许多不同能力提供了良机。

从特定成分构成的乘组形成有效的乘组协调技能上可看到全乘组共同训练的第二个目的（Manzey et al.，1995；Nicholas，1989）。有效的协同工作、协力完成决策和工作负荷管理技能尤能得到训练。

这种训练类似于那些对航空机组人员在模拟器上进行的训练，如机组资源管理训练（CRM）或航线熟悉飞行训练（LOFT）的概念（Helmreich and Foushee，1993；Heimreich et al.，1999）。在这些训练计划中提供逼真的飞行情况并观察和记录乘员以同等方式作出反应的能力。随后对乘组行动进行讨论，考虑作为一个群体更佳的反应策略。这些训练计划一直被认为很有效（Kanki and Foushee，1989；Nicholas，1989；Nicholas et al.，1988；Salas et al.，1999，2001)，而它们对于参加长期的、多文化的航天飞行任务乘组的价值需要得到进一步的检验。

全乘组共同训练的最后一个目的是通过被称为“预先解决问题”的方式来提高乘组在飞行任务期间的效率（Manzey et al.，1995）。假如知道航天飞行期间可能对乘员互动带来不利影响的心理问题，乘员们就能在飞行前一起事先分析这些问题并在心理专家的监督指导下找出可行的对抗措施。这样预先解决问题不仅提高了乘员对具体问题的注意，而且能使他们在执行飞行任务期间碰到这类问题时有备无患。

对航天乘组进行这种预先训练的成果如何尚未有基于实际经验的评价。不过，这种训练已被应用于参加地面模拟的乘组，首次从中获得的经验表明了这种训练的有效性。例如，对分别在一个隔离舱里一起生活和工作 60 天和 90 天的乘员进行了一个心理准备训练，这是美国航空航天局月球一火星生命保障试验项目的一部分（Holland and Curtis，1998）。训练的重点是团队建设，乘组乘员职责的认定，以及明确不同乘员和为他们提供保障的外部团队中的关键人员的工作角色和职责。训练方法包括情况简介、集体讨论和在水下科考站（模拟 90 天的飞行任务）进行预备现场演练，进行这样的演练是为了促进乘组作为一个团队的整合和有机化并为飞行任务提供经验。欧洲航天局也进行过一次为期 60 天的航天飞行模拟实验，在此期间对参加模拟研究的乘员和飞行任务控制人员进行了一次类似的训练（Manzey et al.，1995）。这次训练包括召开不同的集体会议，旨在界定一套所有乘员在暂居隔离舱期间要遵守的行为规则；

明确正式和非正式的乘员角色；通过预先解决问题的方式提高乘员的问题意识。即使没有对这种训练（和其他对抗措施）进行正式的评价，从这一模拟任务之后的任务汇报中乘员的主观报告中也能看出这种训练的成功（Manzey et al.，1995）。

6.6 监测乘组

监测乘组是一个重要的对抗措施，包括随时跟踪查寻航天乘员的心理或人际关系出现困难的迹象。要制订有助于稳定航天员的情绪及工作绩效和有助于防止心理或精神病问题变成对成功完成飞行任务的严重威胁的心理保障活动计划，就需要进行这样的监测。需要监测的各个方面源自于对航天飞行任务中影响人的心理问题的回顾（见第2章至第5章），对其中一些方面概述于表6.8。

表6.8 乘组心理监测要监测的范围和可能的监测方法举例

要监测的范围	远程监测方法举例
认知操作	操作测验、乘组差错分析
工作量和疲劳	问卷、作息时间表分析、私密医疗和心理恳谈
睡眠	问卷（睡眠日志）、活动变化记录（见正文）、多导睡眠描记、私密医疗和心理恳谈
昼夜节律	体温记录、作息时间表分析
应激和心理健康	问卷、私密医疗和心理恳谈、乘组－地面沟通分析、声音分析
人际关系和乘组凝聚力	问卷、私密医疗和心理恳谈、乘组－地面沟通分析、乘组对话录像分析、社会群体心理测定法
行为健康	问卷、私密医疗和心理恳谈、乘组－地面沟通分析

6.6.1 从地球的远程监测

可采取各种方法从地球对这些不同的方面进行远程监测（见表6.8）。然而，在实际航天飞行中并未采用所有这些方法，因为有些方法不是太具损伤性（如通过使用直肠温度传感器连续测量体温进行昼夜节律的监测）就是太过复杂（如通过脑电图测量监测睡眠），而不能用于常规监测。迄今为止，监测主要被限于通过对源自问卷、观察或地面医学或心理学专家与空间中的乘员之间的私密谈话等这类自述数据对航天员进行心理状态的总体评价。例如，以往的俄罗斯航天飞行任务中，依惯例飞行任务控制专家跟踪乘组与地面的声音通信，通过电视屏幕观察乘员的行为举止，分析乘组差错和作息时间表，与乘员进行私密心理恳谈以评定其心理健康状况（Kanas，1991）。尤其重要的是由受过专门训练的地面专家对言语行为的不同结构参数（如评价说话时间的长短、单位时间内所说的单词数量）的分析和声音特征（如话音节奏和结构特性）的分析（Gazenko et al.，1976）。在国际空间站的运行中，一直是让乘员单独与地面心理专家对话进行心理咨询（见 6.7.3），这是目前俄美心理保障团队在监测其乘员心理状态时采取的最重要的手段之一。

然而，还可以考虑更特效和更客观的监测方法，例如，曼蔡（Manzey，2000）建议采用他在研究（见第 3 章）中采用的一套标准化的操作任务来评定乘员的认知功能和疲劳水平。还有人提议采用操作测量与生理测量相结合的更复杂的方式，这样不仅可以评定操作水平而且可以评定应激和工作负荷（Pattyn，2007；Salnitskiy et al.，1999）。另外有人建议采用手腕活动变化记录（即通过附在乘员非优势手臂腕部的一个电子装置记录其手臂动作）作为区分乘员睡眠与觉醒状态和估算其在空间睡眠时间和睡眠效率的一个客观方法（Monk et al.，1999）。然而到目前为止，这些方法仍仅用于研究目的，将其真正用于实际监测的可行性仍须验证。另外，有必要将俄罗斯的话音分析方法进一步发展成更加正式的标准化的监测手段，因为这种技术是一种更客观的测量，无须乘员做出额外努力，只要利用从空间正常传输过来的音频数据即可。然而，正如下文所述，在将这种方法可靠地应用到实际的对乘组的监测中之前还需要做更多的工作。

6.6.2 空间实验发现：通过语音分析监测应激

对飞行员和航天员的正式语音特征，如频率、振幅、语速等进行分析可有效地指示他们的功能状态（Lieberman et al.，2005；Ruiz et al.，1990）。据一些俄罗斯研究人员报道，他们通过对从空间传输过来的录音谈话进行客观特征分析，成功地了解到俄罗斯航天员的应激和情绪状态（Gazenko et al.，1976；Khachaturyants and Grimak，1972；Simonov and Frolov，1973）。相反，美国研究人员对所选的天空实验室通信音频的分析被判定不足以推测出乘员的应激状态，所以未获准进一步采用这种方法（Older and Jenney，1975）。从一项对 17 名男性受试者的实验室研究中获得了一些有希望的结果，但未表明语音分析能像心率等其他特征因素那样明显地反映出应激情况（Brenner and Shipp，1987）。基于这项研究的一致意见是，语音技术不具有足以被用来可靠预测乘员在空间情绪状态的特异性和灵敏性。

不过，约翰内斯及其同事（Johannes et al.，1995，2000）最近的研究已证明在这方面还是有希望的。他们把研究的中心放在测量最低频率的音质上，即所谓的基频，它是声门振动时产生的。由于声门受迷走神经支配，这为基频与自主神经系统的联系提供了一个生理学机制，而自主神经系统本身参与机体的情绪反应。毫无疑问，已发现语音基频的提高是反映工作负荷和情绪应激的最灵敏的语音指标（Ruiz et al.，1990）。

在地面的这项初步研究中，约翰内斯及其同事（Johannes et al.，2000）的发现为这种总体效果提供了支持。他们发现，兴奋情绪提高了基频的平均水平，具有敏感化个性特质的人与具有抑制个性特质的人在语音音质上的区别具有统计意义。与心率和血压等其他生理参数不同，音质与自行车运动测试中增高的身体负荷没有系统的关联。由于个体差异，他们发现校准音质对反映个体参照值很重要。在莫斯科的和平号空间站模拟器里进行的一项为期 135 天的 3 人小组隔离实验中，他们分析了这些乘员在进行和平号空间站对接模拟时说话的语音，发现当不得不在缺乏睡眠 72 小时后的疲劳状态下执行任务时，语音的基频下降（Johannes et al.，1995，2000）。

约翰内斯还与俄罗斯同事一起研究了在和平号空间站上乘员的语音音质。分别在飞行前、飞行中和飞行后，对乘员进行了 3 项脑力工作负荷测试，包括时间压力测试、跟踪和记忆测试及标准握力测试，并对测试结果进行分析。结果表明，在飞行任务的所有 3 个阶段中，第一个用压力计进行的测试诱发了最高心理负荷，导致基频上升。与飞行前和飞行后相比，在空间所有测试和休息时段的基频水平也均有上升。约翰内斯及其同事断定，倘若对某个人的语音音质与其对应激的主观感觉间的特定关系的基线进行事先校准，就能采用语音基频分析来监测在空间环境下工作的人的心理生理状态。然而，目前还不可能通过正规语音分析方式来评定工作负荷和应激的性质，即还不可能区别语音基频的升高是由工作负荷还是由积极或消极情绪唤醒而产生的。这显示出了这种方法的严重局限性，约翰内斯等人（Johannes et al.，2000）承认，需要进一步采用这种方法，在不同应激因素和不同环境条件下，对具有不同个性和文化背景的受试者进行研究后，才可能将这种方法用做航天飞行活动中的一个客观评价手段。

6.6.3　在轨监测

实现远程乘组监测是跟踪乘组状态的一个明智的途径，但有可能被乘员认为是一种控制手段而非一种保障措施。因此，乘员对此不太会接受，甚至会加剧乘员在飞行任务期间的应激（Stuster，1996）。因而必须谨慎制订出关于监测范围和精度的计划。

远程乘组监测的一个可供选择的办法是实现在航天器上的监测（即监测乘组内相应方面而不下行传输信息）。办法之一是让乘组内的一名乘员学会在发生问题时识别潜在问题并只在必要时提醒地面控制人员注意。可以由飞行任务指令长或一名医生乘员担当此任，在未来由多人组成的大乘组执行的探索性飞行任务中，甚至可以让一名精神病学专家或心理学专家加入到乘组中担任飞行顾问。可是，尼古拉斯（Nicholas，1989）指出，即使这样的乘员也不能做到完全保持客观和不受到与影响其他人的同样的问题的影响，因为他或她也是乘组的一分子，也处于同样的应激因素和团体动态问题的影响下。尼古拉斯进一步指出，为了能及早识别社会心理问题征兆并在必要时进行干预，应在发射前对乘组所有成员进行监测和评定人际环境的培训。这种训练和前述的心理训练的目的是一致的。然而，这需要以乘员之间相互非常了解为前提。即使是这样，这种方法也只适用于那些乘员经过长期训练和工作配合的飞行任务，但对于有人员交接更替（如访问乘组）的飞行任务，采用这种方法可能会有更多的困难。

在航天器上对乘员进行监测的第二个办法是为每个乘员提供正规的自我监测手段。这种方法已经由美国航空航天局在航天飞机/和平号空间站项目期间和国际空间站上实施，以进行神经认知评定。例如，科研人员研制出了一种基于 Windows 操作系统的计算机软件——航天飞行认知评定工具（WinScat）（Kane et al.，2005；Retzlaff and Vanderploeg，2000；Retzlaff et al.，1999）。它包括 5 个可以测试不同认知功能的神经心理测验，这些测验沿用已久，并已被确认有效。测验内容包括非文字记忆、心算、持续注意力、空间表象与记忆。在空间每进行一次绩效评估需要约 15 分钟的时间，所得数据能用来与飞行前训练中建立的自我参照基准数据进行对比。这使得航天员能对自己相对于在地球上表现的“正常”水平而言在空间的实际工作状态有一个快速的全面纵览。最早，WinScat 是用做评估航天员在神经认知损伤（如疾病、头部损伤、暴露于有毒气体、出舱活动期间的减压事故）后的心理表现的一种医疗手段。但后来认识到它还可以用于航天员在飞行任务中自我监测认知功能和脑力效率。为国际空间站的美国乘员制定了在轨期间每 4 星期进行一次用 WinScat 进行绩效评估的规程。后一种途径可被视为相当于在工业领域使用的被称为“胜任”或“称职”的评估。

另一个被建议用于空间自我监测认知功能的工具是“袖珍型认

知快速评估成套测验”（MRAB）（Lieberman et al.，2005；Shephard and Kosslyn，2005）。它类似于 WinScat，包括一组不同的认知操作任务，可在个人数字助理即掌上电脑（PDA）上使用。用它可测试 9 种不同的认知功能，并具有“预警”功能，可以使航天员在真正引发工作效能下降前发现自己的认知功能下降。虽然到目前为止 MRAB 的大部分应用还只限于实验室的研究中，但它被用于航天飞行任务实验的首次实践表明，它也许是普遍适用于这种异常环境的认知评估工具（Pattyn，2007）。

除了上述方法，还可以使用不单单限于绩效评估的其他标准化的成套测验（Manzey，2000）。例如，考因斯等人（Cowings et al.，2007）已提议使用监测在轨绩效状态的方法，他们建议将标准化的绩效评估与不同心理反应的评估结合起来，以确定和向乘员反馈他们所谓的“应激剖图”。这是一个非常复杂的评估策略，还需要进行更多的研究后才能考虑在航天飞行任务中采取这样的方式进行个体绩效状态的自我评估。

所有这些在轨监测方法都面临一个基础性的问题，即任何一种不同方法的使用都要求以对每个乘员的自律、动机和诚实的高度信任为前提。更为重要和更为困难的是，还需要清楚规定决策标准和辅助手段，以保证乘员依照这种自我评估结果来采取适当的应对行动（如操作能力降低到什么程度有必要通知指令长或地面控制中心，或什么样的操作水平仍可满足飞行任务中关键作业的要求）。此外，虽然这种方式可能适合于对意外创伤事故后的认知功能、疲劳效应和特定的神经一心理功能的监测，但似乎不适宜对人际关系和乘组凝聚力的监测。

总之，在轨监测适于某些特定的方面，但值得怀疑的是，这种监测是否在任何时候都是对某种远程乘组监测的补充。至今远程监测仍是一个敏感问题。可以预计，只有当它建立在信任关系和空间中的乘员与其地面飞行任务控制人员的合作基础上的时候，实施这种监测才能成为心理保障的有效组成部分。

6.7 飞行中的保障

在俄罗斯，从长期航天飞行伊始，为乘员提供飞行中的心理保障就一直是一项重要的对抗措施（Grigoriev et al.，1987；Kanas，1991）。他们为此成立了心理保障组，以协调为对抗单调、孤独感和衰弱一类的行为健康问题而进行的不同活动。这些活动包括了由补给飞船为乘员递送令人惊喜的礼物和喜爱的食品，在航天器上增加音乐伴奏和照明设备、增强与地面人员的接触，以及地面人员向乘员提供咨询服务或心理治疗（Kanas，1991，1998）。另外，美俄航天员访问乘组的到来有助于打破飞行活动中的单调气氛，鼓舞和帮助主乘组开展飞行任务活动。

表 6.9 为国际空间站乘员采取的心理对抗措施

家人和心理保障组通过补给飞船送去的私人包裹
至少每星期 1 次的母语录音新闻上传
至少每隔一天 1 次的文字新闻摘要上传
娱乐和休闲（如体育、新闻、文化事件）电视录像上传
个人喜好的休闲活动中的用具，如录像带、书籍、录制的音乐和供消遣的软件
有权使用航天器携带的业余无线电设备进行娱乐性的业余无线电联络
每日上传来自亲朋好友的电子邮件
每个乘员均享有每星期至少 15 分钟的私下与亲人和朋友的双向音频－视频会面（“私人家庭聚会”）
每个乘员均享有每星期至少 10 分钟的私下与心理保障组的双向音频－视频会面
必要时进行心理干预
飞行任务期间需要时给予来自家人的激励

(International Space Station Program，2000)

根据这一经验，在国际空间站运行中建立起一个类似的体系（Flynn，2005；Sipes and Vander Ark，2005）。表 6.9 是国际空间站医学实施要求文件（ISS MORD）中规定的向乘员提供的飞行中心理保障活动概览（International Space Station Program，2000）。这些活动的主要目的是防止产生单调、厌倦和孤独感，保持空间飞行中的乘员与地面家人和友人的密切联系，以及为乘员提供定期与负责其心理保障的人员交谈的机会（参见第 5 章关于防止精神病问题的飞行中保障的论述）。

6.7.1　应对单调、厌倦和孤独的保障措施

飞行中心理保障的一个重要方面是防止在有很长空闲时间的飞行任务中可能出现的单调、厌倦和孤独的感觉。因此，应注意加强业余活动的安排，以转移航天员的兴趣和需求。在空间适时进行某些调整非常重要，因为此时飞行乘员已初步适应空间环境，进入空间最初的兴奋感已逐渐减弱，飞行任务作业也已步入常规。

执行长期航天飞行任务的航天员更喜欢哪些业余活动？凯利和卡纳斯（Kelly and Kanas，1994）的一次问卷调查提到了这个问题，他们发现最有助于填补空虚心情的兴趣范围包括国际国内事件和历史题材，而有关体育、艺术、色情、经济等其他人类活动的话题次之。这种对国际新闻和历史争端事件的偏爱，俄罗斯航天员显著多于美国航天员，长期空间旅行者显著多于短期空间旅行者。这可能是因为这些人感到他们的飞行任务也具有国际和历史价值，这增强了他们对了解更多有关其他对社会有贡献的历史人物的冒险经历的兴趣。

这些发现表明，使空间和地面人员不拘礼节地相互交往和为在轨乘员传送地球上的新闻是极受乘员欢迎的活动。俄罗斯心理保障组非常注重让俄罗斯航天员及时了解地球上的重大事件（这可能与他们的特别兴趣领域有关），并安排航天员通过音频或视频方式与地球上令他们感兴趣的人物（如艺术家、政治家、运动员等，见 6.7.2 中有关与家人和朋友的联系的论述）联系或接触（Grigoriev et al.，1987）。至于在国际空间站的运行期间，则是考虑通过上传播音和文字新闻，乃至乘员感兴趣的特别事件的视频，并提供可用于和地球

上的人进行娱乐互动的各种空间—地面通信手段（即业余无线电、电子邮件、国际互联网电话）来解决这一问题。此外，为国际空间站乘员提供了各种各样的用于其他业余活动的保障物资。多数这类物资在飞行任务前就逐一单独明确规定好，包括音乐、录像带、书籍、娱乐软件、各种精选食物，或符合规定大小和质量要求的其他类似物资。另外，可通过用补给飞船为乘组递送包裹的方式输送物资，这样可以考虑到乘员长期在空间居留期间的兴趣改变。

6.7.2 与家人和朋友保持联系

与地面的家人和朋友保持相互联系可对乘员及其家庭起到支持作用。根据凯利和卡纳斯（Kelly and Kanas，1993）对美俄航天员的问卷调查报告，问卷回答者认为与地面的挚爱亲朋相互接触对飞行任务的完成有显著的积极作用。对此，俄罗斯航天员的评价显著高于美国航天员的评价，长期空间旅行者的评价高于在空间飞行不足 20 天的旅行者的评价。有的受试者提出建立能让乘员与他们的家人和朋友交谈的私人空间—地面视听链路的要求。此外，俄罗斯航天员和长期空间旅行者想通过写信等方式与地面的人相互联络的欲望显著比美国航天员和短期空间旅行者的强烈（Kelly and Kanas，1994）。

保持乘员与其在地面的挚爱亲朋的密切联系的重要性也得到在南极研究结果的支持。从帕兰卡斯等人（Palinkas et al.，2000a）从参加南极越冬的 657 人中获得的数据分析发现，与家人和朋友在相互接触中得到的支持对于稳定情绪和保持工作绩效比从同组人员那里得到的潜在的支持更重要。有点令人惊讶的是，在越冬期间寻求同组伙伴的建议或支持的倾向明显降低，转而依赖与家乡的亲人和朋友的支持。帕兰卡斯等人（Palinkas et al.，2000a）认为，这可能反映了对与自己一样面对应激的其他人所给予的支持的信赖降低，预计在长期航天飞行任务中也可能出现类似的倾向。

维持空间中的乘员与他们在地面的社交网的密切联系的最佳方式是提供定期的通信联络。能达到这一目的的一个重要手段是电子邮件，和平号空间站和国际空间站的乘员就经常采用这种方式与家人联系。在国际空间站上，私人家庭聚会一直作为心理保障计划的组成部分。这些聚会包括乘员与其家庭的双向视频联系，每星期为每个乘员安排至少 15 分钟的联系，用于这些聚会的通信线路是保密的，第三方无法进行监听。

关于在地面的家人与在空间的乘员之间保持联系的一个重要问题，是如何向航天员通告从其家乡传来的坏消息。在礼炮 6 号空间站的一次飞行任务中，该乘组一名俄罗斯航天员的父亲去世，当局因担心这个坏消息会影响他执行任务，直到乘组返回地面后才把这个坏消息告诉他（Oberg，1981）。但在最近一次和平号空间站的飞行任务中，俄罗斯指令长被告知母亲去世的消息，他能够在同乘组伙伴的帮助下正确对待此事。凯利和卡纳斯（Kelly and Kanas，1993）对 54 名美俄航天员的调查报告显示，有 18 名问卷回答者认为关于空间旅行者个人的坏消息（如亲人去世）应对他们保密，直到飞行任务结束；但有 22 名问卷回答者认为没有必要对他们保密。另有 5 名问卷回答者没有给出明确的意见，但他们认为，短期航天飞行时可暂扣坏消息，也许长期航天飞行任务时不应对乘员保密。合理的折中办法是在发射前由飞行任务保障人员与每个航天员单独讨论这个问题，以明确他们对此类问题的个人选择。告知有关家人的坏消息时应使用温和的口气，或许应推迟到航天员完成飞行中的关键任务后再告知。

6.7.3　私密心理恳谈

乘员在进行空间飞行期间对他们提供具体的心理问题咨询服务或指导，能帮助他们防止行为和操作问题对乘员个人或乘组的工作效率产生不利影响。方法之一是举行私密心理恳谈（PPC）。这种咨商会谈是在航天飞行任务期间定期举行的乘员个人与其地面心理保障人员之间的双向通信接触。除了前述的对乘组监测的重要性，这种咨商会谈的主要目的是维持与空间飞行乘员的不间断的联系，并使他们每个人都有机会诉说他们在飞行任务期间的真实体验，包括个人在调整与同乘组其他成员或飞行任务控制人员的关系上出现的问题或困难。除让乘员有专门的机会得到针对个人的咨询和指导服务外，这样的会晤还被作为对航天员妥善应对身处空间的体验的支持，也是消除对同乘组伙伴或飞行任务控制人员产生的负面情绪和抱怨的机会。

私密心理恳谈已被作为对国际空间站乘员进行医疗要求的一个必备条件来执行，并被作为飞行中监测和维护乘员健康和工作绩效的一个关键的对抗措施。根据国际空间站多边医学实施要求文件（International Space Station Program，2000）的规定，必须为每个参与国际空间站探险飞行任务的乘员安排私密心理恳谈。按规定每隔一星期安排一次私密心理恳谈，且给每个乘员最少 10 分钟的会晤时间。曼蔡等人（Manzey et al.，2007）首次对国际空间站开始运行 7 年（第 1 考察组至第 13 考察组）期间所进行的这种保障措施的经验进行了调查。在这期间，共进行了 287 次私密心理恳谈，有 16 名美国乘员、15 名俄罗斯乘员和 1 名欧洲乘员参与过私密心理恳谈，这些乘员参加航天飞行任务的持续时间从 129 天至 196 天不等。数据分析显示，只有很少的私密心理恳谈因运行原因或乘员的要求被放弃。私密心理恳谈平均持续时间比分配的最低限的 10 分钟大大延长（16.9 分钟），最长一次达到 45 分钟。这些数据可作为航天员高度接受这种保障方式的标志，这也通常反映在任务汇报的正面反馈中。

6.7.4 对乘员家庭的保障

当航天员在空间飞行的同时，应对牵挂他们的在地面的家人采取心理保障措施，这可包括向其家人介绍情况、发射和着陆期间对其家人进行抚慰、举行家庭会晤，乃至需要时由航天机构主办个别心理辅导课。此外，可建立由训练有素的顾问或家庭成员自己带领的非官方心理保障组。最重要的是向家庭成员提供一个有明确规定的联络点，他们可在那里获知飞行任务的进展情况，可把想经补给飞船带给他们在空间的亲人的一些物品（如信件、礼物、照片）送到那里，如果他们的亲人离家执行飞行任务期间家里发生问题，可在那里寻求帮助和解决。这样的保障能解除乘员的后顾之忧，不用过分担心家庭问题和产生在紧要关头弃家庭于不顾的内疚心情，从而有助于乘员集中精力完成飞行任务。常听到航天员们说，比起他们自己在空间的安宁和健康，他们更关心地面家人的安康和幸福，这表明了对飞行乘员家庭的支持所具有的重要意义。

6.8　对飞行后重新适应的保障

飞行后问题涉及航天飞行任务的后心理效应。尽管这方面很重要，但一直以来几乎没有有关这些问题或解决这些问题的办法的文献资料，甚至轶事报告中也很少提到这些问题。对从极地返回的探险人员的调查表明，长期处于限制和隔离环境未必会对以后的健康和工作效能产生长期有害的影响（Palinkas，1986）。然而，从长期航天飞行任务返回后会出现再适应问题，这方面可能需要心理支持。

6.8.1　个人问题

通过个人和乘组两级执行任务情况的汇报可帮助乘员在飞行后重新适应地球上的生活。有些乘员可能在空间碰到过一些不愉快的社会心理事件，例如，在飞行任务期间代别人受过的乘员在飞行后可能出现愤怒情绪，这可能影响其日后与曾经的同乘组伙伴间的人际关系。一些返回地面的空间旅行者因其空间经历而发生心理障碍或个性改变，有些情况下，他们会因看到地球人类的唯一或宇宙的无限而变得更人性、更虔诚或更脱俗（Kanas，1990）。另一些返回地面的空间旅行者在处理他们因飞行任务获得的名誉和地位时遇到困难，尤其是那些完成了创举性飞行任务（像阿波罗登月）的人。他们突然发现自己成为众目睽睽的焦点人物，按照媒体或利益集团的要求四处奔波和公开露面，这对于那些比较注重个人隐私的人可能更成问题。

6.8.2 家庭问题

重返家庭也可能是困难的。例如，研究证明，许多男性潜艇人员的妻子能够学会适应她们的海员丈夫出海巡逻时常不在家的生活，但她们中有超过半数的人在丈夫返家并试图将自己重新融入到家庭中时经历过抑郁和婚姻冲突。这引出“潜艇人员妻子综合征”的说法（Isay，1968；Pearlman，1970）。因而，应当注意不要让类似问题发生在一个长期航天飞行后返家的航天员的家庭中。为此，不仅应在飞行任务期间而且应在飞行任务之后的一段时间内为其家庭成员提供支持活动。支持活动可以包括由熟悉两地分离对家庭生活的影响的专家作为顾问听取乘员及其家人的联合情况介绍。同样，时间安排上应允许乘员重建他们的社交网，并免除可对他们返家增加额外压力的公众探究。尽管某些航天飞行任务带来了声望和荣誉，但参加过航天飞行任务的人需要有个人的时间从身心两方面重新适应他们在地球上的家庭生活。

6.9 本章要点

1）预计许多适居因素可影响处于限制和隔离环境下的乘员的行为和工作绩效。具有普遍心理利害关系的重要因素包括个人空间的大小、乘员私密住所和聚会场所以及设施的设计、内部装饰风格和窗户的提供。

2）涉及工作设计的对抗措施包括适当的日间工作负荷和依照24小时作息惯例制定稳定的作息时间表。另外，应避免突然改变轮班睡觉，对于工作任务的日程安排应给予一定程度的自主权。

3）特有的心理对抗措施涉及选拔、乘组构建、训练、监测、保障和飞行后的再适应。

4）航天员选拔可以分成两个不同的方面。精神病选拔的核心是淘汰那些具有可发展成心理或行为疾病的特质的高危申请人。心理选拔的核心是选入那些看来在能力和个性方面最适于从事航天员职业或在航天飞行任务中最能合作共事的人。

5）最理想的是，航天飞行乘组应由在心理上相容的乘员构成。但是，人际相容是一个尚未完全弄清的复杂概念。重要的决定因素包括一致的和互补的需求；共同的利益、价值观和规范；相互间积极的富于情感的态度和流利使用一种通用语言。仍需要研究评定个体心理相容性的特殊方法。

6）可采用几种训练方法使乘员为执行一次长期飞行任务做好心理准备，这些方法包括情况介绍、讲座和研讨会；现场演练和针对全乘组的特定敏感性和团队建设的训练。要进行的重要能力训练包括自我照管的策略、团队精神和集体生活、领导能力和追随品质，以及不同国家、组织和职业背景的人组成的乘组内的跨文化问题。另外，还应训练专门与操作相关的能力，包括沟通、决策和解决问题、处境意识和处理冲突。

7）航天员及其地面控制人员中的关键人物均应在飞行前进行训练，因为这两组人马在执行航天飞行任务的活动中是互相依赖的，飞行任务的成功与否直接与这两班人马之间的合作效率相关。专与飞行任务控制人员有关的问题包括要增强他们对空间飞行乘员的感情移入，以及对生活在限制和隔离环境下的问题的感受性和为应对可能在飞行任务期间空间乘组与地面控制组之间发生的典型冲突的准备。

8）监测乘员的认知功能很重要，主要包括工作负荷和疲劳；睡眠、昼夜节律、应激和心理健康；人际关系及行为健康等方面，因为这些方面对于高效的行为和绩效是关键性的。依靠这样的乘组监测可在必要时提供有效的飞行中的保障措施。

9）已为长期航天飞行任务建立起心理保障组，以在乘员飞行期间监测和协调对他们的保障活动。

10）防止乘员在空间产生单调、厌倦和孤独感的保障措施包括：提供种类广泛的娱乐休闲活动的物资（如音乐、电影、书籍、娱乐软件），定期上传来自地球的新闻和其他与地球相关的信息，通过补给飞船送去家庭和心理保障组邮寄的私人包裹和与地面的人进行非正式的接触。

11）通过音视频和其他可能的通信联络方式（如电子邮件、国际互联网电话）定期与地面家人和朋友联络是保障空间旅行者的重要的心理对抗措施之一，对他们的家庭也有支持作用。

12）为保持航天员与心理保障组的不间断的联系，可利用双向音视频传输定期举行私密心理恳谈会。这样的会晤是对乘组监测和必要时提供咨询和指导服务的一个重要组成部分。

13）完成长期航天飞行任务返回后，个人或家庭方面可能出现重新适应问题，需要提供保障性的干预。

参考文献

Altman, I. and Haythorn, W. W. 1967. The effects of isolation and group composition on performance. *Human Relations*. 20:313-339.

Barrick, M. R. and Mount, M. K. 1991. The Big Five personality dimensions and job performance: a meta-analysis. *Personnel Psychology*. 44:1-26.

Barrick, M. R., Stewart, G. L., Neubert, M. J., and Mount, M. K. 1998. Relating crew member ability and personality to work-team processes and team effectiveness. *Journal of Applied Psychology*. 83:377-391.

Barry, B. and Stewart, G. L. 1997. Composition, process, and performance in self-managed groups: the role of personality. *Journal of Applied Psychology*. 82:62-78.

Beckard, R. 1969. *Organizational Development: Strategies and Models*. New York: Addison-Wesley.

Beregovoy, G. T., Grigorenko, V. N., Bogdashevskiy, R. B., and Pochkayev, I. N. 1987. *Space Academy*. Moscow: Mashinistroyeniye. (Translated from Russian).

Bluth, B. J. and Helppie, M. 1986. *Soviet Space Stations as Analogs, 2nd. ed.* Washington DC: National Aeronautics and Space Administration.

Brenner, M. and Shipp, T. 1987. Voice stress analysis. In: J. R. Construck, ed. *Mental-State Estimation 1987*. NASA Conference Publication Washington DC:

National Aeronautics and Space Administration.

Carter, J. A., Buckey, J. C., Greenhalgh, L., Holland, A. W., and Hegel, M. T. 2005. An interactive media program for managing psychosocial problems on long-duration spaceflights. *Aviation, Space, and Environmental Medicine*. 76 (6, Suppl.): B213-B223.

Chidester, T. R., Helmreich, R. L., Gregorich, E., and Geis, C. E. 1991. Pilot personality and crew coordination: implications for training and selection. *International Journal of Aviation Psychology*. 1: 25-44.

Clearwater, Y. A. and Coss, R. G. 1991. Functional esthetics to enhance well-being in isolated and confined settings. In: A. A. Harrison, Y. A. Clearwater, and C. P. McKay, eds. *From Antarctica to Outer Space*. New York: Springer.

Connors, M. M., Harrison, A. A., and Akins, F. R. 1985. *Living Aloft: Human Requirements for Extended Spaceflight*. (NASA SP 483). Washington D. C.: National Aeronautics and Space Administration.

Costa, P. T. and McCrae, R. R. 1992. *NEO PI-R Professional Manual*. Odessa: Psychological Assessment Resources.

Cowings, P. S. and Toscano, W. B. 2000. Autogenic-feedback training exercise is superior to promethazine for control of motion sickness symptoms. *Journal of Clinical Pharmacology*. 40: 1154-1165.

Cowings, P., Toscano, W., DeRoshia, C., Taylor, B., Hines, A, L., Bright, A., and Dodds, A. 2007. Converging indicators for assessing individual differences in adaptation to extreme environments. *Aviation, Space, and Environmental Medicine*. 78(5 Suppl.): B195-B215.

Digman, J. M. 1990. Personality structure: emergence of the five-factor model. *Annual Review of Psychology*. 41: 417-440.

Douglas, W. K. 1991. Psychological and sociological aspects of manned spaceflight. In: A. A. Harrison, Y. A. Clearwater, and C. P. McKay, eds. *From Antarctica to Outer Space*. New York: Springer.

Dunlap, R. D. 1965. *The Selection and Training of Crewmen for an Isolation and Confinement Study in the Douglas Space Cabin Simulator*. No. 3446. Santa Monica, CA: Douglas Aircraft Co.

Dyer, W. 1995. *Team Building: Current Issues and New Alternatives, 3rd ed.* Reading, MA: Addison-Wesley.

Endo, T., Ohbayashi, S., Yumikura, S., and Sekiguchi, C. 1994. Astronaut psychiatric selection procedures: a Japanese experience. *Aviation, Space, and Environmental Medicine*. 65:916-919.

Endsley, M. 1995. Towards a theory of situation awareness in dynamic systems. *Human Factors*. 37:85-104.

ESA. 1994. *Human Factors. Vol. 1 & 2*. ESA PPS-03-70. Paris: ESA.

Fassbender, C., and Goeters, K.-M. 1994. Psychological evaluation of European astronaut applications: results of the 1991 selection campaign. *Aviation, Space, and Environmental Medicine*. 65:925-929.

Ferguson, M. J. 1970. *Use of the Ben Franklin Submersible as a Space Station Analog. Vol. II: Psychology and Physiology*. OSR-70-5. Bethpage, NY: Grumman.

Fitts, D. 2000. Overview of NASA ISS Human engineering and habitability: past, present, and future. *Aviation, Space, and Environmental Medicine*. 71: A112-A116.

Flynn, C. F. 2005. An operational approach to long-duration mission behavioral health and performance factors. *Aviation, Space, and Environmental Medicine*. 76(6, Suppl.): B42-B51.

Galarza, L. and Holland, A. W. 1999a. Selecting astronauts for long-duration space missions. *Proceedings of the International Conference on Environmental Systems*. Denver, CO, July 12-15, 1999.

Galarza, L. and Holland, A. W. 1999b. Critical astronaut proficiencies required for long-duration space flight. *Proceedings of the International Conference on Environmental Systems*, Denver, CO, July 12-15, 1999.

Garshnek, V. 1989. Soviet space flight: the human element. *Aviation, Space, and Environmental Medicine*. 60:695-705.

Gazenko, O. G. 1980. Psychological compatibility on Earth and in outer space. *Aviation, Space, and Environmental Medicine*. 51:622-623.

Gazenko, O. G., Myasnikov, V. I., and Uskov, F. N. 1976. Behavioral control as a tool in evaluating the functional state of cosmonauts in flight. *Aviation, Space, and Environmental Medicine*. 47:1226-1227.

Grigoriev, A. I., Kozerenko, O. P., and Myasnikov, V. I. 1987. Selected problems of psychological support of prolonged space flights. Paper presented at the

38th Congress of the International Astronautical Federation, Stockholm, Sweden.

Gushin, V., Zaprisa, N. S., Kolinitchenko, T. B., Efimov, V. A., Smirnova, T. M., Vinokhodova, A. G., and Kanas, N. 1997. Content analysis of the crew communication with external communicants under prolonged isolation. *Aviation, Space, and Environmental Medicine*. 68:1093-1098.

Haines, R. F. 1991. Windows: their importance and functions in confining environments. In: A. A. Harrison, Y. A., Clearwater, and C. P. McKay, eds. *From Antarctica to Outer Space*. New York: Springer.

Haythorn, W. W. 1970. Interpersonal stress in isolated groups. In: J. E. McGrath, ed. *Social and Psychological Factors in Stress*. New York: Holt, Rinehart & Winston.

Haythorn, W. W. and Altman, I. 1963. *Alone Together*. Research Task MR022-01-03-1002. Washington DC: Bureau of Medicine and Surgery, U. S. Navy Department.

Haythorn, W. W., McGrath, J. E., Hollander, E. P., Latané, B., Helmreich, R., and Radloff, R. 1972. Group processes and interpersonal interaction. In: Space Science Board, Ed. *Human Factors in Long-duration Spaceflight*. Washington DC: National Academy of Sciences.

Helmreich, R. L. and Foushee, H. C. 1993. Why crew resource management? Empirical and theoretical basis of human factors training in aviation. In: I. L. Wiener, B. G. Kanki, and R. L. Helmreich, eds. *Cockpit Resource Management*. San Diego: Academic Press.

Helmreich, R. L., Merritt, A. C., and Wilhelm, J. A. 1999. The evolution of crew resource management training in commercial aviation. *The International Journal of Aviation Psychology*. 9:19-32.

Herring, L. 1997. Astronaut draws attention to psychology. *Human Performance in Extreme Environments*. 2:42-47.

Hoermann, H.-J. 1995. FOR-DEC. A prescriptive model for aeronautical decision-making. In R. Fuller, N. Johnston and N. McDonald, eds. *Human Factors in Aviation Operations. Proceedings of the 21st Conference of the European Association of Aviation Psychology, Vol. 3*. (pp. 17-23). Aldershot: Averbury Aviation.

Holland, A. W. and Curtis, K. 1998. Spaceflight psychology: operational psychology countermeasures during the lunar-mars life-support test project. *International Journal of Life Support and Biosphere Science*. 5:445-452.

International Space Station Program. 1995. *ISS Flight Crew Integration Standard (SSP 50005). Revision C*. December, 1999 [http://human.space.edu/old/docs/SSP50005rC.ISS_crew_integ.pdf; last access 20 September 2007].

International Space Station Program. 2000. *International Space Station Medical Operations Requirements Document (ISS MORD). (SSP 50260). Revision B, May, 2000*.

Isay, R. A. 1968. The submariners' wives syndrome. *Psychiatric Quarterly*. 42: 647-652.

ISS Mission Operations Directorate ITCB HBP Training Working Group(2007a). Volume Ⅰ, Human behaviour and performance competency model. Working Group Document, April, 2007. Houston: Johnson Space Center.

ISS Mission Operations Directorate ITCB HBP Training Working Group(2007b). Volume Ⅱ, Human behaviour and performance competency model guide. Working Group Document, September, 2007. Houston: Johnson Space Center.

Johannes, B., Salnitzki, V. P., Haller, H., Wilke, D., Fischer, F., and Schlykova, L. 1995. Comparison of voice stress reactivity under psychological stress and simulated Mir docking maneuver. *Journal of Gravitational Physiology*. 2: P107-P108.

Johannes, B., Salnitski, V. P., Gunga, H.-C., and Kirsch, K. 2000. Voice stress monitoring in space—possibilities and limits. *Aviation, Space, and Environmental Medicine*. 71: A58-A65.

Kanas, N. 1990. Psychological, psychiatric, and interpersonal aspects of long-duration space missions. *Journal of Spacecraft and Rockets* (AIAA). 27: 457-463.

Kanas, N. 1991. Psychosocial support for cosmonauts. *Aviation, Space, and Environmental Medicine*. 62: 353-355.

Kanas, N. 1998. Psychiatric issues affecting long duration space missions. *Aviation, Space, and Environmental Medicine*. 69: 1211-1216.

Kanas, N., Salnitskiy, V., Grund, E. M., Gushin, V., Weiss, D. S., Kozerenko,

O. ,Sled, A. , and Marmar, C. R. 2002. Lessons learned from Shuttle/Mir: psychosocial countermeasures. *Aviation, Space, and Environmental Medicine*. 73:607-611.

Kane, R. L. , Short, P. , Sipes, W. , and Flynn, C. F. 2005. Development and validation of the Spaceflight Cognitive Assessment Tool for Windows(WinSCAT). *Aviation, Space, and Environmental Medicine*. 76(6, Suppl.): B183-B191.

Kanki, B. G. and Foushee, H. C. 1989. Communication as group process mediator of aircrew performance. *Aviation, Space, and Environmental Medicine*. 60: 402-410.

Kealey, D. J. 2004. Research on intercultural effectiveness and its relevance to multicultural crews in space. *Aviation, Space, and Environmental Medicine*. 75 (7, Suppl.): C58-C64.

Kelly, A. D. and Kanas, N. 1992. Crewmember communication in space: a survey of astronauts and cosmonauts. *Aviation, Space, and Environmental Medicine*. 63:721-726.

Kelly, A. D. and Kanas, N. 1993. Communication between space crews and ground personnel: a survey of astronauts and cosmonauts. *Aviation, Space, and Environmental Medicine*. 64:795-800.

Kelly, A. D. and Kanas, N. 1994. Leisure time activities in space: a survey of astronauts and cosmonauts. *Acta Astronautica*. 32:451-457.

Khachaturyants, L. and Grimak, L. 1972. Emotional stress during spaceflight. *Aviation Kosmonautica*. 11:33-34(JPRS OPBS 58039).

Kubis, J. F. 1972. Isolation, confinement, and group dynamics in long duration spaceflight. *Acta Astronautica*. 17:45-72.

Kubis, J. F. , McLaughlin, E. J. , Jackson, J. M. , Rusnak, R. , McBride, G. H. , and Saxon, S. V. 1977. Task and work performance on Skylab missions 2, 3, and 4: time and motion study—experiment M151. In: R. S. Johnston and L. F. Dietlein, eds. *Biomedical Results from Skylab*(*NASA SP-377*). Washington: National Aeronautics and Space Administration, 136-154.

Lebedev, V. V. 1988. *Diary of a Cosmonaut: 211 Days in Space*. College Station, TX: Phytoresource Research Information Service.

Leonov, A. A. and Lebedev, V. I. 1975. *Psychological Problems of Interplanetary Flight*(*NASA-TT-F-16536*). NASA Technical Translation. Washington:

NASA.

Lieberman, P., Morey, A., Hochstadt, J., Larson, M., and Mather, S. 2005. Mount Everst: a space analogue for speech monitoring of cognitive deficits and stress. *Aviation, Space, and Environmental Medicine*. 76 (6, Suppl.): B198-B207.

Litsov, A. N. and Shevchenko, V. F. 1985. Psychophysiological distinctions of organization and regulation of daily cyclograms of crew activities during long-term spaceflight. *Space Biology and Aerospace Medicine*. 19:12-18. (Translated from Russian).

Manzey, D. 2000. Monitoring of mental performance during spaceflight. *Aviation, Space, and Environmental Medicine*. 71:A69-A75.

Manzey, D. and Schiewe, A. 1992. Psychological training of German science astronauts. *Acta Astronautica*. 27:147-154.

Manzey, D., Schiewe, A., and Fassbender, C. 1995. Psychological countermeasures for extended manned spaceflights. *Acta Astronautica*. 35:339-361.

Manzey, D., Carpenter, F., Beven, G., Sipes, W., VanderArk, S., Salnitzkiy, V., Koserenko, O., Vassin, A. 2007. Private psychological conferences for long duration space missions. Paper presented to the *16th Human in Space Symposium*, Beijing, China, May 20-24, 2007.

McCrae, R. R. and Costa, P. T. 1987. Validation of the five-factor model of personality across instruments and observers. *Journal of Personality and Social Psycholoy*. 52:81-90.

McFadden, T. J., Helmreich, R. L., Rose, R. M., and Fogg, L. F. 1994. Predicting astronaut effectiveness: a multivariate approach. *Aviation, Space, and Environmental Medicine*. 65:904-909.

Monk, T. H., Buysse, D. J., and Rose, L. R. 1999. Wrist actigraphy measures of sleep in space. *Sleep*. 22:948-954.

Morgan, B. B. and Lassiter, D. L. 1992. Team composition and staffing. In: R. W. Swezey, E. Salas, eds. *Teams: Their Training and Performance*. Norwood: Ablex Publishing Cooperation.

Musson, D. M. and Helmreich, R. L. 2005. Long-term personality data collection in support of spaceflight and analogue research. *Aviation, Space, and Environmental Medicine*. 76(6, Suppl.): B119-B125.

Musson, D. M., Sandal, G., and Helmreich, R. L. 2004. Personality characteristics and trait clusters in final stage of astronaut selection. *Aviation, Space, and Environmental Medicine*. 75:342-349.

Nachreiner, F., Akkermann, S., and Haenecke, K. 2000. Fatal accident risk as a function of hours into work. In: S. Hornberger, and P. Knauth, eds. *Shiftwork in the 21st Century. Challenges for Research and Practice*. Frankfurt: Lang.

NASA. 1995. *Man-Systems Integration Standards (MSIS) (NASA-STD-3000). Revision B*. [http://msis.jsc.nasa.gov; last access 20 September 2007].

Nechaev, A. P. 2001. Work and rest planning as a way of crew member error management. *Acta Astronautica*. 49:271-278.

Nicholas, J. M. 1987. Small groups in orbit: group interaction and crew performance on space station. *Aviation, Space, and Environmental Medicine*. 58:1009-1013.

Nicholas, J. M. 1989. Interpersonal and group-behavior skills training for crews on space station. *Aviation, Space, and Environmental Medicine*. 60:603-608.

Nicholas, J. M. 1997. International crew team building. *Aviation, Space, and Environmental Medicine*. 68:965.

Nicholas, J. M. and Foushee, H. C. 1990. Organization, selection, and training of crews for long-duration space missions: findings from analogs and implications. *Journal of Spacecraft and Rockets*. (AIAA). 27:451-456.

Nicholas, J. M. and Penwell, L. W. 1995. A proposed profile of the effective leader in human spaceflight based on findings from analog environments. *Aviation, Space, and Environmental Medicine*. 66:63-72.

Nicholas, J. M., Foushee, H. C, and Ulsack, F. L. 1988. Crew productivity issues in long-duration space flight. AIAA 88-0444. *26th AIAA Aerospace Sciences Meeting*. Reno, NV: American Institute of Aeronautics and Astronautics.

Novak, J. B. 2000. Human engineering and habitability: the critical challenges for the International Space Station. *Aviation, Space, and Environmental Medicine*. 71(9, Suppl.): A117-A121.

Novikov, M. 1991. The principles and methods of psychological compatibility investigation. *Proceedings of the German-Russian Workshop on Space Psychology*. Hamburg, Germany (unpublished report).

Oberg, J. E. 1981. *Red Star in Orbit*. New York: Random House.

Older, H. J. and Jenney, L. L. 1975. *Psychological Stress Management Through Voice Output Analysis*. NASA CR 147723. Alexandria, VA: Planar Corporation.

Palinkas, L. A. 1986. Health and performance of Antarctic winter-over personnel: a follow-up study. *Aviation, Space, and Environmental Medicine*. 57: 954-959.

Palinkas, L. A., Gunderson, E. K. E., Holland, A. W., Miller, C., and Johnson, J. C. 2000a. Predictors of behavior and performance in extreme environments: the Antarctic space analogue program. *Aviation, Space, and Environmental Medicine*. 71: 619-625.

Palinkas, L. A., Gunderson, E. K. E., and Johnson, J. C., and Holland, A. W. 2000b. Behavior and performance on long-duration spaceflights: evidence from analogue environments. *Aviation, Space, and Environmental Medicine*. 71(9, Suppl.): A29-A36.

Pattyn, N. 2007. Psychophysiological measures of cognitive performance in operational conditions: applications to aviation and space environments. Doctoral Thesis. Free University of Brussels.

Pearlman, C. A., Jr. 1970. Separation reactions of married women. *American Journal of Psychiatry*. 126: 946-950.

Picano, J. J. 1990. An empirical assessment of stress-coping styles in military pilots. *Aviation, Space, and Environmental Medicine*. 61: 356-360.

Raybeck, D. 1991. Proxemics and privacy: managing the problems of life in confined environments. In: A. A. Harrison, Y. A. Clearwater, C. P. McKay, eds. *From Antarctica to Outer Space*. New York: Springer.

Retzlaff, P. and Vanderploeg, R. 2000. Validating the spaceflight cognitive assessment tool against other neurocognitive measures in young adults, (Abstract). *Proceedings of the 71th Annual Meeting of the Aerospace Medical Association*, Houston, May, 2000.

Retzlaff, P., Flynn. C., Glode, B., and Lane, B. 1999. Space cognitive assessment tool: description and cut scores. Paper presented at the *American Psychological Association Annual Meeting*, Boston, MA, August, 1999.

Rose, R. M., Fogg, L. F., Helmreich, R. L., and McFadden, T. J. 1994. Psychological predictors of astronaut effectiveness. *Aviation, Space, and Environmen-*

tal Medicine. 65:910-915.

Rosnet, E., Le Scanff, C., and Sagal, M.-S. 2000. How self-image and personality influence performance in an isolated environment. *Environment and Behavior*. 32:18-31.

Ruiz, R., Legros, C., and Guell, A. 1990. Voice analysis to predict the psychological or physical state of a speaker. *Aviation, Space, and Environmental Medicine*. 61:266-271.

Salas, E., Fowlkes, J. E., Stout, R. J., Milanovich, D. M., and Prince, C. 1999. Does CRM training improve teamwork skills in the cockpit? Two evaluation studies. *Human Factors*. 41:326-343.

Salas, E., Burke, C. S., Bowers, C. A., and Wilson, K. A. 2001. Team training in the skies: does crew resource management (CRM) training work? *Human Factors*. 43:641-674.

Salnitskiy, V. P., Myasnikov, V. I., Bobrov, A. F., and Shevchenko, L. G. 1999. Integrated evaluation and prognosis of cosmonaut's professional reliability during space flight. Aviakosmicheskaya i Ecologicheskaya Meditsina. 33:16-22.

Sandal, G., Vaernes, R., and Ursin, H. 1995. Interpersonal relations during simulated space missions. *Aviation, Space, and Environmental Medicine*. 66: 617-624.

Sandal, G., Vaernes, R., Bergan, T., Warncke, M., and Ursin, H. 1996. Psychological reactions during polar expeditions and isolation in hyperbaric chambers. *Aviation, Space, and Environmental Medicine*. 67:227-234.

Sandal, G., Gronningsaetter, H., Eriksen, H. R., Gravraakmo, A., Birkeland, K., and Ursin, H. 1998. Personality and endocrine activation in military stress situations. *Military Psychology*. 10:45-61.

Santy, P. A. 1994. *Choosing the Right Stuff: The Psychological Selection of Astronauts and Cosmonauts*. Westport, CT: Praeger Scientific.

Santy, P. A. and Jones, D. R. 1994. An overview of international issues in astronaut psychological selection. *Aviation, Space, and Environmental Medicine*. 65: 900-903.

Santy, P., Endicott, J., Jones, D. R., Rose, R. M., Patterson, J., Holland, A. W., Faulk, D. M., and Marsh, R. 1993. Results of a structured psychiatric interview to evaluate NASA astronaut candidates. *Military Medicine*. 158:5-9.

Sekiguchi, C., Umikura, S., Sone, K., and Kume, M. 1994. Psychological evaluation of Japanese astronaut applicants. *Aviation, Space, and Environmental Medicine*. 65:920-924.

Shephard, J. M. and Kosslyn, S. M. 2005. The MiniCog Rapid Assessment Battery: developing a "blood pressure cuff for the mind". *Aviation, Space, and Environmental Medicine*. 76(6, Suppl.):B192-B197.

Simonov, P. V. and Frolov, M. V. 1973. Utilization of human voice for estimation of man's emotional stress and state of attention. *Aerospace Medicine*. 44: 256-258.

Sipes, W. E. and Vander Ark, S. T. 2005. Operational behavioral health and performance resources for International Space Station crews and families. *Aviation, Space, and Environmental Medicine*. 76(6, Suppl.):B36-B41.

Skopec, E. and Smith, D. 1997. *How to Use Team Building to Foster Innovation*. Chicago: Contemporary Books.

Smith, S. and Haythorn, W. W. 1972. Effects of compatibility, crowding, group size, and leadership seniority on stress, anxiety, hostility, and annoyance in isolated groups. *Journal of Personality and Social Psychology*. 22:67-79.

Spence, J. T., Helmreich, R. L., and Holahan, C. K. 1979. Negative and positive components of psychological masculinity and femininity and their relationships to self-reports of neurotic and acting out behaviors. *Journal of Personality and Social Psychology*. 37:1667-1672.

Stuster, J. 1996. *Bold Endeavors: Lessons from Polar and Space Exploration*. Annapolis: Naval Institute Press.

Thornton, G. C., and Byham, W. C. 1982. *Assessment Centers and Managerial Performance*. San Diego: Academic Press.

Tomi, L. M., Rossokha, K., and Hosein, J. 2001. The role of cross-cultural factors in long-duration international space missions: lessons from the SFINCSS-99 study. (IAF/IAA-G. 3. b. 04). Paper presented at the *52nd International Astronautical Congress*, Toulouse, France, October 1-5, 2001.

Tuckman, B. W. 1965. Development sequences in small groups. *Psychological Bulletin*. 63:384-399.

Tuckman, B. W. 1977. Stages of small group development revisited. *Group and Organsiation Studies*. 2:419-427.

Van Vianen, A. E. M. and De Dreu, C. K. W. 2001. Personality in teams: its relationship to social cohesion, task cohesion, and team performance. *European Journal of Work and Organizational Psychology*. 10:97-120.

Wickens, C. D., Gordon, S. E., and Liu, Y. 1998. *An Introduction to Human Factors Engineering*. New York: Longman.

Wolfe, T. 1980. *The Right Stuff*. New York: Bantam.

随着国际空间站的建设，下一个目标将是进行遍及太阳系及以外的远征探险式航天飞行任务。这样长期的和与世隔绝的飞行任务对人类的心理影响现在仍不确定

图中这幅插图由约翰·都佩梅尔（Johann Doppelmayr）绘制，曾出现在约翰·霍曼（Johann Homann）1742 年绘制的星图中，它以黄道十二宫表现出哥白尼关于太阳系处于被宇宙其余部分环绕的中心的观点

（图片来自尼克·卡纳斯和卡罗琳·卡纳斯的收藏）

第 7 章　未来的挑战

将近 50 年来，载人航天飞行的发展给世人留下深刻印象。自从尤里·加加林于 1961 年首次进入地球轨道进行了 1 小时 48 分钟的飞行以来，已进行了无数次载人航天飞行任务，从小型飞船或美国航天飞机的数日飞行直至天空实验室、礼炮号空间站、和平号空间站及国际空间站（ISS）的数星期和数月飞行。此外，美国阿波罗航天计划已使人类首次获得了飞出地球轨道和登上月球的经验。迄今，已有 5 名俄罗斯航天员连续在空间生活和工作达到 1 年或更长，最长的飞行任务持续时间已超过 14 个月（438 天）。有 16 个国家参与的国际空间站象征着全球合作关系，标志着当今人类长期进驻空间的发展已进入鼎盛时期。但这绝不意味着航天活动将走向尾声，中国正在成为又一个独立自主进入空间的航天大国的实例说明了更进一步的发展。未来很可能还有其他国家将竞相以此为榜样。

另外，3 个更大的挑战或许已变为现实的选择，而且科幻小说的成分减少了。第一个是普通人可作为旅游者去空间旅游的观念。第二个是重返月球并在距我们最近的天体上开拓殖民地。第三个是离开地球附近远征火星，以此作为我们对地外行星的首次远征探险任务。这 3 个问题将是本书最后一章阐述的焦点。

7.1　空间旅游

近来有两个发展趋势使人感到，公众空间旅行或空间观光，对于越来越多的人很快就会变成现实。第一个是，自从美国商人丹尼斯·蒂托（Dennis Tito）于 2001 年 4 月搭乘俄罗斯联盟号飞船赴国际空间站进行了为期 8 天的访问飞行以来，已有更多付得起要价的人进入空间进行了轨道飞行。虽然这种飞行的价格约为 2 000 万美元，大多数人都支付不起，但这些人仍是真正的空间旅游者，因为他们为自己的航天经历自掏腰包。第二个是，继伯特·鲁坦（Burt Rutan）因成功设计“空间船一号”而赢得 2004 年的 X 大奖（X-Prize）和后来罗布·比奇洛（Rob Bigelow）发射了他的轨道旅馆原型“创世纪一号”之后，一些私人公司成立起来，探寻研制能花费得起的用于亚轨道和轨道飞行的运载火箭。其中有两家名叫维珍银河和火箭飞机的公司已计划到 2009 年开始实施亚轨道飞行，有望将空间飞行的价格降至每次 10 万美元左右（Webber，2004）。

2002 年 10 月，专门从事航天市场预测的福特隆咨询公司发布了一项调查（Beard and Starzyk，2002）。这项调查的对象是对亚轨道飞行（男性占 72%，平均年龄 55 岁）或轨道飞行（男性占 89%，平均年龄 53 岁）感兴趣且愿意出资的百万富翁。调查显示，对这类飞行最具吸引力（占被调查者的 63%）的是从空间观看地球的机缘（这与 5.2 节中所述的一项对航天员调查得出的结果相似）。被调查者中有一半以上说，他们希望他们的亚轨道飞行不会因选择航天器（官方的或私人的）而受影响，或他们的轨道飞行不会因返回地球时经历身体不适而受影响。福特隆咨询公司在其报告中预测，到 2021 年，亚轨道飞行市场每年可达 15 000 名乘客，而轨道飞行市场每年可达 60 名乘客；合计将转化成全年收入额超过 10 亿美元。

照韦伯（Webber，2004）看来，一旦这个行业发展起来，乘客舱扩展到一次能载 20 名以上的乘客进入空间，这些数字将因每个人成本的下降而成倍增加。事实上，在对喜欢冒险活动如登山和跳伞运动的人群（91%为男性，94%不到 60 岁，其中百万富翁仅占 14%）的调查中，韦伯和赖费特（Webber and Reifert，2006）发现价格明显是个问题。只有 7%的人说他们将在目前的 10 万美元或以上的价格下进行一次亚轨道飞行，而如果价格降到 5 万美元以下，这个比例增加到 36%。同样，只有 4%的人愿意花 1 000 万到 2 000 万美元进行一次轨道飞行，而约有 1/3 的人愿意花 500 万美元或以下的价钱进行一次这样的飞行。

但航天器和价格对于空间旅游业来说不是唯一的障碍，还必须考虑医学和心理的挑战（Wichman，2005）。鉴于许多空间旅游者可能不像一个典型的航天员那样健康或年轻，可能正存在健康问题并正在接受治疗，可能更喜欢官方的航天活动中一般不供应的某些东西（如美食、酒精饮料），需要建立可为消费者提供优先选择的机会，同时又不危及自身以及其他乘客的安全的现实准则。2006 年美国联邦航空公司颁布了体检筛查准则，帮助商业载人航空航天飞行操作人员对有望飞行的乘客进行评定（Artunano et al.，2006）。这个文件规定了两类乘客：亚轨道的和轨道的，描述了一些与加速度有关的医学风险和列出了参加这种飞行可能出现的一些医学上的禁忌征候（如活动性的癌症、严重的急性传染病、对辐射过早的过度辐照、正在怀孕中）。关于潜在的精神病禁忌症方面，准则规定："任何会导致一个人变成对其自身或他人的一个潜在危险的精神病的、心理的、智力的或行为的障碍"（Artuano et al.，2006）[3]。对即将访问国际空间站且期限不超过 30 天的"航天飞行参加者"（即空间旅游者）也制定了类似的准则（Bogomolov et al.，2007）。

然而，这些准则也规定了对有医疗禁忌的人可视具体情况而定，待进一步评价和治疗后若鉴定合格仍可进行航天飞行。詹宁斯及其同事（Jennings et al.，2006）描述了这样的事例，一名患有几种可影响其心脏和肺的需治疗征候的 57 岁的男性，通过预防性治疗和在类似空间条件下的评价，他最终通过飞行合格鉴定并成功完成了一次为期 10 天的赴国际空间站的飞行任务，这表明一个身体有问题的人通过适当的预防措施仍能被允许进行空间飞行。显然，随着愿意和能够成为空间旅游者的人数的增加，随着我们在为一般民众开展的载人航天飞行的盛衰变迁中获得的更多经验，在这一领域还需要做更多的工作。

7.2　飞出地球轨道

虽然国际空间站也许是未来 10～15 年人类驻守空间的主要基地，但必须把这一成就视为朝着更大目标，即人类进入外空间的探索飞行任务和在太阳系的其他天体上建立人类的前哨基地，刚刚迈出的一步。这将包括重返月球和建立长久有人驻守的月球基地，以及前往我们的行星近邻火星的载人飞行。早在 1989 年美国总统乔治·H·布什在一次庆祝人类首次登月 20 周年大会上的演讲中就立下了这些目标（Arnold，1993）。其他从事航天活动的国家所持的类似观点，已引领最近 10 年期间为评估人类远征地球轨道以外的宇宙空间的可能性而进行的一些研究。例如，欧洲航天局 1992 年建立月球研究指导小组调查研究欧洲科学考察和应用月球的优先项目（European Space Agency，1992），美国航空航天局已就载人月球和火星探险飞行进行了许多研究，包括火星飞行任务的可行性研究（Weaver and Duke，1993），后又经过更新（Hoffmann and Kaplan，1997）。最近，对载人火星飞行任务的可能性和制约性的分析已成为欧洲和俄罗斯研究的焦点（Horneck et al.，2003；International Science and Technology Center，2000）。

毫无疑问，未来载人航天飞行任务将包括冲出地球轨道以外的飞行任务。在乔治·W·布什总统的鼓励下，美国航空航天局目前打算开动航天飞机完成国际空间站的建设，然后集中精力和资源开拓月球殖民地和远征火星。我们已掌握了登陆月球和火星的飞行任务需要的基本技术，看来当前唯一的问题是何时执行这些飞行任务。不过，技术只是执行这类飞行任务的重要方面之一，除此之外需要考虑的是新的医学和心理学挑战，这可能成为人类探险队进入外空间的一个限制因素。对于载人火星飞行任务尤为如此，这将给人类深入不知旅途多遥远、时间多漫长的未知区域探险的历史增添一个新的方面。我们在讨论这种探险性的航天飞行任务的具体心理挑战之前，先来考虑一下这些飞行任务将会是什么样的以及我们目前可能应用于航天飞行的这个新领域的知识水平如何。

7.3　未来人类登陆月球和火星的飞行任务

7.3.1　登陆月球和建立月球基地

在太阳系中月球是离我们最近的邻居（与地球的平均距离约为380 000 千米）。为探索这个天体已进行过许多无人的航天飞行任务，从 1969 年至 1972 年的阿波罗飞行任务已证明，人类登上月球，在月面上工作并安全返回地球是可能的。不过，月球仍然是人类空间探索中有吸引力的目标。首先，月球引起人们关注的科学研究活动有：研究月球本身；将月球用做观测外空间的平台（因其晴朗而无大气的天空）；研究低重力（月球重力约为地球重力的 1/6）下人的功能；研制地外人工生态系统（European Space Agency，1992）。其次，登陆月球和建立月球基地被视为发展能应用于如火星或更远的星际飞行任务的探险的一个重要的技术试验平台。

登陆月球任务的一大有利条件是能在 3～5 天内到达月球，这取决于所选择的发射窗口和推进剂的消耗量。因而，可以做出灵活的发射安排，这类飞行任务的持续时间主要取决于计划在月面居留的时间。此外，万一发生意外情况，月球前哨基地人员可以在较短时间内返回地球，这使危险程度可降至相当于甚至低于在地球上的某些类似环境（如在南极越冬）中探险的危险。

重返月球的飞行任务的典型预想方案是由一个 4～6 名乘员组成的乘组在月球基地留守 6～12 个月（Stusler，1996）。近来欧洲航天局制定了一个这样的方案并可能成为范例（Horneck et al.，2003）。这个方案提出在月球的南极建立一个有人驻守的永久月球基地。与月球上的其他地方相比，这个区域具有日照恒久不变的特点，这为电力系统的设计提供了有利条件，而且可比其他地方（日照期和完全黑暗期交替）大大降低规模和节省费用。此外据称，如果月球上有水存在，那很可能以某种形式存在于该地区的彗星撞击后遗留的永久阴暗的月坑中（Horneck et al.，2003）。这种发现肯定会对当地资源利用和生命保障提供极大的有利条件。最初设想的月球基地是由一个居住舱、一个配置有科研工作基础设施的实验舱和一艘乘员救生飞船构成，但可能会随着时间的推移而逐步扩大月球基地。拟利用阿波罗计划中用于飞行的基本方式在月球和地球之间运送乘员。建议的乘组人数为 4 名乘员，这被视为兼顾到飞行任务的复杂性和付出的代价，与可能获得的科技产出的最佳折中方案。计划让这些乘员在月球留守期间在实验舱里工作。但与轨道飞行任务相比，在轨道上的出舱活动（EVA）限于特定的构建或维修作业，而月球基地的出舱活动（EHA）被设想为定期开展的工作，如在月球表面进行的月质学、生物学或化学研究工作。在欧洲航天局的这个方案中，计划每 6 个月经由地球派遣一次赴月补给飞行时进行乘组轮换，这样，每个乘组整个飞行任务的持续时间约为 190 天。

7.3.2 火星探险飞行任务

被称为“红色行星”的火星一直令人类神往。在太阳系所有的行星中，火星与地球最为相似：像我们居住的行星地球一样，火星上也有四季，火星上的 1 天（24 小时 37 分钟）比地球上的 1 天稍长，火星上有明显的重力，约为地球重力的 1/3。然而，火星上环境严酷，不适于人类居住。火星表面布满巨大的火山和裂缝，空气非常稀薄，大部分是二氧化碳。表面气压很低（约为地球大气压的 1%），平均温度非常低（远低于 0 ℃）且昼夜温差极大。这种环境条件下，火星上是不可能存在任何液态水的，但有迹象表明，火星上曾经存在过液态水，现仍有可能以永久冻结带和冰的形式存在于火星两极极冠的表层下。因此，在更早时期的火星上的大气密度一定比现在高，这为火星上可能存在过生命，并以肉眼不可见的微观形式存在于火星表面下这一令人振奋的想法提供了依据。因而，对火星及其大气进行科学研究和寻找生命成为促使人类登陆这颗行星的两个动机。对火星的研究不仅将推动行星科学的发展，还可能提高我们了解地球生命和环境过程的演变（Hoffmann and Kaplan，1997；Zorpette，2000）。此外，火星与地球的相似以及这颗红色行星上可能存在生命的假说已使人类产生要在那里永久定居的梦想。诚然，目前这个想法离实现还很遥远，但是，火星是太阳系中人类使用现有的推进系统在合理的时间内可以到达的唯一行星，其环境条件也允许人类登陆其表面。所以，火星是人类要远征探险的行星中的最佳选择，这一事实也使其成为未来航天飞行任务的极为吸引人的可能目标。

然而，到达火星是件复杂的事情。地球和火星相距遥远，火星距地球约 6 000 万千米。对载人火星飞行任务适宜性的首次研究可回溯到 1952 年，当时韦赫·冯·布劳恩出版了他的《火星计划》一书（von Braun，1952，1953）。书中提出的火星计划是以 10 艘飞船组成编队飞往火星，用 3 艘“登陆飞船”从火星轨道运送 50 人至火星表面并在那里留守 400 天。自这本书出版以来，人们已就如何飞往火星提出了数个方案。

为了在飞行任务持续时间和能量消耗之间取得平衡，人们就火星飞行任务提出了两种不同的基本途径（Hoffman and Kaplan，1997)。第一种途径是：由高能轨道转飞火星，飞行持续时间为 160～250 天；登陆火星并停留约 10～60 天；返航（时间仍需 160～250 天）。这一方案的主要缺点是耗能（即推进剂消耗）高，而在火星表面停留的时间较短，这决定于对返航的制约条件，与地球和火星在其轨道上的最佳相对位置有关。因此，更有希望的是第二种途径，设想一次往返火星的持续时间为 1 000 天左右。这个方案计划的是从低能轨道转飞火星，这需要大约 200～300 天的时间。不过，一旦登陆火星，乘组就必须在那里停留 400～500 天，等待下一个发射窗口的开启，再以低能轨道转飞方式返航，在此期间不可能提供任何再补给，返航仍需要 200～300 天。此方案中，轨道转移飞行调整可能因再投入的额外能量有限而被大大削弱，不过这只会延长在火星表面需要逗留的时间。这种构想已被美国航空航天局选作基准飞行任务的研究项目（Hoffman and Kaplan，1997)，该项目主要基于罗伯特·祖布林（Robert Zubrin）及其同事发表的观点，并被称为“火星指导计划”（Zubrin，2000；Zubrin et al.，1991）。欧洲航天局在一项最近的研究中也在考虑这个计划（Horneck et al.，2003）。对于这种飞行任务，可能的发射窗口每26个月（1个火星年）开启1次，并可持续数星期。

所有的形形色色的1 000天方案，都是计划使用可与阿波罗登月飞行任务使用的助推火箭媲美的重型大推力火箭，将载有一个6人乘组的飞船直接从地球或从某个轨道平台发射至火星。在微重力下的转移飞行中，乘组将待在一个与火星上的居住舱类似或同样的飞船居住舱里。这样一个居住舱的总容积是要思考的问题，但估计不可能超过300～400立方米。不过，在火星上可用独立货运飞船送去的组件或可充气部件将居住舱容积扩大。例如，在美国航空航天局的基准飞行任务中就预想了一个这样的方案。登陆火星乘组的工作将包括各种各样的不同任务：技术系统的维护；就地资源利用设备的操作（如返航用的火箭燃料的生产）；以及科学研究工作，这将包括大量的舱外活动，并将得到复杂的自动系统的支持，包括遥控机器人装置或用于火星表面越野踏勘的专用“漫游车”。

7.4 当前心理学知识对地球轨道以外飞行任务的适用性

本书前几章阐述了与长期航天飞行任务有关的许多心理和精神病问题，也描述了能帮助减轻这些问题引起的任何不利影响的对抗措施。当前的心理学知识是建立在来自美俄航天员的轶事报告，在类似空间和模拟空间的环境下进行的研究和在空间近地轨道进行的实验的基础上的。我们目前的这些知识是否也能应用于地球轨道以外的飞行任务和足以评估与这类飞行任务相关的心理风险呢？既是又不是。大体上可以预计，飞往月球和火星的探险性的航天飞行任务涉及的心理问题及风险范围与上述来源所报告的是同样的。但是，火星飞行任务将面临新的挑战，可能会严重提高与社会心理问题有关的风险。从对月球和火星探险性飞行任务的心理相关特征与空间类似环境（如南极）或轨道航天飞行的那些心理相关特征所做的比较中可以明显地看出这一点（见表 7.1）。

表 7.1　不同航天飞行模式和南极越冬的心理相关因素的比较

	国际空间站的轨道飞行任务	南极越冬	月球飞行任务	火星飞行任务
持续时间/月	4～6	9～12	6	16～36
距离地球/千米	300～400	—	(350～400) $\times 10^3$	(60～400) $\times 10^6$
乘组人数	3～6	15～100	4	6
隔离和社会单调的程度	低到高	中	高	极高
乘组自治性	低	高	中	极高
紧急情况下的撤返	能	不能	能	不能
飞行中保障措施的有效性				
外部监测	有	有	有	非常有限
双向通信	有	有	有	非常有限
电子邮件上/下行链路	有	有	有	有
国际互联网的接入	有	有	有	无
娱乐	有	有	有	有
再补给	有	无	有限	无
访客	有	无	无	无
对地球的目视链路	有	有	有	无

我们先来考虑月球飞行任务。月球飞行任务模式的总体特点和其他轨道飞行或南极探险的总体特点并无大的差别。例如，这类任务的预期持续时间与长期轨道飞行任务不相上下，甚至不如在南极的一次越冬的时间长；乘组人数与空间轨道飞行乘组人数相当；万一发生有生命危险的紧急情况或严重心身疾病时有撤返乘员的可能。至于后一种特点，月球飞行任务的危险可能小于南极越冬，在冬季

的南极是不可能采取这种撤返措施的。此外，人类已经从阿波罗计划中获得了登月的航天飞行经验，虽然这些早期的飞行局限于短期飞行，并未涉及建立永久月球基地。因此，月球飞行任务期间的心理问题引起的风险多数可能不会超过那些已从长期轨道飞行任务或南极探险中获知的风险。另外，目前在轨道飞行中采用的维持乘组的工作绩效、心理健康和乘组凝聚力的对抗措施多数也可应用于月球飞行任务，即使因考虑成本而很可能会限制再补给飞行。但月球飞行任务也有一些从心理上与轨道航天飞行任务或在地球上的探险有区别的特殊挑战。或许最重要的就是因乘组人员少而造成的高度社会单调，这使得月球飞行任务有别于南极越冬。然而，月球和地球之间的双向音视频通信链路和现代通信工具（如国际互联网）的刺激作用将在某种程度上弥补这种单调，有望防止乘员在情绪、行为和工作绩效上出现严重的衰退。第二个特殊挑战是远离地球，与在近地轨道或地球上的任务相比，这可能会在相当大的程度上提高乘员的自治感和孤立感。然而，始终可以看到地球（除非月球基地是建在月球背面）可能有助于降低由这一因素带来的有害影响。

与月球飞行任务相反，在对心理的影响上，人类曾经尝试过的任何其他任务中没有一个能比得上火星飞行任务。尽管这些任务在某些方面具有共同的环境因素（如长期留守轨道空间站、在地球未知区域的探险历程、南极越冬、乘潜艇长期潜航），但还是有很大的差别。这些差别包括：火星飞行任务的超远距离飞行对人的身体和心理提出的要求；长久生活在对自动化的生命保障系统的依赖下；隔离、限制和社会单调的程度；以及一旦发生紧急情况而不可能实施任何快速营救。当然，俄罗斯航天项目已证明在空间居留 438 天的可能，但这一根据仅仅是基于一名从未有过连续数月的极端社会单调经历的航天员（因有乘组调换和访问乘组），而他还得到了地面的大力保障。在飞往火星和在火星表面居留期间，预计乘员要忍受极长时间的极端严峻的限制和隔离，这个阶段可能长达 500～1 000 天。地球和火星这两颗行星间声音、图像或其他数据的单向传输将需要 5～22 分钟，这取决于因地球和火星的相对轨道位置而形成的二者之间的距离。而且如果这两颗行星分别位于太阳的两侧，通信甚至可能受阻。因而，地球与火星之间的通信将被延迟，根本不可能有实时双向通信。而且，将没有任何再补给或快速营救飞行的可能，从而使当前所采用的在长期轨道飞行任务中振奋和提高乘组的士气和心理健康的多数地面保障策略无效。因此，总的来说，在火星飞行任务中因心理和人际关系问题而给飞行任务的成功和安全带来的风险增大。

7.5　空间实验发现：调查俄罗斯航天员对火星飞行任务的看法

7.5.1　目的与方法

为了获得有关前往火星的旅途中有关人这方面的情况，涅恰耶夫（Nechaev，2007）和他的同事决定征求一批俄罗斯航天员的看法。目的是评定他们对涉及火星乘组人数、乘员职业专门化、训练周期和类别、预期的重要心理问题（特别是潜在的紧张关系和问题的来源）和可能的对抗措施等内容的意见。涅恰耶夫等人采用为此特制的一种特殊的问卷对共计 11 名俄罗斯航天员进行了调查。

7.5.2　结果

据涅恰耶夫等人的报告（Nechaev et al.，2007），这些问卷回答者说火星乘组应由 5～6 人组成。有 9 人认为乘组应是国际性的。有 6 人认为乘组应只由男性构成，有 5 人认为乘组应由男性和女性共同组成。要完成飞行任务中的作业，多数人的意见是火星乘组中应有工程师、医生、生物学者、物理学者、天体物理学者和地质学者，且个体应是经过交叉训练的，以便随时替换因故不能履行其职责的成员。虽未明确提及驾驶技巧但或许设想过。根据大多数人的意见，其他乘组组成要素按重要性由高到低依次为：乘员应是专业的、合群的、负责的、有自制、有幽默感的和对人宽容的。

回答者认为，为这种飞行任务进行的训练需要1.5～2年。训练应包括：有助于设计和测试航天器上的系统和科研设备的技能、与其他乘员职责间的交叉培训、自助和互助的学习技能、优化人际关系的融洽方式、休闲和其他活动的判定、在模拟的火星重力下工作的训练及在因远离地球而使通信延迟的条件下协调与任务控制人员的交互作用。

被视为引起心理紧张和冲突的重要因素包括隔离和单调、与地球通信延迟、水和营养储备不足。被提到的其他因素包括领导问题、管理方式不同、角色重新分配和文化问题。在航天器上的心理保障方面，被提及的活动（及其比例）如下：音乐（35%）、有关家人和朋友的私人信息（22%）、电影（21%）、文学作品（14%）和艺术项目（8%）。维持与地球的信息链路得到许多回答者的赞成，尽管存在通信延迟。有8名受试者赞成固定的作息时间表，而其余3名受试者更喜欢按照任务情况调整他们自己的时间表。有趣的是，有7名答卷者认为，定期改变舱内色彩设计将提高乘员的舒适感。为确保乘组安全，答卷者特别强调了与仔细选拔乘员、飞行中的医学与心理支持、完备的辐射防护以及满足体液和营养需求等有关的问题。

一些受试者支持利用国际空间站试验火星飞行任务的一些重要的实际操作（如人工重力、辐射防护），在模拟通信延迟下研究乘组内和乘组与地面的交互作用，以及做生物生命保障系统的实验。评定乘员在经历空间飞行后，再入到火星重力条件下的工作能力被认为很重要。在地面和空间模拟火星飞行任务的隔离状态并进行研究的价值也得到认可。

7.5.3 结论

尽管调查样本数量较小，但这项对俄罗斯航天员的问卷调查研究的结果与第4章和第5章所述的一些调查研究的结果完全一致。适当的选拔、训练、飞行中的监测和支持的必要性，在部分重力条件下工作的能力等要素都得到受试者的认可。他们还提到了各种操作、安全性、医学和心理学问题。显然，这组俄罗斯航天员已经意识到远征这个红色行星的现实挑战。在下一节，我们将探讨一些这样的挑战，特别关注那些与心理、人际关系和精神病问题及适当的对抗措施相关的挑战。

7.6　载人火星飞行任务：新的心理挑战

7.6.1　个体适应与人的绩效

火星飞行任务所需的时间要比当前的轨道飞行任务所需的时间长得多，也比南极探险所需的时间长。加上其他特性（如乘组人数少、乘组自治程度更高、飞行中几乎不可能得到来自地面的心理支持），这种持续时间长的飞行任务将对维持乘组动机、士气和个体健康提出新的心理挑战（Kanas，2005）。我们从长期低地球轨道飞行任务中了解到，心理问题可能会随着飞行任务的持续而增多，但如果地面能提供适当的心理保障，这些问题是能够有效解决的（Grigoriev et al.，1987；Kanas，1991；Myasnikov and Zamaletdinov，1996）。然而，建立在心理和人际关系研究基础上的完全根据经验的知识仅限于持续时间在 4～6 个月的飞行任务，对于驻守和平号空间站和国际空间站的乘组很典型，但对于这些经验和知识是否适用于持续时间在 1 年以上的飞行任务几乎不得而知。

地球与火星间的往返飞行单程就要飞大约 150～300 天，这取决于所选择的轨道和推进剂的消耗。因而，飞往火星的乘组在最终登陆那颗红色行星并将在那里开展主要的科学研究工作之前的途中所需的飞行时间就已经相当于国际空间站的一次全部飞行任务的时间。在完成火星任务后他们还得再经过同样长时间的飞行后才能返回地球。伴随着这些长期飞行任务的，很可能是许多影响乘员情绪、健康和工作效能的应激因素。

由于从地球前往火星途中这段时间将与低工作负荷、单调和厌倦长期为伴，就存在一个维持动机和士气的问题。另外，由于航天器的大小所限，要获得个人私密空间比在轨道空间站上更难。往返火星的飞行乘组是否能维持良好的动力、士气和情绪？毫无疑问，这取决于航天器的适居性和乘员在这些飞行任务阶段必须要干的工作的意义。在飞往火星的途中作业活动不会出现大的问题，因为此时乘员们要为未来的登陆火星做很多准备工作，但在完成这个红色行星上的最重要和最令人感兴趣的任务后的返航途中，这方面的问题可能要大些。然而，乘员在返航中保持警戒状态和动机对于整个飞行任务的成功具有重大意义。在返航飞行阶段动机和活力下降是一个严重的威胁，不仅威胁乘组在处理例行的和非例行的情况上的效率，而且威胁到长期暴露于低重力环境后再入地球重力环境所需的在轨运动锻炼程度的维持。

与远征火星的长时间飞行有关的第二个问题涉及在飞行前训练中获得但只有到达火星后才需要的操作技能的保持。这样的技能包括危急情况下的操作活动（如在火星表面着陆或操作用于火星勘探的技术复杂的设备所需的技能）和在火星表面进行科学研究所需要的各种认知活动。即使已在一些实验室和野外环境下研究过技能保持的问题（Patrick，1992），但还是不清楚这项研究的结果有多少能应用于极端条件下的航天飞行任务。不管怎样，需要研发训练方法，这些训练方法一方面要在飞往火星期间在航天器上进行紧急操作技能训练，另一方面还要占用的空间和质量较小。为此，可考虑开发新技术（如虚拟现实技术）并需要研究它们在支持航天器上的感觉一运动训练和认知技能上的潜在应用。

很难事先研究的一个特别问题是如何在火星飞行任务期间维持技能，这将涉及在飞行任务的不同阶段出现的不同重力环境。例如，必须在飞往火星期间的微重力环境下（如果不可选择人工重力）维持飞行前在 $1g$ 重力环境下获得的感觉一运动技能，而在火星表面的 $0.38g$ 重力环境下也必须维持这些技能。这将包括在火星飞行任务期间在不同重力下的技能再学习。除此以外，在空间期间学习和获得全新技能可能成为必需。如果在飞行前的训练中不能学到在火星上工作需要的技能，那就要通过这种途径来学习。在空间轨道飞行期间如果出现新的学习问题，飞行任务控制中心的专家能对乘员提供有效的支持甚至在线指导，而火星飞行任务乘组将更多地依靠自身的能力。然而，在航天飞行任务条件下的学习能与在地面条件下惯常的学习一样有成效吗？或飞往火星途中取得新技能需要特殊的训练方式和手段来支持吗？迄今为止，我们对在航天飞行任务条件下的学习能力的了解并不多。虽然当前的空间轨道飞行的经验表明在地球上获得的工作技能在适应一段时间后可有效地应用于不同的重力环境（见第 3 章），但要增进我们对空间学习的了解，还需要进行更系统的研究。

除了轨道转移飞行的持续时间和整个飞行任务的持续时间所引起的问题外，火星任务期间对个体适应和工作效能提出的另一个新的挑战将涉及自动控制和人一机交互。飞往火星的人将不得不与复杂的人一机系统相互配合，包括自动化的生命保障系统、火星车、机器人及进行火星探险所需的其他操作设备。此外，火星上的人一机系统将包括在没有 24 小时连续覆盖的地面监测和保障下与许多能使系统运行的智能软件主体的交互作用。这些系统的设计将决定火星飞行任务期间的基本生活和工作条件。为了尽量降低因与这些系统相互作用而产生的工作负荷和应激，以及使整个系统的性能最佳化，必须要采用严格的以人为本的设计方法。一方面，这关系到人一机界面的设计，这种设计必须保证受到火星上的独特条件限制的不同系统的高水平的可用性。不过更重要的是，对于要达到的自动控制水平，需要在心理方面加以仔细的考虑，包括人一机间的最佳功能分配（Parasuraman et al.，2000）。要考虑到，必须确保自动控制显而易见的优势不会导致可能影响乘组人员的健康和工作绩效的副作用。这些副作用之一是厌倦，如果太多任务变成自动化的，就会出现厌倦，从而降低乘员对单调的监测工作的责任感。另一个问题就是处境意识的丧失，以及当自动控制系统失灵需要手动控制时操控技能的减退。如果太多的自动操作使操作者长时间“脱离环路”就会出现这种问题（Endsley and Kiris，1995，Lorenz et al.，2002；Parasuraman et al.，2000）。此外，即使今日技术能保证自动化系统的足够可靠性，它们也还是可能出现故障而需要通过修理恢复正常功能。自动化系统运行所采用的技术水平是否允许乘组在系统一旦发生严重故障时进行修理？如何能使系统的设计在火星上最有利地支持故障诊断和现场维修？如果只能提供有限程度的地面支持或根本无法提供地面支持，高效的系统监测和排除故障需要哪些技能？这些问题不仅需要慎重的技术考虑，而且还需要知道在一次长期航天飞行任务的特定条件下人与自动化系统相互配合对其工作绩效的制约。

这些问题对于自治式的生命保障系统设计尤为重要。在飞赴火星的长途飞行及登陆火星留守期间，乘员的生命将依赖该系统的高效运转。与空间轨道飞行明显不同的是，一旦发生技术故障，根本没有逃生的可能，地面的监测和保障的可利用程度因火星和地球间数据传输的延迟乃至暂时的阻滞而受限。生命保障系统的实际可靠性的这种孤立性，将使乘员持续处于危机感中而导致焦虑，最坏的情况是发展成明显的焦虑障碍（见 7.4.3）。为了减少这种应激，必须设计自治式的生命保障系统，不仅具有最优化的自动控制和使乘员负荷最小化，而且能够提供最高水平的外部可控性和保障支持，以实现故障的现场排除和维修。应激研究表明了这点，即对一个应激因素的感知可控性程度是减缓其作用效力的一个重要标志（Ursin，1988）。一个有希望的途径是在系统设计中依照当前的可调自治概念，即根据情况需要灵活调整系统的自动控制水平（Dorais et al.，1998）。因而，在设计用于火星飞行任务的自动化系统时，必须从心理学角度考虑不同工艺和技术的取舍，而且需要进行更多的有关人与自动化系统相互作用的心理学研究，为火星飞行任务的最佳人一机系统设计提供指导方针。

7.6.2 人际关系问题

火星飞行任务将涉及许多早已在空间轨道飞行和类似环境中观察到的人际关系问题；这在第 4 章中已有相当详细的论述。不过，在其他环境中可通过访问乘组和与地面的实时沟通等有效的保障措施降低人际关系紧张和冲突带来的危险，而在火星飞行任务中这些措施都无法使用。因而，在参加行星际飞行任务的乘组中社会单调和孤独感会更强，人际关系紧张、冲突和乘组凝聚力的破坏给飞行任务的成功所带来的风险和危害也比在其他环境下所经历的风险和危害要大得多。

使火星飞行任务区别于其他探险任务的一个因素是乘组的高度自治。由于能从地面提供心理保障的机会十分有限，且万一出现紧急情况不可能再快速实施营救，乘员不能过多地依靠外界的帮助，只能靠自身的努力来平息冲突和解决问题。这首先包括自主处理因技术故障或环境危害（如太阳粒子事件）引起的外部危机，其次包括可能起因于人际冲突，或乘员的严重疾病、可能需要外科治疗的外伤或导致乘员失控的心理和行为疾病事件的内部危机。一个火星乘组如何能处理这些事件呢？需要什么样的技能来应对它们呢？乘组在面对这样的危机时还能保持团结和士气吗？当然，飞行前进行训练或吸纳一名专家进入乘组可解决其中一些问题。例如，一个火星乘组无疑至少要有一名接受过提供医疗（包括精神病治疗）保障服务的训练，甚至必要时让能做手术的医生成为乘组的成员。还要至少有一名乘员接受过后备医生训练，能在地面专家的指导下提供医疗服务（Hoffman and Kaplan，1997；另见 5.4 节）。至于心理问题，尼古拉斯（Nicholas，1989）已提议对所有乘员进行普遍适用的社会维系技能训练。

但飞往火星的 3 年期间可能会发生更难以有准备应对的事件。举一个最糟糕的例子，就是医生在飞行任务期间死于事故、疾病，甚至自杀。乘组其他人能应付这样可怕的经历而又不对飞行任务产生负面影响吗？如果一名乘员杀了另一名乘员怎么办？其他乘员会做何反应？不可否认，这些事变是极端的例子，可能永远都不会发生。但既然飞往火星的旅途上总要冒风险，就不能排除这种可能，执行这种航天飞行任务的乘组必须准备以某种方式应对这些问题。然而，我们目前处置极端事件的经验一般都限于军事行动，而这经验似乎又不适用于非军事的火星探险。因而，无法预料其中某些问题的答案。

飞往火星的乘组可能出现的另一个问题是所谓的“小团体思想”(Janis，1982)。这种现象已被证明可在应激环境下的高度自治和有凝聚力的工作群体中逐渐形成，它会严重降低乘组工作绩效，特别是决策质量。小团体思想的重要特征是：刀枪不入的错觉（即群体成员认为他们不会做出错误的决定，并表现出一种对自身能力的不切实际的自信)；为了维护群体的融洽而不愿表示对决策和行为方式的担忧和不同意见（即对不顺从的人存在群体压力)；以及对群体外的人（如飞行控制人员）有成见。观察到的对决策的影响包括：对可供选择的决策的调查不完善，疏忽首选方案的风险，对最初否决的选择方案不履行重新评估，以及未能制定应急方案。因而，“小团体思想”心态的形成是对在高风险环境中执行任务的乘组的一种严重危害。另外，它可使乘组中的个人感到不安（尤其是对一些重大决策持不同意见的人)，它还可构成对乘组凝聚力的侵蚀。最终，对与地面人员的关系产生负面影响，从而令可能早已紧张的交互作用雪上加霜（见 4.7 节)。

7.6.3 精神病问题

正如第 5 章所详细描述的，长期航天飞行任务中的精神病问题可包括调节障碍、躯体障碍、心境和思想障碍及（神经）衰弱症一类的特异综合病症。即使到目前为止只有很少几例来自空间轨道飞行的病例报告，但在像火星飞行任务那样的飞行时间长、环境又极端恶劣的飞行任务中产生严重心理或行为疾病症状的危险将显著增加。来自俄罗斯的观察资料表明，产生严重衰弱反应的风险概率与航天飞行的持续时间有直接的关系，并且可以假定，对于持续时间超过 4 个月的飞行任务，危险会大大增加（Myasnikov and Zamaletdinov，1996)。来自南极科考队的许多轶事报告进一步印证了这一点，南极科考是目前最佳的对火星飞行的地面模拟。这些报告提供的事件包括多种精神病反应，如精神病和抑郁与焦虑的剧烈发作(Connors et al.，1985；Stuster，1996)。因此，在南极的精神病发生率从 1%～5%不等，且在南极越冬人员的发病率高于不在南极越冬的人员（详见第 5 章）。

飞赴火星期间特异应激因素可能导致发生心理和行为障碍。一个可能促发情绪问题的特异应激因素是在如此长时间的飞行中完全依赖于生命保障系统，而该系统一旦发生技术故障又不能得到及时的营救。人们缺乏这方面的经验，很难预知这种应激因素会对乘员的心智产生怎样的影响。另一个可能在前一节中已论述过且从精神病学观点也令人关注的问题是，乘员对事故、环境灾难或同乘组乘员的死亡这类高应激事件的反应。这样的外伤性事件可导致被称为外伤后应激性障碍的综合病症。这种综合病症具有一定的潜伏期，一般发生在外伤性事件之后，可伴随反复闪回、闯进性思维、情感空虚感、社会疏远、焦虑、梦魇、睡眠障碍和抑郁。

火星飞行任务的重要特性是乘员将不得不在飞行任务控制中心人员仅能提供最低程度的保障的情况下，靠他们自己的能力来应对精神病问题。这对在轨治疗精神病将是新的挑战。必须发展训练方法使乘员做好应对同乘组人员患精神病的准备（见第 5 章）。这要求乘员明确知道在乘组内其他乘员发生严重心理和行为障碍的情况下所需的相关的支持和治疗技能。同时，还要掌握航天器上所载及火星居住舱中的精神病治疗设施的基本技术要求。桑蒂（Santy，1987）已描述过其中的一些要求，但需要针对具体的火星飞行任务进一步探讨。例如，将需要进行更多的研究，以明确哪些用于治疗各种精神障碍的精神药物最适于在航天飞行任务中使用。此外，就火星飞行任务而言，还需要知道航天员所处的不同重力环境（如转移飞行期间的微重力，火星表面的 $0.38g$ 重力）将怎样影响不同的精神病治疗药物的药效和药物动力。最后一点，需要研制能用于保护不安的、精神错乱的或有自杀倾向的乘员和其他人免遭伤害的约束限制系统，这些系统的设计必须能使其适用于不同的重力水平。

7.6.4　心理对抗措施

除了精神病对抗措施之外，必须重新考虑针对火星飞行任务的更一般的心理对抗措施的概念。在这方面所面临的新问题是，空间与地面间的通信受到限制以及无法通过再补给飞行为乘组提供支持。

在当前的空间轨道飞行任务中，为空间人员提供监测和支持的最常用方法是乘员和飞行任务控制人员间的实时双向音频或视频交互。例如，用于国际空间站的监测措施包括定期私密医疗和心理咨询，俄罗斯保障人员仍采用他们的通信（语音）分析方法来评定在轨航天员的精神和情绪状况。另外，地面采取的重要的针对影响乘员的社会单调和隔离感的措施是基于双向通信的，如私密家庭会谈或提供国际互联网电话设施。最后，通过这样的通信系统可能提供远程心理咨询服务。

然而，火星飞行任务期间，将不再可能提供这样的通信途径，必须研究出乘员与地球上的飞行任务控制人员之间通信的新策略（Caldwell，2005）。例如，实时双向会话将不可能，而通信将限于单向的音频、视频和其他数据传输，根据火星、地球和太阳的相对方位，甚至这些通道也是间断的。需要研究出能解决时延问题的通信协议。例如，需要对乘员希望得到地面顾问咨询建议的问题的所有可能的回答列表给出，并将可能出现的后续问题同时列出，一并反馈，以使任务控制人员能有效回应乘员的问题并同时解决多个问题。

这将如何影响飞行中的监测和保障呢？看来地面人员和火星乘组间最有可能的通信渠道将是电子邮件的交流，这是一种普遍使用的通信手段但不能实现直接的双向互动。因而，在飞行监测和保障的新途径中需要考虑这种通信手段的特性。俄罗斯在地面模拟实验中对利用电子邮件进行飞行中监测的方法进行了初步研究。这些研究集中于电子邮件通信的关键特征（如长度、内容）的鉴别，这些特征或许可以用来评估寄件人的情绪状态，研究获得了一些有希望的结果。例如，对那些受到限制的乘员发送的电子邮件内容进行分析发现，情绪激动的陈述和抱怨在经过 2～4 个月的限制后显著增多，这或许反映了乘员在适应中的问题（Gushin et al.，1997）。但对于其他涉及作为飞行中保障手段的电子邮件通信的重要问题还从未进行过系统研究。例如，这种通信作为维持受限制乘员与外部人员之间的社会接触的唯一手段的优缺点，把电子邮件用做对被限制乘组的心理咨询服务和指导的主要通信手段的适宜性。

只有有限的通道，且该通道有可能在某些时段受阻，这种通信手段所提供的飞行保障必将在数量和质量上受到很大的制约。通过提供针对不同心理问题的特别在轨训练和辅导手段至少在一定程度上弥补了缺乏地面支持的不利情况。近来研究出的一些训练手段成为在这方面有希望的途径（见 6.5.3.1），例如卡特等人（Carter et al.，2005）的建议。还有一些类型的支持手段可能包括更尖端的适宜自我监测不同行为功能的专家系统和监测工具（见 6.6.3）。然而，这种独立自主的保障手段的可能性肯定是有限的。这将影响其他心理对抗措施的相对价值，特别是那些可在飞行任务前事先应用的对抗措施。换句话说，假如飞行中不能提供足够的保障，乘组选拔和训练对于飞行任务的成功和安全将变得比在以往的空间轨道飞行中更为重要。这方面最大的挑战是找到适合执行火星飞行任务的乘组，这将包括选拔适于执行这种任务的人，并组建一个其成员能在即将遇到的极端环境下一起工作和生活的“心理相容的”乘组。但什么样的个性最适于执行火星飞行任务呢？什么样的乘员搭配能最好地展开工作呢？已有人多次尝试描绘出执行长期远征探险类航天飞行任务的同行乘员所符合的理想心理曲线图（Ursin et al.，1992）。但是，多数这种尝试是基于轶事资料或常识判断，界定乘员个人特征图所依据的经验仍然薄弱。显然，要确定预示最能适应长期隔离和限制环境的关键个体特征，以便制定出正确的火星飞行乘员选入标准，还需要在空间轨道飞行任务中或地面类似环境下进行更多的研究。然而，对于行星际航天飞行任务乘组的组建，更重要的将是一种以心理为基准的方法。这种方法在空间轨道飞行任务中已显示出相当的重要性（Gazenko，1980；Manzey et al.，1995），但它将在火星飞行任务乘组这样的高度自治乘组的构建中成为一个关键元素。必须要考虑的重要方面包括乘员的年龄搭配和性别搭配、他们的文化背景和他们个性相容性。其中有些问题在本书的前几章已讨论过（见 4.2 节和 6.4.4），但当前我们对最能适应封闭限制环境的理想的乘组构成所知甚少。

选好火星飞行任务乘组后，有必要训练他们达到从事这种事业的特别心理要求。要对目前所用的方法进行改进，并要研究新方法。前往火星的乘组将需要进行的训练和所做的准备比目前国际空间站乘组的要多，特别是在自治条件下建设一个能干的团队和从心理及人际关系上实施自我支持等方面。他们将需要自我监测，并自我纠正出现的个人和人际关系问题，并能应对外伤、事故、自杀或精神错乱等医学和心理上的紧急事件。奥勒沙努（Orasanu，2005）坚持认为自然主义决策模型对于执行探险任务的航天飞行乘组是有价值的。此外，还需要界定能使乘组长时间在类似于火星飞行任务那样的条件下进行训练用的特别训练设施。国际空间站因复制出了许多这样的条件（如微重力、隔离和限制、潜在的危险）而为界定研究提供机会。但也可考虑利用地面实验设施（如隔离舱）或地球上极端环境中的有人驻守的前哨基地（如南极）来进行这项研究。

7.6.5 地球淡出人的视线的心理效应

火星飞行任务将伴随人类从未经历过的新的心理挑战。由于火星距离地球非常遥远，我们的地球家园将渐渐变小直到在空间中缩成一个小点。在人类的历史上，还从未有人身处这样的情境中，地球母亲和所有与她关联的养育和鼓舞等（如重力、大气、食物、动植物、积淀的人类历史）在太空中都变得微不足道。在某种程度上，不能直接看到我们美丽的地球的缺憾，可以用地球的影片或电子邮件图像来弥补，甚至提供给乘组一个望远镜，让他们在想家时能马上看看地球家园。但或许这些措施中没有一个可以作为一个足够的替代。

尚不知人对这种情境有何反应，但看起来几乎可以肯定，这将冲击空间旅行者的心灵。航天员的许多叙述表明了这一点，这些航天员或执行过轨道飞行任务，或到过月球执行任务，他们都谈到透过舷窗观看在空间越发壮观的地球在心理上的重要意义。但不能用眼直接看到地球又将会怎样呢？人对这样的体验将会做出如何的反应呢？最低限度，这种体验将使乘组更深切地感受隔离和孤独。除此之外，似乎可能会导致某种与地球脱钩的心态。这种心态可能伴随广泛的个体适应不良反应，包括焦虑和抑郁反应、自杀倾向，乃至幻觉或错觉等精神病症状。另外，可能部分或全部丧失对通常的（在地球上的）价值标准和行为标准体系的信奉。这可导致个体行为和乘组交互作用的不可预知的改变，并且使得外界对乘组的任何引导变为不可能。与此相关的主要问题是，无法在派出首个乘组之前考虑这一问题，而如果出现心理、人际关系或精神病问题，将需要在飞行中进行监测和处理。

7.7　研究方向

随着前面所讲的考虑因素变得明显，未来飞往火星和更远的行星际飞行任务将对本书第 2 章至第 6 章所论述的几乎各个方面提出许多新的挑战。在认真考虑这样的飞行任务之前需要进行准备性的研究，以更好地评估可能伴随这些新的挑战出现的风险和研究出有助于减轻相关风险的有效心理对抗措施。有 4 个互补的研究方向是可能的：① 为澄清问题和创建可供新实验研究的假说而对获自以往空间或地面研究的数据库进行重新分析；② 空间轨道飞行任务中的自然条件实验；③ 在具有类似于空间飞行环境特征的类似环境（如极区、潜艇、高压舱等地面密闭舱、离岸石油平台）中进行研究；④ 在地面模拟航天飞行任务中进行研究。

在实际航天飞行中进行心理和精神病的研究，是研究长期远征探险式航天飞行任务中的心理问题的最直接的且或许是最佳的方式。这种研究尤其是探讨涉及长期暴露于微重力或低重力环境下的有关问题的最佳途径。然而，这种研究的机会受到飞行次数和持续时间的制约，而能够研究的问题范围限于那些与飞行任务的操作要求不冲突的问题。此外，实际航天飞行任务中的心理研究遭遇一些方法和技术上的限制（如受试者少，实验条件控制困难）。因此，单纯进行航天飞行中的研究不足以积累起推测长期行星际飞行中可能出现的心理问题所需的知识。

在地球上类似环境中的自然条件下研究提供了有助于我们为未来行星际航天飞行任务做准备的重要补充要素（Kanas，1997）。特别是这种地面研究可用于调查在限制和隔离环境下的小群体内长期共同生活和共同工作的行为结果。事实上，我们目前所掌握的许多有关人在敌对环境中长期处于限制和隔离下的行为和工作效能的知识都源自于极地研究（Palinkas et al.，1998，2000；Stuster，1996）和在潜艇上的研究（Weybrew，1991）。然而这些外来环境在乘组人数、乘组选拔和乘组任务执行等方面都无法完全模拟航天飞行任务（Suedfeld，1991），在这些环境里几乎没有过明确地专为应用于航天飞行任务的研究。所以，即便源自于类似环境的经验和观察资料提供了可从中推测未来行星飞行任务中可能出现的心理问题的有用数据库，这些知识的适用性也是相当有限的。

研究涉及探险性的航天飞行任务的心理问题的一个可供选择的方式是通过长期航天飞行进行特定模拟。与其他方式相比，这种方式提供了较高程度的操控和灵活性，它还提供了在标准化环境条件下研究足够数量的受试者的机会。回顾俄罗斯、美国和欧洲在 20 世纪 60 年代和 70 年代（Rockwell et al.，1976），以及追踪他们近年来（Baranov，2001；Collet and Vaernes，1996；Holland and Curtis，1998）的空间研究均可举出这种方式的实例。为了准备进行载人火星和更远的探险飞行任务，需要继续采取这种方式并把它发扬光大。为此，需要的是能代表最可能类似于空间习惯的地面设施及已被确认为有关联的不同心理学领域的对照心理研究的机会。

这种地面设施的基本特征是什么？首先，它们应该尽可能地在物理上类似于很可能被用于行星际飞行任务的居住舱。基于目前对火星飞行的设想，将包括空间运输舱和行星表面居住舱两种。根据美国航空航天局的参考飞行任务概念，这两种居住舱将是同样的，并“将由一个直径 7.5 米，长 4.6 米，带有两个椭圆形端盖的圆筒结构（总长 7.5 米）组成。内部容积将被均分成定向的两层，即每‘层’都将是一个直径 7.5 米，高约 3 米的圆筒舱”（Hoffman and Kaplan，1997）[3.78—3.79]。因此，应该计划建造一个紧密配合这些特点的地面研究设施。

但是，单是物理特性相似不能保证在心理意义上的等同。更重要的是，生活和工作在这样一个地面试验设施里的人的经历和感受应与那些在执行探险任务中的经历相似（Suedfeld，1991）。如果地面研究设施符合功能相似和组织相似这两个条件，就能达到这样的效果（Manzey，2002）。“功能相似”意指地面试验设施应能提供与行星或行星际空间舱特点相同的可能性和制约性。换句话说，它应提供尽可能类似于真实的行星空间舱情境的心理环境。这包括至少可供 6 名乘员使用的逼真的环境控制和生命保障系统和适当的工作和生活设施。另外，应实现重要的功能制约，包括限制外界通信（即对预计的赴火星飞行任务中的通信延迟模拟）、独处而不受干扰和个人空间的限制、环境暗示的限制和食物种类的限制。适当的结构和功能特性设计，以及适当的外部环境（如将其建在偏远的极地或具有类似于火星的地质特征的沙漠环境），就能使地面试验设施满足大部分功能相似方面的要求（Manzey，2002）。

地面试验设施的“组织相似”概念超出了对纯粹的环境、建筑和功能特性的考虑。这个要求意味着围绕地面试验设施操作的计划应在心理效应等重要方面与“真正的”飞行任务的操作计划类似。我们早已知道，一个特殊环境中产生的应激效应不仅取决于其物理的和社会的特性，而且取决于其心理意义（Suedfeld，1991）。拉扎勒斯和福尔克曼（Lazarus and Folkman，1984）在著述中写道，觉察到的应激的效果在很大程度上应归于一个人对某一应激因素的主观评价。已证明这种评价取决于个性特征和能力两方面（即这个人如何认识应激因素的本质——危险与挑战，以及他或她是否能以有效的策略来应对）。因此，在地面试验设施的运行中应考虑到影响航天员对探险性航天飞行任务的挑战的觉察和应对方式的操作特性。在对来自所谓的类似环境的结果进行的评价中很少涉及这方面，对如何用一个环境或地面试验设施模拟全部的航天飞行的论述也常限于对不同环境的功能水平的对比上。但组织相似是根据地面试验设施的任何研究结果推测空间中的情况的另一个重要条件。根据心理学观点，这方面最相关的组织特性包括：为乘组提供有意义的工作，提升任务意识和提供心理对抗措施（即选拔、训练和支持）（Holland and Curtis，1998）。例如，参与地面隔离实验的受试者未经专门选拔、训练或在执行“任务”期间未得到心理支持，是否能用这样的研究结果来推测由具有高动机、高度合格、训练有素和保障有力的航天员执行的实际航天飞行任务是很令人怀疑的。

假如同时满足了功能相似和组织相似的条件，地面研究就能弥补实际航天飞行任务中研究的不足。这两方面的共同努力会进一步增进我们对长期航天飞行任务中的心理和精神病问题的了解，这将有助于我们做好挑战未来地球轨道以外的航天飞行任务的准备。

7.8 本章要点

1）空间旅游是一个正在发展中的产业，需要注意建立实际的医学和精神病准则，以保证参加亚轨道和轨道飞行的付费乘客和其他参与飞行的乘员的安全。

2）载人航天飞行的未来是前往地球轨道以外的宇宙空间执行飞行任务，包括在月球上建立一个永久驻人的基地以及人类远征火星和更远的空间。

3）月球和行星飞行任务将涉及许多与轨道航天飞行任务乘组或在地球极端环境中的探险队所报告的同样的心理风险和问题。

4）不过，火星飞行任务距离遥远且需要极长的飞行时间（如 1 次飞行任务的持续时间将长达 3 年），因而会出现新的心理问题。这样的心理问题包括：发生危机时不可能实施营救和撤返的情况下乘组对专门的生命保障系统的依赖；长期社会单调对乘员士气的负面效应；预计与地球上的人进行通信联络的长时间延迟；没有再补给飞行，这将限制飞行中物资供应的可能性并将导致乘组极高程度的自治；当发现孕育了人类的地球变成了空间中一个微不足道的小圆点时带来的心理冲击。

5）如果再补给和地面保障的可能性受到限制，在决定火星飞行任务的成功与否上，乘组的选拔和训练等其他心理对抗措施将具有特别重大的意义。

6）需要经过心理学和精神病学领域的许多准备性的研究后才能考虑进行火星飞行任务。国际空间站将作为进行这种研究的一个重要平台。但还需要在地面建立专门的设施用于进行地面模拟研究。

参 考 文 献

Arnold, H. J. P. 1993. Man in Space. *An Illustrated History of Spaceflight*. New York: Smithmark Publishers.

Artunano, M. J., Baisden, D. L., Davis, J., Hastings, J. D., Jennings, R., Jones. D., Jordan, J. L., Mohler, S. R., Ruehle, C., Salazar, G. J., Silberman, W. S., Scarpa, P., Tilton, F. E., and Whinnery, J. E. 2006. *Guidance for Medical Screening of Commercial Aerospace Passengers*. DOT/FAA/AM-06/1. Washington, DC: Federal Aviation Administration.

Baranov, V. M. 2001. *Simulation of Extended Isolation: Advances and Problems*. Moscow: Firm Slovo.

Beard, S. S. and Starzyk, J. 2002. *Space Tourism Market Study: Orbital Travel & Destinations with Suborbital Space Travel*. Bethesda, MD: Futron Corporation. www. spaceportassociates. com

Bogomolov, V. V., Castrucci, F., Comtois, J-M., Damann, V., Davis, J. R., Duncan, J. M., Johnston, S. L., Gray, G. W., Grigoriev, A. I., Koike, Y., Kuklinski, P., Matveyev, V. P., Morgun, V. V., Pochuev, V. I., Sargsyan, A. E., Shimada, K., Strauble, U., Tachibana, S., Voronkov, Y. V., and Williams, R. S., 2007. International Space Station medical standards and certification for Space Flight Participants. *Aviation, Space and Environmental Medicine*. 78: 1162-1169.

Caldwell, B. S. 2005. Multi-team dynamics and distributed expertise in mission operations. *Aviation, Space, and Environmental Medicine*. 76 (6, Suppl.): B145-B153.

Collet, J. and Vaernes, R. J. 1996. EXEMSI: The second European simulation of long-duration space mission. In: S. L. Bonting, ed. *Advances in Space Biology and Medicine*, *vol. 5*. Greenwich: JAI Press.

Connors, M. M., Harrison, A. A., and Atkins, F. R. 1985. *Living Aloft: Human Requirements for Extended Spaceflight*. NASA SP-483. Washington DC: NASA.

Dorais, G. A., Bonasso, R. P., Kortenkamp, D., Pell, B., and Schreckenghost, D. 1998. *Adjustable Autonomy for Human-centered Autonomous Systems on Mars*. http:// www. ic. arc. nasa. gov/publications/pdf/1999-0099. pdf.

Endsley, M. R. and Kiris, E. O. 1995. The out-of-the-loop performance problem and level of control in automation. *Human Factors*. 37: 281-394.

European Space Agency. 1992. *Mission to the Moon*. (ESA SP-1150). Nordwijk: ESA Publication Division.

Gazenko, O. G. 1980. Psychological compatibility on Earth and in outer space. *Aviation, Space, and Environmental Medicine*. 51: 622-623.

Grigoriev, A. I.. Kozerenko, O. P., and Myasnikov, V. I. 1987. Selected problems of psychological support of prolonged space flights. Paper presented at the *38th Congress of the International Astronautical Federation*, Stockholm, Sweden.

Gushin, V., Zaprisa, N. S., Kolinitchenko, T. B., Efimov, V. A., Smirnova, T. M., Vinokhodova, A. G., and Kanas, N. 1997. Content analysis of the crew communication with external communicants under prolonged isolation. *Aviation, Space, and Environmental Medicine*. 68: 1093-1098.

Hoffmann, S. J. and Kaplan, D. L., eds. 1997. *Human Exploration of Mars: The Reference Mission of the NASA Mars Exploration Team*. http://exploration. jsc. nasa. gov/ marsref/contents. html[access at 15 September 2007].

Holland, A. W. and Curtis, K. 1998. Spaceflight psychology: operational psychology countermeasures during the lunar-mars life-support test project. International *Journal of Life Support and Biosphere Science*. 5: 445-452.

Horneck, G., Facius, R., Reichert, M., Rettberg, P., Seboldt, W., Manzey, D., Comet, B., Maillet, A., Preiss, H., Schauer, L., Dussap, C. G., Poghon, L., Belyavin, A., Reitz, G., Baumstark. -Khan, C., and Gerzer, R. 2003. *Humex, A Study on the Survivability and Adaptation of Humans to Long-duration Exploratory Missions*. (ESA SP-1264). Noordwijk: European Space Agency.

International Science and Technology Center. 2000. *Preliminary Project of the*

Manned Mars Expedition(*Project 1172*). Moscow: ISCT.

Janis, I. L. 1982. *Groupthink*. Boston: Houghton Mifflin.

Jennings, R. T., Murphy, D. M. F., Ware, D. L., Aunon, S. M., Moon, R. E., Bogomolov, V. V., Morgun, V. V., Voronkov, Y. I., Fife, C. E., Boyars, M. C., and Ernst, R. D. 2006. Medical qualification of a commercial spaceflight participant: not your average astronaut. *Aviation, Space, and Environmental Medicine*. 77: 475-484.

Kanas, N. 1991. Psychosocial support for cosmonauts. *Aviation, Space, and Environmental Medicine*. 62: 353-355.

Kanas, N. 1997. Psychosocial value of space simulation for extended spaceflight. In: S. L. Bonting, ed. *Advances in Space Biology and Medicine, vol. 6*. London: JAI Press.

Kanas, N. 2005. Interpersonal issues in space: Shuttle/Mir and beyond. *Aviation, Space, and Environmental Medicine*. 76(6, Suppl.): B126-B134.

Lazarus, R. S. and Folkman, S. 1984. *Stress, Appraisal, and Coping*. New York: Springer.

Lorenz, B., Di Nocera, F., Röttger, S., and Parasuraman, R. 2002. Automated fault management in a simulated spaceflight micro-world. *Aviation, Space, and Environmental Medicine*. 73: 886-897.

Manzey, D. 2002. *REGLISSE. Review of European Ground Laboratories for Sciences and Support of Exploration. Technical Note 2: Ideal Facility for Psychological Research*. Nordwijk: ESA/ESTEC.

Manzey, D., Schiewe, A., and Fassbender, C. 1995. Psychological countermeasures for extended manned spaceflights. *Acta Astronautica*. 35: 339-361.

Myasnikov, V. I. and Zamaletdinov, I. S. 1996. Psychological states and group interactions of crew members in flight. In: A. E. Nicogossian, S. R. Mohler, O. G. Gazenko, and A. I. Grigoriev, eds. *Space Biology and Medicine III: Humans in Spaceflight. Book 2*. Reston, Va: AIAA.

Nechaev, A. P., Polyakov, V. V., and Morukov, B. V. 2007. Martian manned mission: what cosmonauts think about this. *Acta Astronautica*. 60: 351-353.

Nicholas, J. M. 1989. Interpersonal and group-behavior skills training for crews on space station. *Aviation, Space, and Environmental Medicine*. 60: 603-608.

Orasanu, J. 2005. Crew collaboration in space: a naturalistic decision-making perspective. *Aviation, Space, and Environmental Medicine*. 76 (6, Suppl.): B154-B163.

Palinkas, L. A., Johnson, J. C., Boster, A. S., and Houseal, M. 1998. Longitudinal studies of behavior and performance during a winter at the South Pole. *Aviation, Space, and Environmental Medicine*. 69:73-77.

Palinkas, L. A., Gunderson, E. K., Johnson, J. C., and Holland, A. W. 2000. Behavior and performance on long-duration spaceflights: evidence from analogue environments. *Aviation, Space, and Environmental Medicine*. 71(9, Suppl.): A29-A36.

Parasuraman, R., Sheridan, T. B., and Wickens, C. D. 2000. A model of types and levels of human interaction with automation. *IEEE Transactions on Systems, Man, Cybernetics*. 13:257-266.

Patrick, J. 1992. *Training: Research and Practice*. London: Academic Press.

Rockwell, D. A., Hodgson, M. G., Beljan, J. R., and Winget, C. M. 1976. Psychologic and psychophysiologic response to 105 days of social isolation. *Aviation, Space, and Environmental Medicine*. 47:1087-1093.

Santy, P. A. 1987. Psychiatric components of a health maintenance facility(HMF) on space station. *Aviation, Space, and Environmental Medicine*. 58: 1219-1224.

Stuster, J. 1996. *Bold Endeavor: Lessons from Polar and Space Exploration*. Annapolis: Naval Institute Press.

Suedfeld, P. 1991. Groups in isolation and confinement: environments and experiences. In: A. A. Harrison, Y. A. Clearwater, and C. P. McKay, eds. *From Antarctica to Outer Space*. New York: Springer.

Ursin, H. 1988. Expectancy and activation: an attempt to systematize stress theory. In: D. Hellhammer, I. Florin, and H. Weiner, eds. *Neurobiological Approaches to Human Disease*. Toronto: Huber.

Ursin, H., Comet, B., and Soulez-Larivière, C. 1992. An attempt to determine the ideal psychological profiles for crews of long term space missions. *Advances in Space Research*. 12:(1)301-314.

von Braun, W. 1952. Marsprojekt. Studie einer interplanetarischen expedition. *Zeitschrift für Weltraumfahrt(special issue)*. Frankfurt: Umschau Verlag.

von Braun, W. 1953. *Mars Project*. Urbana: University of Illinois Press.

Weaver,D. B. and Duke,M. B. 1993. *Mars Exploration Strategies:A Reference Design Mission*. www. spaceflight. nasa. gov/mars/reference/hem/marsref. html

Webber,D. 2004. Space tourism—the enabler. *Spaceflight*. 46:176.

Webber,D. and Reifert,J. 2006. "*Filling in Some Gaps*":*Executive Summary of The Adventurers' Survey of Public Space Travel*. Bethesda,MD:Spaceport Associates. www. spaceportassociates. com

Weybrew,B. B. 1991. Three decades of nuclear submarine research:implications for space and antarctic research. In:A. A. Harrison,Y. A. Clearwater,and C. P. McKay,eds. *From Antarctica to Outer Space*. New York:Springer.

Wichman,H. A. 2005. Behavioral and health implications of civilian spaceflight. *Aviation,Space,and Environmental Medicine*. 76(6,Suppl.):B164-B171.

Zorpette,G. 2000. Why go to Mars? *Scientific American*. 282:22-25.

Zubrin,R. 2000. The Mars direct plan. *Scientific American*. 282:34-37.

Zubrin,R. ,Baker,D. ,and Gwynne,O. 1991. Mars direct:a simple,robust,and cost effective architecture for the space exploration initiative. (AIAA-91-0326). Paper presented at the *29th Aerospace Sciences Meeting*,Reno,Nevada.

译后记

以往有关心理学和精神病学应用于载人航天的研究成果大多发表在学术会议和学术期刊上，本书是迄今极有限的论述航天行为科学的理论和实践的专著之一，书的作者都是著名的心理学家或精神病学家，他们多年来一直致力于航天心理学和航天精神病学的研究，曾发表过大量有关的学术论文。本书具有既专业又通俗易懂的特点，因而拥有广泛的读者群，从航天员到航天机构官员；从科学界学术人员到大专院校的师生，乃至关心载人航天领域的普通公众。航天心理学和精神病学是新兴的行为科学学科，随着20世纪60年代载人航天的开始和发展而问世并形成如今的规模。随着人类在地球轨道的飞行、人类登陆月球和火星的行星际探险飞行以及人类在太阳系内踏足更远的拓殖飞行，载人航天领域的行为科学将逐步成熟并迎来欣欣向荣的发展。

中国航天员科研训练中心主任陈善广研究员力荐将这本英文原著翻译成中文，以供中心及全国的科研人员和航天员学习和借鉴。

本书的翻译工作经过了一个反复，2006年年底接到翻译任务时得到的原著是2003年出版的第1版，2008年上半年中国宇航出版社在向该书英文版出版公司购买翻译版权时得知，此书第2版即将在当年下半年出版，须购买第2版（2008年版）的翻译版权。相对于第1版，第2版虽在基本结构和章节定位上没有改变，但对每章的内容都进行了重审和更新，对某些章节进行了较大的修改和扩充。这样一来，我们不得不从头到尾进行逐字逐句的重新审校和补译。

在本书的翻译和出版过程中，中国航天员科研训练中心科技处、航天员科和科技信息研究室等有关部门的领导给予了大力支持和指导，在他们的精心组织下，经过全体翻译人员的辛勤笔耕，以及中国宇航出版社的精心编排、设计和印刷，《航天心理学与精神病学》中译本终于得以出版。在此谨对所有为本书付出努力和心血的人员致以最诚挚的谢意。

鉴于水平所限，如有不当或错误之处，敬请批评指正。

译 者

2009 年 10 月